K.-H. Erdmann (Hrsg.)

Perspektiven menschlichen Handelns: Umwelt und Ethik

Zweite Auflage

Mit einem Geleitwort von
Bundesumweltminister Prof. Dr. Klaus Töpfer

Springer-Verlag
Berlin Heidelberg New York
London Paris Tokyo
Hong Kong Barcelona
Budapest

Karl-Heinz Erdmann
Wissenschaftlicher Angestellter
Bundesforschungsanstalt für Naturschutz und Landschaftsökologie
Konstantinstraße 110, 5300 Bonn 2, BRD

ISBN-13: 978-3-540-56510-9   e-ISBN-13: 978-3-642-78108-7
DOI: 10.1007/978-3-642-78108-7

Die Deutsche Bibliothek – CIP-Einheitsaufnahme
Perspektiven menschlichen Handelns: Umwelt und Ethik / K.-H. Erdmann (Hrsg.).
2. Auflage. Berlin; Heidelberg; New York; London; Paris; Tokyo; Hong Kong;
Barcelona; Budapest: Springer, 1993

NE: Erdmann, Karl-Heinz [Hrsg.]

Dieses Werk ist urheberrechtlich geschützt. Die dadurch begründeten Rechte, insbesondere die der Übersetzung, des Nachdrucks, des Vortrags, der Entnahme von Abbildungen und Tabellen, der Funksendung, der Mikroverfilmung oder der Vervielfältigung auf anderen Wegen und der Speicherung in Datenverarbeitungsanlagen, bleiben, auch bei nur auszugsweiser Verwertung, vorbehalten. Eine Vervielfältigung dieses Werkes oder von Teilen dieses Werkes ist auch im Einzelfall nur in den Grenzen der gesetzlichen Bestimmungen des Urheberrechtsgesetzes der Bundesrepublik Deutschland vom 9. September 1965 in der jeweils geltenden Fassung zulässig. Sie ist grundsätzlich vergütungspflichtig. Zuwiderhandlungen unterliegen den Strafbestimmungen des Urheberrechtsgesetzes.

© Springer-Verlag Berlin Heidelberg 1992, 1993
Softcover reprint of the hardcover 1st edition 1993
Satz: Datenkonvertierung durch Elsner & Behrens GmbH, Oftersheim

30/3145-543210 – Gedruckt auf säurefreiem Papier

Geleitwort

von Bundesumweltminister Prof. Dr. Klaus Töpfer

Seitdem Menschen existieren, verändern sie ihre Umwelt. Doch erst in der hochindustrialisierten Gesellschaft und mit der raschen Zunahme der Erdbevölkerung in unserem Jahrhundert haben Eingriffe in den Naturhaushalt nach Art und Umfang eine Größenordnung erreicht, die zu einer ernsten und weltweiten Gefahr für die Natur, aber auch für den Menschen selbst geführt haben. Umwelt- und Naturschutz ist damit am Ende dieses Jahrhunderts zu einer Überlebensaufgabe der Menschheit geworden.

Politik ist immer auf wissenschaftliche Erkenntnisse als Orientierungshilfe angewiesen. In diesem Sinne erhoffe ich mir von den Umweltwissenschaften, daß sie ökosystemares Grundlagenwissen mehren und die Einsatzfähigkeit von Instrumentarien zur Erfassung, Bewertung und Prognose der Entwicklung von Ökosystemen verbessern.

Unabhängig von diesen Beiträgen der umweltrelevanten Wissenschaften stellt sich jedoch für politisches Handeln immer auch die Frage hinsichtlich der Wertung der Fakten und ihrer Einordnung in unser Wertesystem. Für mich heißt dies, daß menschliches Wirken niemals ausschließlich am ökonomisch und technisch Machbaren orientiert sein darf, sondern die Solidarität mit dem menschlichen und nichtmenschlichen Leben einschließen muß. Diese Forderung gilt für das Heute wie für das Morgen; wir sind in einem ökologischen Generationenvertrag eingebunden.

Aktiver Umwelt- und Naturschutz ist somit Ausdruck eines gelebten Gemeinschaftsgefühls, das nicht nur Anteilnahme am nächsten Menschen ist, sondern über die gesamte Menschheit hinaus sich auch auf die belebte und unbelebte Umwelt ausdehnt.

Politisches und gesellschaftliches Handeln brauchen Orientierungen. Aus meiner Sicht ist es deshalb eine vordringliche Aufgabe der mit ethischen Fragestellungen befaßten Fachbereiche, allgemein verbindende und verbindliche Werte für die Zukunftssicherung aufzuzeigen sowie Wege zur Umsetzung in handlungsleitende

Einstellungen zu weisen. Aus dieser Perspektive sind Erörterungen ethischer Fragen immer eng und unmittelbar mit pädagogischen und psychologischen Erkenntnissen zu verknüpfen.

Ich freue mich, daß es mit dem vorliegenden Buch gelungen ist, neben Vertretern klassischer Disziplinen wie der Philosophie und Theologie auch Autoren aus der Geographie und Physik sowie der Pädagogik, Psychologie und Ethologie unter dem Thema „Umwelt und Ethik" zusammenzuführen. Ihre Beiträge informieren über unterschiedliche Sichtweisen, dienen einer vertiefenden Klärung der Sachverhalte und können letztlich dazu beitragen, unsere eigene Lebensweise und unsere eigenen Anspruchshaltungen zu überdenken.

Vorwort zur zweiten Auflage

Bereits innerhalb kürzester Zeit war die 1. Auflage der vorliegenden Aufsatzsammlung vergriffen. Dies zeigt das große Interesse, sich – über die naturwissenschaftlichen und sozioökonomischen Aspekte hinausgehend – verstärkt und vertiefend mit ethischen, durch heutige Umweltprobleme aufgeworfenen Fragestellungen auseinanderzusetzen. Wie kann menschliches Handeln begründet werden, das sich gleichermaßen für Umwelt und Natur sowie den Menschen (als Individuum und Gemeinschaftswesen) verantwortlich zeigt? Wie kann als gut und richtig Erkanntes in aktives, gewolltes Handeln umgesetzt werden? Welche wissenschaftlichen Disziplinen und gesellschaftlichen Institutionen können diesbezüglich einen konstruktiven Beitrag leisten?

Diese und viele weitere Fragen werden von engagierten Fachvertretern auf interdisziplinärer Grundlage erörtert. Ihnen gebührt Dank für den Mut zu einer prononcierten Stellungnahme. „In einer Zeit, da grundlegende Umkehr im Verhalten des Menschen zu seiner natürlichen Umwelt auf allen Gebieten des Seins unabdingbar ist, um künftigen Generationen den Lebensraum Erde zu erhalten, ist eine solche Schrift von großem Wert. Sie kann vor allem entschlossenes und zielstrebiges Tun fördern", so „UNESCO heute" (Heft 39/IV, S. 354) unter der Überschrift „Ethik der Zukunft schon heute".

Dem Springer-Verlag danke ich für die verlegerische Entscheidung, die Auseinandersetzung mit ethischen Fragen in ihr Verlagsprogramm aufzunehmen.

Bonn, im März 1993 *Karl-Heinz Erdmann*

Vorwort

von MinR. Wilfried Goerke
(Vorsitzender des Deutschen Nationalkommitees
für das UNESCO-Programm
„Der Mensch und die Biosphäre", MAB)

Gesellschaftliche Umbrüche und Umweltkrisen haben zu einer weitgehenden Verunsicherung, Vereinzelung und Entwurzelung vieler Menschen geführt. Um sich dieser zum Teil chaotischen Einflüsse zu erwehren, ist es mehr denn je erforderlich, sich fundamentaler ethischer Grundlagen zu besinnen.

Dadurch kann für den Einzelnen und die menschliche Gemeinschaft ein Ordnungsgefüge gesichert und verbessert werden, das notwendig ist, um vorhandene Kräfte und Mittel rational, d. h. zielgerichtet und ökonomisch einzusetzen und die Zeit für eine ebenso verantwortliche wie erfolgreiche Gestaltung von Gegenwart und Zukunft zu nutzen.

Vielfach wird heute jedoch die Auffassung vertreten, daß es in pluralistischen Gesellschaften keine allgemein verbindenden und verbindlichen Werte und Handlungsorientierungen mehr geben könne; dafür sprechen vordergründig eine Reihe weltweiter politischer Entwicklungen. Unübersehbar ist aber auch, daß in der Völkergemeinschaft das Bewußtsein wächst: Nur durch Gespräch und darauf beruhendem gegenseitig abgestimmten Handeln können die Lebensgrundlagen künftiger Generationen und die Vielfalt der Natur bewahrt werden.

Hierzu ist einerseits die Kunst des pragmatischen Handelns gefordert, andererseits eine auf breitem gesellschaftlichen Konsens beruhende Zielbestimmung, ohne die eine nachhaltige Wirksamkeit des Handelns schwer möglich ist. Um zu diesem erforderlichen Konsens in der Völkergemeinschaft zu gelangen, müssen multikulturelle Hintergründe beachtet werden, und um ausgleichend und möglicherweise ordnend wirksam werden zu können, bedarf es einer Auseinandersetzung hinsichtlich der Begründung gemeinsamer ethischer Anliegen.

Als eine der ersten internationalen Organisationen erkannte die UNESCO – Sonderorganisation der Vereinten Nationen für Erziehung, Wissenschaft und Kultur – die durch wachsende Umweltprobleme entstandenen globalen Herausforderungen und beschloß 1970 das zwischenstaatliche Programm „Der Mensch und die Biosphäre" (MAB). Es hat die Aufgabe, auf internationaler Ebene wissenschaftliche Grundlagen für eine umweltverantwortliche Nutzung und Erhaltung der natürlichen Ressourcen zu entwickeln. Dies mit dem Ziel, das Spannungsfeld zwischen Mensch und Umwelt zu untersuchen sowie Wege für eine nachhaltige Verbesserung der Beziehungen aufzuzeigen. Ausgangspunkt der interdisziplinär und problemorientiert organisierten MAB-Arbeit ist ein erweiterter ökosystemarer Ansatz, der naturwissenschaftliche, ökonomische, soziale und kulturelle Aspekte integriert. Damit soll dazu beigetragen werden, die Partnerschaft zwischen Mensch und Umwelt auf ein höheres Niveau zu heben. Trotz intensiver internationaler Anstrengungen im Umwelt- und Naturschutz besteht heute noch eine große Diskrepanz zwischen ökosystemarem Wissen und umweltverantwortlichem Handeln. Selbst wenn berücksichtigt wird, daß zahlreiche ergriffene Maßnahmen erst mit erheblicher Zeitverzögerung dauerhafte Wirkung zeigen, wird weltweit ein großer Nachholbedarf bestehen bleiben. Vor diesem Hintergrund sowie der bislang noch nicht bewältigten Umweltprobleme stellt sich die Frage, wie diese existentiellen Aufgaben künftig besser gelöst werden können.

In den zurückliegenden Jahren ist der Ruf lauter geworden, bei der Lösung von Umweltproblemen neben natur-, sozial- und wirtschaftswissenschaftlichen Erkenntnissen auch ethische Gesichtspunkte verstärkt einzubeziehen. Es werden zunehmend praktische Orientierungen und Kriterien für den Umgang des Menschen mit Natur und Umwelt nachgefragt. Von der Ethik wird Hilfe in diesem Orientierungsprozeß erhofft.

Der Begriff Ethik geht auf den griechischen Philosophen Aristoteles zurück und hat die Bedeutung von Gewohnheit, Sitte, Brauch – ist also auf das Miteinander der Menschen ausgerichtet – sowie von Sinnesart, Gesinnung, Haltung – und bezieht sich demnach ausdrücklich auch auf den einzelnen Menschen und sein Verhalten. Diese doppelte semantische Ausrichtung – der Mensch als Gemeinschaftsmitglied und der Mensch als Individuum – ist, da Ethik im praktischen Vollzug des individuellen Lebens immer in zwischenmenschlichen gesellschaftlichen Bezügen wirkt, als untrennbare Einheit zu verstehen.

Bei Aristoteles hat Ethik die Aufgabe, allgemeine Grundsätze menschlichen Handelns zu untersuchen, d. h. zu analysieren, welche der herrschenden Sitten und möglichen menschlichen Haltungen gut und welche verwerflich sind. Das Gutsein des Handelns stellt er in direkten Bezug zum realen Leben des Menschen. Seine Ethik ist somit ganz nach außen gerichtet: auf das Handeln in der Welt und in den mitmenschlichen Bezügen.

Vor diesem Hintergrund hat Ethik aus meiner Sicht immer auch die Aufgabe aufzuzeigen, wie ein gesolltes Handeln tatsächlich realisiert werden kann, d. h. wie Wertorientierungen handlungsleitenden Charakter erhalten.

Warum diese weit in die Geschichte der Philosophie reichenden einleitenden Worte? Ich denke, sie sind notwendig, um zu einem tragfähigen Fundament für ethische Diskussionen in der heutigen pluralistischen Gesellschaft beizutragen.

Das vorliegende Buch, das im Rahmen des MAB-Programmes entstanden ist, vereint Beiträge verschiedener an der ethischen Debatte beteiligter Disziplinen, wie: Philosophie, Theologie, Ökologie, Geographie, Pädagogik, Psychologie und Verhaltenswissenschaft. Die einzelnen Arbeiten sind durch unterschiedliche Abstraktionsniveaus und individuelle Sprachstile der Autoren gekennzeichnet, was nicht zuletzt auf den multidisziplinären Charakter des Buches zurückzuführen ist. Allen ist gemeinsam, daß sie sich bemühen, konstruktiv zur Bewältigung der Umweltkrise beizutragen. Sie vertreten dabei eine vom Menschen ausgehende Sichtweise. Sie folgen nicht jenen Vertretern undifferenziert kulturkritischer und irrationalistischer Auffassungen, die versuchen, die derzeitigen Umweltprobleme dafür zu benutzen, nicht nur die Wissenschaft, sondern vor allem die Gesellschaft und ihre Kultur als Ganzes grundlegend zu attackieren.

Die Beitragsfolge wird von dem Kieler Geographen und Ökologen Otto Fränzle mit dem Aufsatz „Umweltbewertung und Ethik – Das Beispiel der Ökotoxikologie" eröffnet. Darin plädiert er einerseits für die Erlangung einer umfassenden Sachkenntnis über den zu beurteilenden Gegenstand, d. h. für Modelle, die die Realsituation adäquat abbilden, und andererseits für umfassende Bewertungsverfahren, die den Kriterien Objektivität, Reliabilität und Validität genügen. Aufbauend auf einer detaillierten Sachanalyse zur Ermittlung des Gefährdungspotentials von Chemikalien untersucht Fränzle die Qualität ökotoxikologischer Bewertungsverfahren sowie ethische Implikationen der Grenzwertproblematik.

Auf diesen Beitrag folgen mehrere umweltethische Erörterungen aus unterschiedlichen philosophischen Sichtweisen:

Der Bonner Philosoph Hans Michael Baumgartner dokumentiert und diskutiert unter der Überschrift „Probleme einer ökologischen Ethik" Optionen umweltethischer Entwürfe und untersucht, wie ethische Prinzipien in konkretes Handeln umgesetzt werden könnten. In einem Exkurs behandelt er beispielhaft das Problem ‚Überbevölkerung und Klimawandel'. Baumgartner betont die Bedeutung der philosophischen Ethik, die zu einer verantwortlichen Bewußtseinsbildung beim Menschen beiträgt, und plädiert für eine Verbindung von Wissen und Gewissen. Angst oder Schwärmerei einerseits sowie dem Abdriften ins Ideologische andererseits kann auf dieser Grundlage entgegengewirkt werden.

Besonders begrüße ich den Beitrag „In Partnerschaft mit der Natur" von Magda Staudinger (Freiburg i. Br.). Sie ist Ehrenmitglied der Deutschen UNESCO-Kommission und des Deutschen MAB-Nationalkomitees sowie der Lettischen Akademie der Wissenschaften. Als Mitglied deutscher Regierungsdelegationen kann sie auf ein jahrzehntelanges Engagement für die Wissenschaft und die UNESCO rückblicken. Magda Staudinger fordert ein Aufeinanderzugehen von Natur- und Geisteswissenschaften. Nur durch einen interdisziplinären *Dialog* kann die Lösung der heutigen Probleme der Welt bewerkstelligt werden. Die Menschheit muß „Verantwortung für das Gesamtleben unserer Erde", d. h. für Mensch und Umwelt, übernehmen, um zu einer wachsenden Partnerschaft mit der Natur zu gelangen.

Aus ihrer mehrjährigen Erfahrung als Leiterin der deutschen MAB-Geschäftsstelle erörtert die Geographin Josefine Heinz (Bonn) „Ethische Aspekte des UNESCO-Programmes ‚Der Mensch und die Biosphäre' (MAB)". Sie stellt philosophische und multikulturelle Gesichtspunkte dar, denen sich das MAB-Programm verpflichtet hat. Umweltkrise und Gesellschaftskrise haben dieselben Ursachen; Lösungsansätze können daher nur in Kommunikation von Gesellschafts- und Naturwissenschaften erarbeitet werden.

Der Stuttgarter Philosoph Günther Bien befaßt sich mit Grundlegungen einer philosophischen Ethik, die umweltorientiertes Handeln fördern will. Er erörtert verschiedene Grundformen des Verhältnisses von Mensch und Natur und diskutiert moralische Gründe, die Verhaltensänderungen bewirken können. Um zu einem die Umwelt schonenden, die Natur schützenden und bewahrenden Verhalten zu gelangen, ist eine Besinnung auf diese Grundlagen wichtig. Ausdrücklich wendet er sich gegen Auffassungen, die der philosophischen und wissenschaftlichen Tradition unseres christlich-abendländischen Kulturkreises undifferenziert die Schuld an der Gesellschafts- und Umweltkrise zuweisen.

Vertreter der katholischen und evangelischen Ethik untersuchen in ihren Darlegungen die Wechselwirkungen zwischen christlichem Glauben und konkretem umweltgerechterem Handeln:

Martin Rock, katholischer Sozialethiker aus Mainz tritt in seinem Aufsatz „Die ökologische Thematik in anthropologischer und ethischer Sicht" für einen Friedensschluß zwischen Ökologie und Ökonomie ein. Irreparable Schäden im Naturhaushalt führen zu Sinnverlust und damit auch zu Wertverlust. Rock entwirft mit Blick auf die Solidargemeinschaft von Mensch und Natur eine Ethik des Umweltschutzes, die auf den klassischen Kardinaltugenden Klugheit, Gerechtigkeit, Tapferkeit und Maßhalten basiert.

Der katholische Moraltheologe Gerhard Höver (Bonn) erörtert in seinem Beitrag „Notwendigkeit und Verantwortung im Umweltschutz" Verhaltensweisen des Menschen und Auswirkungen seiner raumwirksamen Tätigkeiten. Skizzenhaft entwirft er eine an den Eigengesetzlichkeiten des Geosystems orientierte Ethik der Verantwortung. Diese soll wissenschaftliches Denken und wahrheitssuchende Glaubenskraft miteinander verbinden. Höver warnt vor

Pessimismus und vor dem Rückzug in eine angeblich harmonische Idylle.

Martin Honecker, evangelischer Sozialethiker aus Bonn, Mitglied der Kammer für öffentliche Verantwortung der Evangelischen Kirche in Deutschland (EKD), stellt seinen Beitrag unter den Titel „Herrschaft über die Natur und Bewahrung der Schöpfung". Ein die ökosystemaren Zusammenhänge achtender und die natürlichen Ressourcen schonender Umgang des Menschen mit der Umwelt wird nur unter der Voraussetzung einer sachgemäßen Wahrnehmung von Natur, verbunden mit angemessenen umweltverantwortlichen Werthaltungen, Einstellungen und Tugenden, umzusetzen sein. Honecker betont die Sonderstellung des Menschen als Person, erkennt aber auch den Eigenwert von Natur an.

Der evangelische Theologe Wolfgang Höhne (Berchtesgaden) umreißt in seinen Ausführungen „Schöpferglaube und Schöpfungsverantwortung" Strukturelemente einer verantwortlichen ökologischen Ethik, die auf den Grundelementen ethischer Verbindlichkeit, existentieller Betroffenheit und universeller Gültigkeit fußt. Er fordert die Weltchristenheit auf, einen gesamtkirchlichen Konsens zu suchen und sich zur Anwältin der höchst gefährdeten Schöpfung zu machen. Dazu ist aber nicht nur Einmütigkeit in Worten, sondern vor allem in Taten anzustreben. Höhne nennt exemplarisch praktische Maximen, die auch – über den Kreis der Gläubigen hinaus – Überzeugungskraft und Allgemeingültigkeit besitzen.

Es folgen Beiträge, die aus pädagogisch-psychologischer Sicht Grundlagen zur Vermittlung umweltverantwortlichen Handelns untersuchen mit dem Ziel, einer umfassenden Umwelterziehung und Umweltbildung zu dienen:

Der Biologe und Verhaltenswissenschaftler Hans G. Kastenholz (Zürich) stellt in seiner Abhandlung „Die Bedeutung eines wissenschaftlich fundierten Menschenbildes für die Förderung umweltverantwortlichen Handelns" humanwissenschaftliche Erkenntnisse über die Natur des Menschen zusammen. Natürliche Soziabilität, Lern-, Erziehungs- und Beziehungsfähigkeit sowie -bedürftigkeit bilden die Grundlage des Humanen. Eine an anthropologischen und entwicklungspsychologischen Forschungsergebnissen orientierte Erziehung kann wesentlich zu einer Bewältigung der heutigen Gesellschaftskrise – Teil dieser ist die Umweltkrise – beitragen.

Die Philologin Cordula Grunow-Erdmann (Köln) und der Geograph Karl-Heinz Erdmann, MAB-Geschäftsstelle (Bonn), untersuchen in ihrem Artikel „Zur Bedeutung positiver Werte" die Relevanz allgemeiner handlungsleitender Wertvorstellungen für umweltbezogenes Handeln. Soziales Verantwortungsgefühl stellt das Fundament für die Ausbildung eines Gewissens für Mensch und Umwelt dar. Besondere Bedeutung hat hierfür die Entwicklung des Gemeinschaftsgefühls im Sinne Alfred Adlers. Zur Lösung heutiger und künftiger Aufgaben und Probleme ist es wichtig, die positiven

Werte: Lernfreude, Bereitschaft zur Kooperation sowie das Anstreben gewaltfreier Konfliktlösungen zu erlernen und weiterzuvermitteln.

„Umwelterziehung – allgemeine wissenschaftliche Grundlagen" ist das Thema der Psychologin Edeltraut Haltner-Mylaeus und des Physikers Thomas Mylaeus (Köln). Zur Beschleunigung der Lösung derzeitiger Umweltprobleme bedarf es einer interkulturellen Kooperation. Um diese vorzubereiten, sind in der Erziehung Werthaltungen, die prosoziales Handeln begründen, verstärkt zu fördern. Darüber hinaus gilt es auch, die individuelle Verarbeitung dieser Informationen, die mit anthropologischen und psychologischen Gegebenheiten der kindlichen Persönlichkeitsentwicklung zusammenhängen, zu berücksichtigen. Erst auf dieser Grundlage wird die notwendige Aufklärung über Umweltprobleme und ihre möglichen Lösungen nachhaltig wirksam werden.

Die Chemikerin und Ingenieurpädagogin Gudrun Kammasch (Berlin) setzt sich in ihrem Beitrag „Die Beziehung zwischen Mann und Frau" für eine Aufarbeitung der über Jahrhunderte tradierten Vorurteile hinsichtlich der Geschlechterfrage ein. Ausgehend von den in der Yamoussoukro-Deklaration der UNESCO postulierten positiven Werten, fordert sie eine Ethik der Verantwortung, die gleichermaßen von Mann und Frau übernommen werden muß. Sie ruft zur Lösung der aktuellen Probleme zu einem kooperativen Miteinander von Mann und Frau, zu einer umfassenden Friedenskultur, die Mensch und Umwelt einschließt, auf.

Alle am vorliegenden Buch beteiligten Autoren zeigen überzeugend und mit Nachdruck, daß ethische Reflexion über das Verhältnis Mensch und Umwelt sowie das daraus folgende moralische Handeln unerläßlich sind zur Lösung anstehender Zeitprobleme. Bedeutende Grundlagen hierfür sind u. a. auch zwei Deklarationen der UNESCO, die am Schluß des Buches aufgenommen wurden.

Die Erklärung „Gewalt ist kein Naturgesetz" wurde am 16. Mai 1986 in Sevilla (Spanien) von zwanzig international renommierten Wissenschaftlern verabschiedet. In ihr erklären die Unterzeichner aus der Sicht ihrer verschiedenen Fachdisziplinen, daß Gewalt und Aggression keinem Naturgesetz folgen. Mit Berufung auf die Passage aus der Präambel zur Verfassung der UNESCO, daß Kriege im Geist der Menschen entstehen, fordern die Wissenschaftler jeden einzelnen auf, seinen aktiven und persönlichen Beitrag zum Frieden zu leisten.

Den Abschluß des Buches bildet der Text der UNESCO-Deklaration „Der innere Frieden des Menschen", der auf dem vom 26. Juni bis 01. Juli 1989 in Yamoussoukro (Elfenbeinküste) stattgefundenen Kongreß verfaßt wurde. Internationale Experten sowie Vertreter nationaler und internationaler Organisationen entwerfen ein umfassendes Friedensprogramm, das Mensch und Umwelt gleichermaßen mit einbezieht. Detaillierte Empfehlungen zur Umsetzung und gesellschaftlichen Verankerung beschließen den Deklarationstext. Ihm folgt die Ansprache des Generaldirektors der UNESCO, Federico Mayor, zum Abschluß des Kongresses in Yamoussoukro.

Ausgangspunkt der MAB-Philosophie ist der Mensch als Teil der Natur. Daraus folgt, daß der Schutz des Menschen auch den Schutz von Natur erfordert. Um diesem umfassenden Anliegen Geltung zu verschaffen, sind im Verhältnis zwischen Mensch und Umwelt wegweisende ethische Orientierungen vonnöten. Ich freue mich, mit dem vorliegenden Buch einer breiten Leserschaft vielfältige Beiträge zu einem aktuellen Thema vorstellen zu können. Sie sollen als Handreichungen zu Diskussionen und intensiverem Nachdenken anregen, darüber hinaus aber auch zu kritischer Weiterführung ermutigen.

Wir alle sind aufgerufen, einen verantwortlichen Umgang miteinander und mit allem Lebendigen zu suchen, um für das gemeinsame Lebensrecht von Mensch und Natur mit all unserer Kraft einzutreten, jeder an dem Platz, an dem er steht.

Inhaltsverzeichnis

Umweltbewertung und Ethik.
Das Beispiel der Ökotoxikologie (*Otto Fränzle*) 1

Probleme einer ökologischen Ethik
(*Hans Michael Baumgartner*) 19

In Partnerschaft mit der Natur.
Ein naturwissenschaftlicher Beitrag zum Aufgabenkreis
für die Weltdekade für kulturelle Entwicklung
im Rahmen der Deutschen UNESCO-Kommission
(*Magda Staudinger*) 31

Ethische Aspekte des UNESCO-Programms
„Der Mensch und die Biosphäre" (MAB) (*Josefine Heinz*) .. 35

Philosophische Reflexionen zum Problem der Ökologie
(*Günther Bien*) 39

Die ökologische Thematik in anthropologischer
und ethischer Sicht (*Martin Rock*) 53

Notwendigkeit und Verantwortung im Umweltschutz.
Überlegungen aus der Sicht der Moraltheologie
(*Gerhard Höver*) 67

Herrschaft über die Natur und Bewahrung der Schöpfung
(*Martin Honecker*) 79

Schöpferglaube und Schöpfungsverantwortung.
Umrisse einer schöpfungsorientierten Ethik
(*Wolfgang Höhne*) 95

Die Bedeutung eines wissenschaftlich fundierten
Menschenbildes für die Förderung umweltverantwortlichen
Handelns (*Hans G. Kastenholz*) 110

Zur Bedeutung positiver Werte.
Pädagogische und psychologische Grundlagen
für die Lösung der Umweltkrise
(*Cordula Grunow-Erdmann und Karl-Heinz Erdmann*) 132

Umwelterziehung – allgemeine wissenschaftliche
Grundlagen. Erziehung zu umweltgerechtem Handeln
setzt Erziehung zur Mitmenschlichkeit voraus
(*Edeltraut Haltner-Mylaeus und Thomas Mylaeus*) 148

Die Beziehung zwischen Mann und Frau.
Ein Beitrag zur Formulierung einer Ethik der Verantwortung
(*Gudrun Kammasch*) 165

UNESCO-Dokumente

    Gewalt ist kein Naturgesetz.
    Die Erklärung von Sevilla zur Gewalt (1986) 186

    Der innere Frieden des Menschen.
    Die Deklaration von Yamoussoukro (1989) 190

    Ansprache zum Abschluß des internationalen Kongresses
    zum „Inneren Frieden des Menschen" in Yamoussoukro/
    Elfenbeinküste am 01. Juli 1989 (*Federico Mayor*) 195

Beitragsautorenverzeichnis

Prof. Dr. Hans Michael Baumgartner
Direktor des Philosophischen Seminars A, Universität Bonn,
Am Hof, D-5300 Bonn 1, BRD

Prof. Dr. Günther Bien
Philosophisches Institut der Universität Stuttgart,
Dillmannstr. 1, D-7000 Stuttgart 1, BRD

Karl-Heinz Erdmann
Geschäftsstelle des Deutschen Nationalkomitees für das
UNESCO-Programm „Der Mensch und die Biosphäre" (MAB),
c/o Bundesforschungsanstalt für Naturschutz
und Landschaftsökologie,
Konstantinstr. 110, D-5300 Bonn 2, BRD

Prof. Dr. Otto Fränzle
Geographisches Institut der Universität Kiel
Olshausenstr. 40–60, D-2300 Kiel, BRD

MinR. Wilfried Goerke
Vorsitzender des Deutschen Nationalkomitees des UNESCO-
Programms „Der Mensch und die Biosphäre" (MAB),
Bundesministerium für Umwelt, Naturschutz
und Reaktorsicherheit, Referat N II 2
Postfach 120629, D-5300 Bonn 1, BRD

Cordula Grunow-Erdmann
Gesellschaft für Mensch und Umwelt (GMU)
Bachstr. 25, D-5000 Köln 50, BRD

Dipl.-Psych. Edeltraud Haltner-Mylaeus
Eckertstr. 4, D-5000 Köln 41, BRD

Josefine Heinz
Bundesministerium für Umwelt, Naturschutz
und Reaktorsicherheit, Referat N I 1
Postfach 120629, D-5300 Bonn 1, BRD

Dr. Wolfgang Höhne
Evangelisches Pfarramt Berchtesgaden,
Ludwig-Ganghofer-Str. 28, D-8240 Berchtesgaden, BRD

Prof. Dr. Gerhard Höver
Moraltheologisches Seminar der Universität Bonn
Regina-Pacis-Weg 1A, D-5300 Bonn 1

Prof. Dr. Martin Honecker
Institut für Sozialethik,
Evangelisch-Theologisches Seminar der Universität Bonn
Am Hof 1, D-5300 Bonn 1, BRD

Prof. Dr. Gudrun Kammasch
Duisburger Str. 12, D-1000 Berlin 15, BRD

Hans Kastenholz
Institut für Verhaltenswissenschaft, ETH Zentrum,
Turner Str. 1, CH-8092 Zürich, Schweiz

Prof. Dr. Federico Mayor
Director – General, United Nations Educational,
Scientific and Cultural Organization
7, Place de Fontenoy, F-75700 Paris, Frankreich

Dr. Thomas Mylaeus
Eckertstr. 4, D-5000 Köln 41, BRD

Prof. Dr. Martin Rock
Fachbereich Katholische Theologie, Seminar für Moraltheologie
und Sozialethik der Universität Mainz,
Postfach 3980, D-6500 Mainz, BRD

Dr. Magda Staudinger
Mitglied e.h. der Deutschen UNESCO-Kommission,
Wohnstift Augustinum,
Weierweg 10, App. 6401, D-7800 Freiburg, BRD

Prof. Dr. Klaus Töpfer
Bundesminister für Umwelt, Naturschutz und Reaktorsicherheit,
Postfach 120629, D-5300 Bonn 1, BRD

Umweltbewertung und Ethik

– Das Beispiel der Ökotoxikologie –

Otto Fränzle (Kiel)

1 Einleitung

Ethik ist die wertende Untersuchung der Voraussetzungen, Prinzipien und Ausprägungen des Sittlichen. Eine Wertung entsteht jeweils im Spannungsfeld zwischen Wertträgern und urteilenden Subjekten und läßt sich begrifflich in die 3 Komponenten Sachkenntnis, Stellungnahme und Wertbewußtsein gliedern (Kraft 1951, Bechmann 1988). Voraussetzung ist stets, daß der Bewerter eine hinreichende Sachkenntnis über den zu beurteilenden Gegenstand (Wertträger) besitzt, und diese wird im Regelfall in Form eines – wie immer gearteten – Modells zusammengefaßt. Stellungnahme bedeutet die jeweilige Zu- oder Abwendung in Richtung des jeweils betrachteten Objektbereiches; sie wird erst dann zur Wertung, wenn ein spezifisches Wertbewußtsein hinzukommt, was nur durch den Rückgriff auf ein Wertsystem möglich ist. Ein solches bezeichnet Präferenzordnungen und Haltungen, die als (nur teilweise intersubjektiv überprüfbare) Maßstäbe für die Begründung einer Stellungnahme dienen.

Zum Verständnis von Bewertungsverfahren sind daher 4 Fragedimensionen wichtig:

- Durch welches Modell wird der zu bewertende Sachverhalt adäquat abgebildet?
- Welches Wertsystem liegt der Beurteilung zugrunde?
- Welche Regeln verknüpfen Sachmodell und Wertsystem zur jeweiligen Bewertung?
- Wird auf einem nominalen, ordinalen oder kardinalen Skalenniveau bewertet?

Bewertungsverfahren sollen auf inhaltlich klaren Wert- und Zielsystemen beruhen und gleichen insoweit in formaler Hinsicht Meßverfahren (vgl. Bechmann 1978; Fränzle et al. 1986; Vetter et al. 1986); d.h. sie müssen prinzipiell den grundlegenden Kriterien der Objektivität, Reliabilität und Validität genügen.

- Objektiv ist ein Verfahren, wenn das zu ermittelnde Merkmal eindeutig festgelegt ist und die Ergebnisse von der Person des Auswerters unabhängig sind.
- Es ist reliabel, wenn das zu ermittelnde Merkmal exakt erfaßt wird, d. h. wenn die Messung oder Bewertung bei Wiederholung in geringem zeitlichen Abstand zu einem identischen Resultat führt.

– Die Validität gibt an, in welchem Grade ein Verfahren wirklich das mißt, was es messen soll (Clauss u. Ebner 1967).

Validität schließt Objektivität und Reliabilität ein; zudem wird aus der Definition von Validität deutlich, welchen Schwierigkeiten eine Validitätsanalyse begegnet. „Die Validierung ist ... ein Prozeß ohne eindeutige Stoppregel und wird immer nur mit einer gewissen Willkürlichkeit abgebrochen (Praktikabilität, Kostengründe usw.)" (Scheuch u. Zehnpfennig 1974).

Daraus folgt, daß ein sinnvolles Bewertungsverfahren

– auf einem möglichst genauen und richtigen Sachmodell fußen,
– sich möglichst exakt auf ein definiertes Ziel- oder Wertsystem beziehen,
– eine formal konsistente Bewertungsstruktur besitzen und
– zu einer Ordnung der bewerteten Alternativen führen sollte (Bechmann 1988).

Wird gegen diese Forderungen verstoßen, indem beispielsweise das zugrundegelegte Sachmodell die Realsituation unangemessen verzerrt abbildet oder die Bewertungsregeln kein reliables oder valides Verfahren ermöglichen, ergeben sich zwangsläufig falsche Beurteilungen. Qualitätsprüfungen von Bewertungsverfahren verlangen daher eine fallbezogene Analyse ihrer formalen und inhaltlichen Aspekte. Dies soll im folgenden beispielhaft anhand der Grundsätze zur Beurteilung von Umweltchemikalien dargestellt werden. Dabei ergeben sich vor allem im Bereich der toxikologischen Grenzwertbestimmung umweltethische Probleme, die im 2. Abschn. angesprochen werden.

2 Toxikologische und ökotoxikologische Chemikalienprüfung

Für die Ermittlung der potentiell umweltgefährdenden Wirkung von Chemikalien spielt neben dem Immissionsmodus, ihrem Verteilungsverhalten und der Reaktivität bzw. Persistenz die Struktur der betroffenen Ökosysteme oder ihrer Kompartimente und Elemente die entscheidende Rolle. Diesen kommt damit in toxikologischer Sichtweise der Charakter unterschiedlich komplexer Bioindikatoren zu (vgl. Bick u. Neumann 1982). Wie bei jedem Indikator wird ihr Wert um so höher sein, je besser reproduzierbar die Beziehung zum Indikandum, der eigentlich interessierenden, aber nicht direkt bestimmbaren Toxizität einer oder auch mehrerer synergistisch oder antagonistisch wirksamer Substanzen ausgeprägt ist (Fränzle 1983, Fränzle et al. 1989).

Chemikalien wirken nicht diffus auf ein Ökosystem oder einzelne seiner Teile ein, sondern selektiv in unterschiedlicher Weise (Abb. 1).

Originalsubstanz, Nebenprodukt und Primärmetabolit werden in instabile intermediäre Metaboliten und dann stabile Nachfolgeprodukte umgewandelt. Substanz 4 mag chemisch instabil, aber biologisch hoch aktiv sein. Die Metaboliten (6) sind in ihrem Chemismus unterschiedlich weit von den Muttersubstanzen verschieden; in manchen Fällen geht die Umwandlung bis zur vollständigen Mineralisierung.

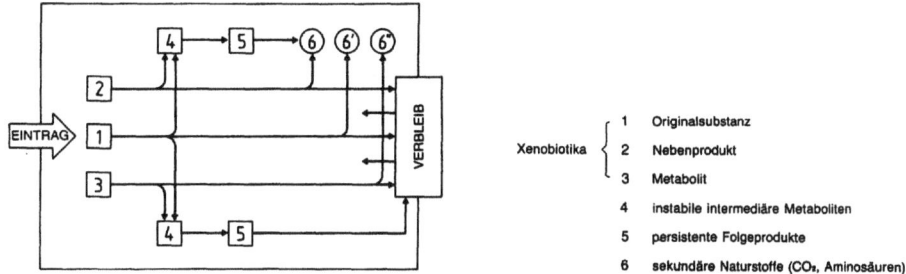

Abb. 1. Eintrag, Umwandlung und Verbleib von Xenobiotika in Ökosystemen. (Nach Hapke 1983, verändert)

Die biotischen Wirkungen dieser 6 Typen von möglicherweise toxisch wirkenden Chemikalien sind nur sehr eingeschränkt anhand ihrer physikalischen und chemischen Eigenschaften vorhersagbar; sie bedürfen daher der experimentellen Feststellung. Dies geschieht mit Hilfe toxikologischer und ökotoxikologischer Verfahren:

- Toxikologische Untersuchungen werden mit Indikatororganismen verschiedener Taxa, z. B. Mäusen, Ratten, Fischen, Regenwürmern, Mikroorganismen, niederen oder höheren Pflanzen durchgeführt. Das Ergebnis ist die Feststellung der Fischtoxizität, Daphnientoxizität, Algentoxizität usw. einer bestimmten Substanz.
- Die Ökotoxikologie untersucht die Einwirkung von Einzelstoffen oder Stoffgemischen auf Ökosysteme oder wesentliche Kompartimente wie Böden, Phyto- oder Zoozönosen. Dabei spielen retrospektive Schadensbeobachtungen im Freiland eine wichtige Rolle, denn sie gestatten, die Wirkungen von Umweltchemikalien festzustellen, wenn Schäden in ausgeprägter Inzidenz vorliegen.

2.1 Toxikologische Untersuchungen

Chemikalien können auf verschiedenen Wegen in einen Organismus gelangen; bei Pflanzen beispielsweise über die Wurzeln oder Blätter, bei Tier und Mensch mit der Nahrung, über die Atemluft bzw. das Kiemenwasser oder auch durch die Haut. Die aufgenommene Menge ist zum einen konzentrationsabhängig, zum anderen bestimmen auch physikalische Eigenschaften wie Wasser- und Fettlöslichkeit oder die Teilchengröße Ausmaß und Geschwindigkeit der Aufnahme.

Im Organismus erfolgt die Verteilung vor allem in Abhängigkeit von der sehr unterschiedlichen Rezeptorqualität der einzelnen Organe oder Kompartimente (Organotropie). Entsprechend differenziert verläuft auch die Umwandlung, durch die aus der ursprünglichen Substanz sowohl weniger giftige als auch giftigere Folgeprodukte entstehen können. Dementsprechend können dieselben Verbindungen in Abhängigkeit vom Aufnahmepfad zu ganz unterschiedlichen Wirkungen im Organismus bzw. am Zielorgan führen. Daraus ergibt sich die Notwendigkeit, für verschiedene Expositionswege unterschiedliche Grenzwerte festzulegen.

Komplizierter wird die Situation noch dadurch, daß ein Teil der Substanz ausgeschieden wird, sich aber auch im Fettgewebe oder anderen Organen ohne erkennbare Wirkung anreichern kann (vgl. Abb. 1). Dabei sind große Unterschiede im Verhalten zwischen verschiedenen Versuchstier- und -pflanzenarten möglich.

Aus dem Gesagten folgt, daß zur Beurteilung der Gesundheitsgefährlichkeit folgende Punkte im Sinne eines toxikologischen Stoffprofils (Modells) untersucht werden müssen (Greim 1990):

- Wirkung nach einmaliger und wiederholter Verabreichung (Exposition),
- Aufnahme und Verteilung auf die einzelnen Organe (Organotropie) sowie Speicher- und Ausscheidungsmechanismen,
- Wirkungsmechanismen und interspezifische Wirkungsunterschiede, etwa zwischen Versuchstier und Mensch.

Von erheblicher Bedeutung ist ferner die Frage der Übertragbarkeit von Laborergebnissen auf Freilandbedingungen.

Aus diesen im Tier- oder Pflanzenversuch gewonnenen Befunden läßt sich die toxikologische Bedeutung eines Stoffes für andere Spezies abschätzen und in Form von Grenzwerten festlegen. Von ihnen zu unterscheiden sind die Richtwerte, die sich nur an der vorhandenen Kontamination orientieren, sowie die vorsorglichen Minimalwerte, die prinzipiell unerwünschte Verunreinigungen betreffen (etwa beim Trinkwasser) und daher häufig im Bereich der Nachweisgrenze angesetzt werden.

Für die meisten Stoffe gilt im Sinne der klassischen Feststellung des Paracelsus: „Alle Dinge sind Gift, allein die Dosis macht, daß ein Ding kein Gift", daß ihre Wirkung von der jeweiligen Konzentration am Rezeptor abhängig ist (Konzentrationsgifte); ihr Wirkungstyp ist nicht stochastisch (Müller 1990). Dementsprechend besitzen Konzentrationsgifte eine Wirkungsschwelle, unterhalb derer keine Effekte zu erwarten sind; oberhalb der kritischen Grenzkonzentration kommt es zu einem dosisabhängigen Anstieg der Wirksamkeit. Die Feststellung der Wirkungsschwelle hängt allerdings von der Empfindlichkeit der jeweiligen Untersuchungsmethode ab und wird daher auch als ‚no observed effect level' (NOEL) bezeichnet. Er muß das empfindlichste Organ berücksichtigen und mit Methoden, die den wissenschaftlichen Erkenntnisstand repräsentieren, erarbeitet worden sein.

Auf der Basis des NOEL wird im humantoxikologischen Kontext die duldbare tägliche Aufnahme (DTA bzw. englisch ADI) errechnet. Unter Berücksichtigung eines Sicherheitsfaktors bezeichnet sie diejenige Menge eines Stoffes, die ein Mensch unter Berücksichtigung seines Körpergewichts täglich und lebenslang ohne erkennbares Risiko aufnehmen kann. Die Höhe des Sicherheitsabstandes zwischen NOEL und DTA richtet sich nach der biologischen Bedeutung der toxischen Wirkungen und nach dem Umfang der Substanzkenntnis. Je mehr Dosis-Wirkungs-Beziehungen, Wirkungsmechanismen und Toxikokinetik bei Versuchstier und Mensch übereinstimmen, desto kleiner kann die Differenz NOEL-DTA angesetzt werden; im günstigsten Fall wird der Sicherheitsfaktor 10 benutzt, meist jedoch 100. Er beruht – besonders bei neuentwickelten Stoffen und entsprechend geringer Erfahrung – auf der Annahme, daß der Mensch bis zu 10mal empfindlicher reagieren kann als die für die NOEL-Bestimmung herangezogene Spezies und daß die Empfindlichkeit innerhalb der menschlichen Population um den Faktor 10 variiert.

Im Gegensatz zu den Konzentrationsgiften zeichnen sich kanzerogene und erbgutverändernde Stoffe oder ionisierende Strahlung durch stochastische Wirkungen aus; es lassen sich daher keine Wirkungsschwellen definieren. Bei mutagenen Stoffen ist vielmehr davon auszugehen, daß auch kleinste Menge irreversible Schäden auslösen, die sich bei wiederholtem Kontakt summieren und schließlich in Abhängigkeit von Gesamtdosis und Zeit zur Entstehung von Tumoren führen. Grenzwerte von kanzerogenen Stoffen sind daher nicht überzeugend begründbar; sie können nur das Risiko, durch eine bestimmte Substanz an Krebs zu erkranken, vermindern, aber nicht ausschließen.

2.2 Ökotoxikologie

Die Ökotoxikologie befaßt sich im Sinne einer Weiterentwicklung der oben skizzierten toxikologischen Prüfungen an mono- oder oligospezifischen (d. h. aus Versuchstieren einer oder weniger Arten bestehenden) Testsystemen mit den Schadwirkungen chemischer Substanzen auf Tier- und Pflanzenpopulationen, Böden und ganze Ökosysteme. Das Schädigungspotential ist dabei (in Zukunft) im Sinne höherdimensionaler Dosis-Wirkungs-Beziehungen als Funktion der Wirkungsbedingungen (Menge, Einwirkungsdauer, physikalische und chemische Stoffeigenschaften) und Systembedingungen (Struktur, Stabilität, Resilienz) zu definieren.

Abbildung 2 zeigt, daß Umweltchemikalien einzelne Elemente oder Kompartimente von Ökosystemen i. allg. in recht unterschiedlicher Weise treffen; dementsprechend können die Konsequenzen sehr unterschiedlich sein. Wenn beispielsweise durch den Stoff 2 nur das periphere (d. h. wenig wechselwirkende) Element 11 eliminiert wird, hat dies ungleich geringere Bedeutung als die Beeinflussung des zentralen Elements 5 durch den Stoff 1. Hier sind direkt und indirekt alle internen Relationen betroffen, was eine irreversible Umstrukturierung des Systems zur Folge haben kann.

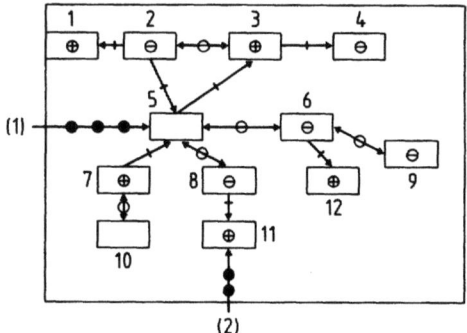

Abb. 2. Einfluß zweier Xenobiotika auf ein Ökosystem.
(Nach HAPKE 1983, verändert). ⊕ = Ant.; ⊖ = Syn.

Dies im konkreten Einzelfall festzustellen, bereitet Schwierigkeiten. Zwar läßt sich die Belastung eines bestandbildenden Individuums im isolierenden Einzelversuch als Abstand zwischen dem NOEL und einer akuttoxischen Dosis (etwa dem LD_{50}-Wert) definieren. Dann wäre die Belastbarkeitsgrenze überschritten, wenn nach Rücknahme des Belastungsfaktors eine Regeneration des Ausgangszustandes unterbleibt. Bei Freilandpopulationen sind diese Relationen jedoch wesentlich komplizierter, weil die meisten Arten aus genetisch unterschiedlichen Organismen zusammengesetzt sind (Kolasa u. Pickett 1991) und potentiellen Schadstoffen gegenüber recht unterschiedlich exponiert sein können (Fränzle et al. 1989; Taylor et al. 1991) oder sich durch hohe Wachstums- und Regenerationsraten rasch an die Störfaktoren durch genetischen Populationsumbau anpassen (Prinzinger u. Prinzinger 1980; Scholz et al. 1989; Müller 1990).

Für die ökotoxikologische Praxis erhebt sich damit die Frage, ob und inwieweit mit mono- oder oligospezifischen Biotestverfahren (Ellenberg u. DFG 1983) auch das Populationsrisiko erfaßt werden kann. Im Bereich der Schädlingsbekämpfung wird die Entscheidung häufig im Sinne einer höheren Applikationsmenge getroffen, so daß der Schadorganismus sicher erreicht, die Nutzorganismen aber möglichst geschont und die Abbauraten des eingesetzten Präparates (vgl. hierzu Industrieverband Pflanzenschutz 1982) so hoch sind (Ottow 1985), daß sie rückstandsanalytisch in dem zu schützenden Produkt unterhalb der gesetzlich vorgeschriebenen Höchstmengen bleiben.

Diese Strategie spiegelt die beträchtlichen Erfahrungen wider, die über die ökologischen Wirkungen vieler Pflanzenschutzmittel anhand umfangreicher Testserien und Freilanderfahrungen gewonnen wurden. Dies gilt insbesondere für die Risikobewertung von Insektizidapplikationen in ausgewählten Agrar-, Grünland- und Wald- bzw. Forstökosystemen der Savannen-, Laub- und Nadelwaldbiome. Im Gegensatz dazu sind die ökosystemaren Kenntnisse über Altstoffe – von einzelnen Stoffgruppen wie den polychlorierten Biphenylen abgesehen – eher bescheiden.

Dank der Bemühungen des „Beratergremiums für umweltrelevante Altstoffe" (BUA) und vergleichbarer Gremien in einigen anderen Industrieländern sind für eine ständig wachsende Menge prioritärer Stoffe aus der bei 4600 liegenden Gesamtzahl umweltchemisch relevanter Altstoffe (BUA 1988) die toxikologischen Einzelstoffkenntnisse in Biotests erheblich gewachsen (vgl. beispielsweise BUA-Stoffbericht 53, 1991). Umfangreichere und vor allem im geostatistischen Sinne flächendeckende Biomonitoringprogramme (vgl. RSU 1987) stellen jedoch bislang die Ausnahme dar. So kann es nicht verwundern, daß manche Altstoffe zu unliebsamen Überraschungen führen, weil sie stellenweise in unerwarteten Konzentrationen auftreten, deren ökotoxikologische Relevanz unklar ist.

Dies zeigt, daß umfassendere Kenntnisse nur dann gewonnen werden können, wenn die Ökotoxikologie in systematischer Weise in eine vergleichende Ökosystemforschung eingebunden wird. Nur so läßt sich aufgrund der kontinuierlichen oder periodischen Belastung eines Systems mittels Energie- und Stoffflußuntersuchungen seine Fähigkeit feststellen, bestimmte chemische Substanzen zu eliminieren und Störungen auszugleichen. Das ökologische Hauptproblem sind dabei nicht so sehr die Einzelstoffe, sondern die Stoffgemische; denn es ist bekannt, daß beispielsweise schon die zeitliche Reihenfolge mehrerer Stoffe die Systemtoxizität bestimmen bzw. verändern kann. Daher machen die im Freiland in der Regel nicht ausschließbaren additiven, synergistischen oder antagonistischen Kombinationswirkungen die Festlegung stoffspezifischer Grenzwerte problematisch und erschweren damit die realistische Abschätzung von Risikobereichen.

Für die Fließgewässer stellen die Biozönosen und insbesondere die benthalen Organismengemeinschaften oder das Saprobiensystem unterschiedlich geeignete Indikatoren für Komplexwirkungen dar. Auch bei terrestrischen Ökosystemen steht in Kürze zu erwarten, daß sich aus dem Verbreitungsmuster von Lebensgemeinschaften, die physikalisch-chemisch zu begründen sind, biologische Indikationsmöglichkeiten ergeben. Verallgemeinernd läßt sich daher feststellen, daß zur Chemikalienindikation in Ökosystemen oder ihren regulatorischen Hauptkompartimenten Böden, Tier- und Pflanzenwelt v. a. jene Parameter infrage kommen, die (möglichst) einfach zu messen, wesentlich für das System und hinreichend empfindlich sind.

Nach dem derzeitigen Kenntnisstand sind dies v. a. (Bradshaw 1976; Ellenberg 1983; Fränzle 1983, 1990; Hapke 1983):

- Energieflüsse und Entropiequellraten repräsentativer Kompartimente,
- Durchsätze ausgewählter Makro- und Mikronährstoffe wie K, Ca, Mg, P, S und Mn, Fe, Cu, Zn
- Dauer biogeochemischer Zyklen
- Veränderung der floristischen und faunistischen Diversität oder anders definierter Strukturparameter von Biozönosen
- Dynamik ausgewählter Populationen
- Kompetitives Verhalten verschiedener Spezies innerhalb eines Ökosystems und
- Struktur trophischer Netzwerke oder experimenteller Nahrungsketten.

2.3 Schadensbeobachtungen im Freiland

Retrospektive Untersuchungen an Populationen, Phyto- oder Zoozönosen bzw. ganzen Ökosystemen sind ein wichtiger Bereich der Ökotoxikologie, um eingetretene Schäden zu dokumentieren und womöglich aufzuhellen. Auf diesem Gebiet liegen zahlreiche Erfahrungen vor, nicht zuletzt jene alarmierenden Befunde, die das Umweltbewußtsein weckten und zunehmend schärften.

Auf die Beeinflussung terrestrischer Ökosysteme verwiesen zunächst der Rückgang oder das Verschwinden empfindlicher Pflanzen und Tiere. Beispielhaft erwähnt seien die epiphytischen Flechten, die als Indikatoren schädigender Schwefeldioxid- bzw. Fluorwasserstoffkonzentrationen allgemein bekannt wurden (vgl. Steubing u. Jäger 1982). Sie bilden ein autotrophes Systemkompartiment, das zuerst auf die Gefahr des „sauren Regens" aufmerksam machte, der später als einer der wesentlichen Ursachenkomplexe für die sog. neuartigen Waldschäden erkannt und vielfältig untersucht wurde (vgl. Fränzle et al. 1985 zur Vielzahl aufgestellter Hypothesen).

Als Beispiel für tierische Bioindikatoren seien Greifvögel genannt, bei denen es rückstandsanalytisch in mehreren Fällen gelang, den Kausalzusammenhang zwischen Schadstoffemission und Populationsrückgang weitgehend aufzuklären (vgl.

Prinzinger u. Prinzinger 1980). Das zuverlässigste Mittel, ein umfassendes retrospektives Monitoring in den wichtigsten Ökosystemen eines Landes zu garantieren, ist die Einrichtung eines Netzes von Dauerbeobachtungs- und -beprobungsflächen sowie eine Umweltprobenbank. Eingehende und inzwischen z. T. schon realisierte Vorschläge finden sich in einer Denkschrift des Bundesministers des Innern (Ellenberg et al. 1978).

Ein derartiges Monitoring ist für einige Seen, Fließgewässer und Küstengebiete, auf die sich die hydrobiologische Forschung konzentrierte, bereits seit Jahrzehnten im Gange. Dabei belegten wiederholte Untersuchungen zur Phänologie der trophischen Gruppen und zur Sukzession der Lebensgemeinschaften den raschen Fortschritt der anthropogenen Gewässereutrophierung oder -versauerung und die Rolle einzelner Verbindungen bei diesem Vorgang (Henriksen u. Seip 1980; Wetzel u. Likens 1991; Norton et al. 1990).

2.4 Modellierung des Schadstoffverhaltens in Ökosystemen

Die genaueste Darstellung des Chemikalienverhaltens in der Umwelt – und damit auch die beste Grundlage seiner Bewertung – stellen Simulationsmodelle dar. Idealerweise sollten sie die Verteilung des Stoffes in der Umwelt (Kompartimentalisierung), seine biotische und abiotische Umwandlung sowie das toxikologische bzw. ökotoxikologische Wirkungsspektrum gleichermaßen und integrativ berücksichtigen. Ein Überblick über die Fülle vorhandener Modelle zeigt jedoch, daß Partialmodelle entschieden vorherrschen (Jørgensen 1988; Ecetoc 1990) und das unter diesen Verteilungsmodelle einen besonders großen Raum einnehmen.

Die meisten der bisher entwickelten stationären und kinetischen Kompartimentalisierungsansätze gehen jedoch von stark einschränkenden Homogenitätsvoraussetzungen für die jeweils betrachteten Umweltbereiche aus. Da experimentell ermittelte Verteilungsmuster repräsentativer (d. h. für Stoffgruppen charakteristischer) Chemikalien weitgehend fehlen, besteht kaum eine Möglichkeit, das mittels Modellgleichungen aus den als einschlägig angesehenen Stoffdaten und anderen Größen berechnete Verteilungsmuster an der Realität gezielt zu überprüfen (vgl. hierzu Figge et al. 1985).

Ausgangspunkt für die Entwicklung eines hierarchisch aufgebauten Modellsystems, das die oben genannten 3 Fragedimensionen integrativ behandelt, ist in der Regel ein graphentheoretisch formuliertes (qualitatives) Stoffflußmodell, das die möglichen Verteilungswege von Umweltchemikalien und die dafür maßgeblichen Regelgrößen im ökosystemaren Zusammenhang darstellt. Aus ihm und den zugrundeliegenden Basistheorien der Physik, Chemie, Pedologie, Klimatologie sowie der Erkenntnis, daß unter bestimmten Randbedingungen und für definierte Chemikalien Prioritäten in der Bedeutsamkeit einzelner Regelgrößen formulierbar sind, ergibt sich eine Hypothesenhierarchie. Ihre Überprüfung involviert repräsentative Testmedien (etwa Böden) und Chemikalien und erfolgt mit Hilfe eines gestuften Versuchsansatzes, der die Vorteile relativ naturferner, aber steuer- und reproduzierbarer Laborversuche mit der Naturnähe viel schwerer kontrollierbarer Freilandexperimente verknüpft (Fränzle et al. 1989; Reiche 1990).

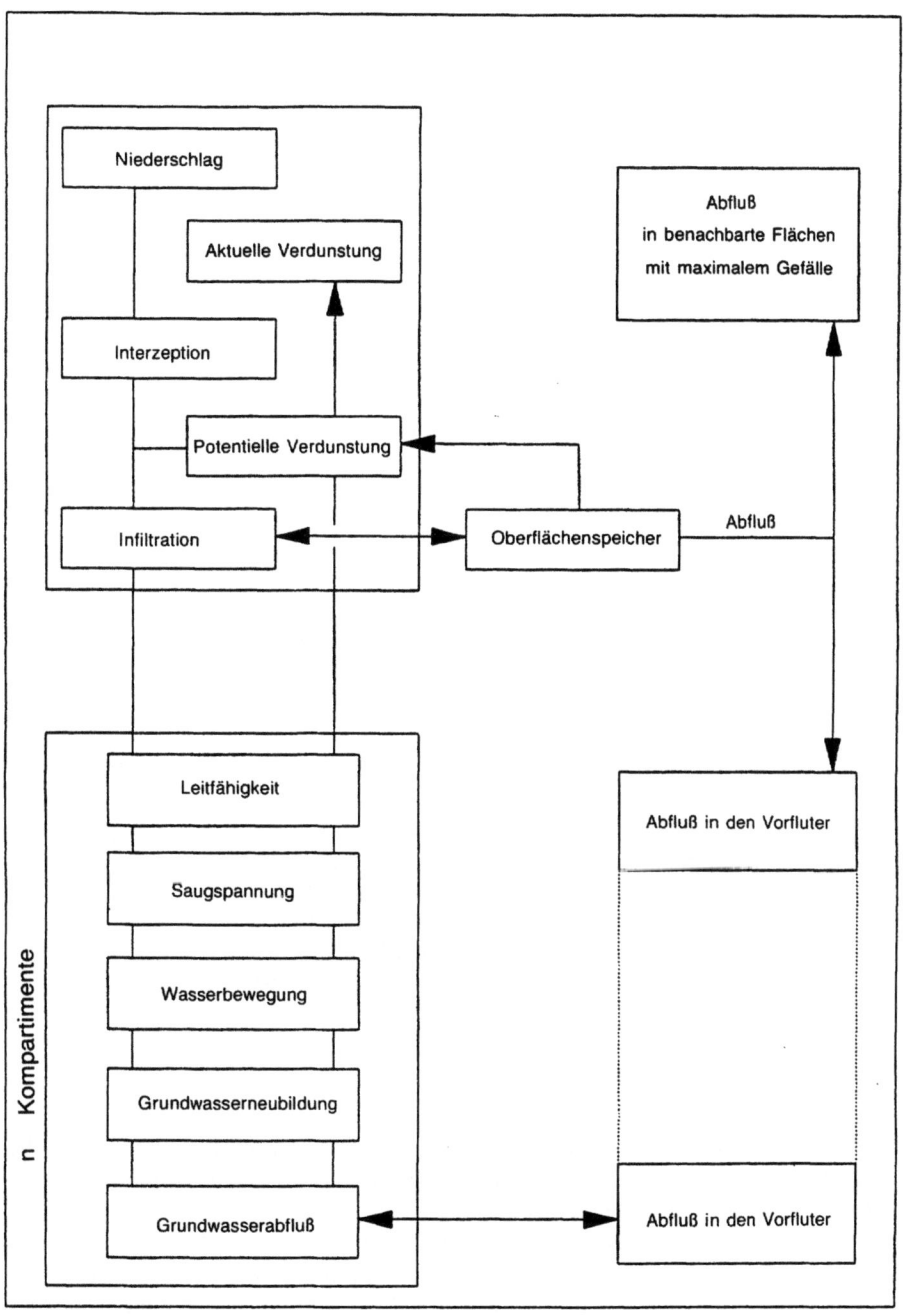

Abb. 3. Teilmodell zum Wasserhaushalt. (Nach Fränzle et al. 1989; Reiche 1990)

Tabelle 1. Kompartimente des Wasserhaushaltsmodells. (Nach Fränzle et al. 1989)

(1) Teilmodell potentielle Evapotranspiration nach Haude
ETpot = f (Temperatur, relative Luftfeuchte)
(2) Teilmodell Interzeption nach v. Hoyningen-Huene
ETi = f (Blattflächenindex, Niederschlag)
(3) Teilmodell Saugspannung Ψ
Ψ = f (Humus, Schluff, Ton)
Grundlage: gemessene pF-Kurven
(4) Teilmodell Wasserleitfähigkeit von Boden und Deckschicht
Ku = f (Gesättigte Leitfähigkeit, Saugspannung)
Grundlage: berechnete Leitfähigkeit anhand von Freilanddaten nach Darcy
(5) Teilmodell aktuelle Evapotranspiration, modifiziert nach Braun
ETa = f (Saugspannung, Durchwurzelung, ETp nach Haude, ETi)
(6) Teilmodell Wasserbewegung
$\delta\theta/\delta t$ = f (Saugspannungsgradient, Ku, Höhe)
Grundlage: Darcy-Gleichung
(7) Teilmodell Wassergehaltsänderung
$\delta BF(vol)/\delta t$ = ($\delta\theta/\delta t$, Niederschlag, ETa)
(8) Teilmodell unterstes Kompartiment
$\delta BF(vol)u/\delta t$ = f ($\delta BF/vol)\delta t$, Höhe des Grundwasserspiegels
(9) Teilmodell Grundwasserabfluß
$\delta GW/\delta t$ = f (Kf, Gefälle des Grundwasserspiegels)
(10) Teilmodell Grundwasserspiegel
$\delta GH/\delta t$ = f ($\delta BF(vol)u/\delta t$, $\delta GW/\delta t$)

Eingangsgrößen (täglich):	Temperatur, Niederschlag, Relative Luftfeuchte
Eingangsgrößen (konstant):	- % Humus, % Schluff, % Ton
	- Blattflächenindex
	- Gesättigte Leitfähigkeit
	- Durchwurzelung
	- Neigung des Grundwasserspiegels
Eingangsgrößen (initial):	- Bodenfeuchte
	- Grundwasserhöhe

Die solcherart gewonnenen und geostatistisch überprüften Daten gestatten die Kalibrierung und Validierung des Modellsystems, dessen Grundstruktur beispielhaft in Graphenform zusammengefaßt ist.

Das Modellsystem wurde unter der Zielsetzung entwickelt, flächenhafte Wasser- und Stoffbilanzen zu erstellen; daher enthält es Verfahren zur Ableitung flächendeckender Modellparameter. Wichtige Instrumente bei der Verwaltung der großen Datenmengen stellen ein geographisches Informationssystem und die Anbindung an ein relationales Datenbanksystem dar, wodurch die Verwendung unterschiedlicher in digitalen Karten verwalteter Informationsebenen möglich wird. Entsprechend den Nutzungs-, Boden- und Reliefverhältnissen können Flächenverschneidungen vorgenommen werden, deren Ergebnis die Festlegung

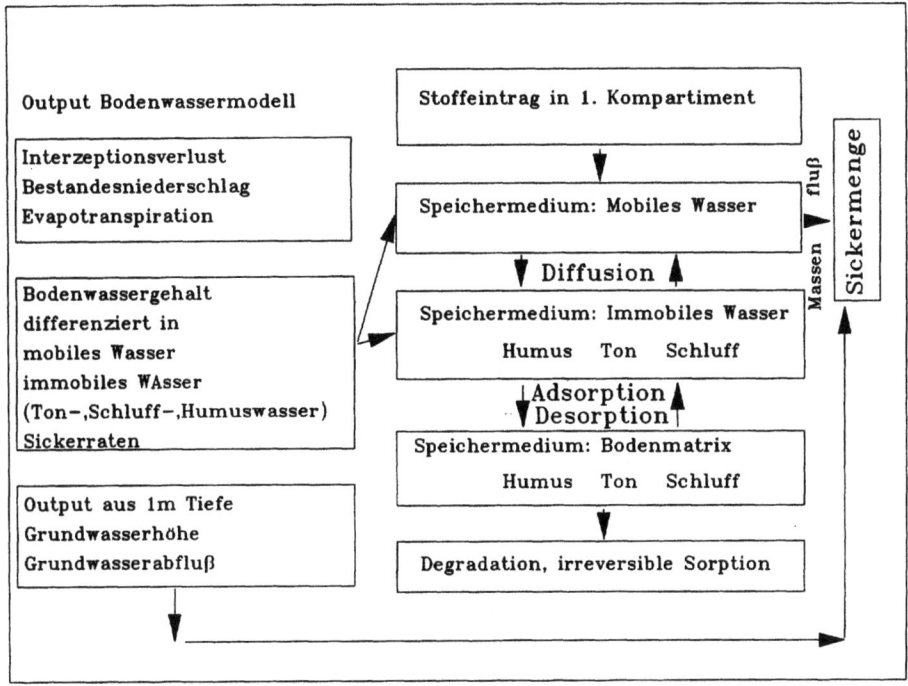

Abb. 4. Struktur des Stoffflußmodells STOMOD. (Nach Reiche 1990)

kleinster Geometrien homogener Variablenausprägung ist; sie stellen die räumliche Basis für Gebietssimulationsläufe dar.

Die Struktur des Modellsystems erlaubt den Übergang zu einfacheren Bewertungssystemen auf ‚score'-Basis, wie sie v. a. von Blume entwickelt wurden (DVWK 1990) oder – bei hohen Stoffeinträgen, wie sie bei Unfällen auftreten können – den Übergang zu semiquantitativen Verteilungsmodellen, die für den Boden- oder Grundwasserschutz erprobt sind.

3 Die ökotoxikologische Stoffbewertung und ihre Konsequenzen

3.1 Qualität ökotoxikologischer Bewertungsverfahren

Zur verläßlichen Abschätzung des Gefährdungspotentials eines Stoffs bzw. eines Stoffgemisches für Mensch und Umwelt müssen 3 Fragenkomplexe einer Klärung zugeführt werden:

- Verteilung und Verbleib in der Umwelt (Kompartimentalisierung),
- abiotische und biotische Umwandlung sowie
- toxikologische Wirkungsspektren.

Die in den vorhergehenden Abschnitten gegebene Analyse des gegenwärtigen Methoden- und Kenntnisstandes hat jedoch gezeigt, daß diese Voraussetzungen

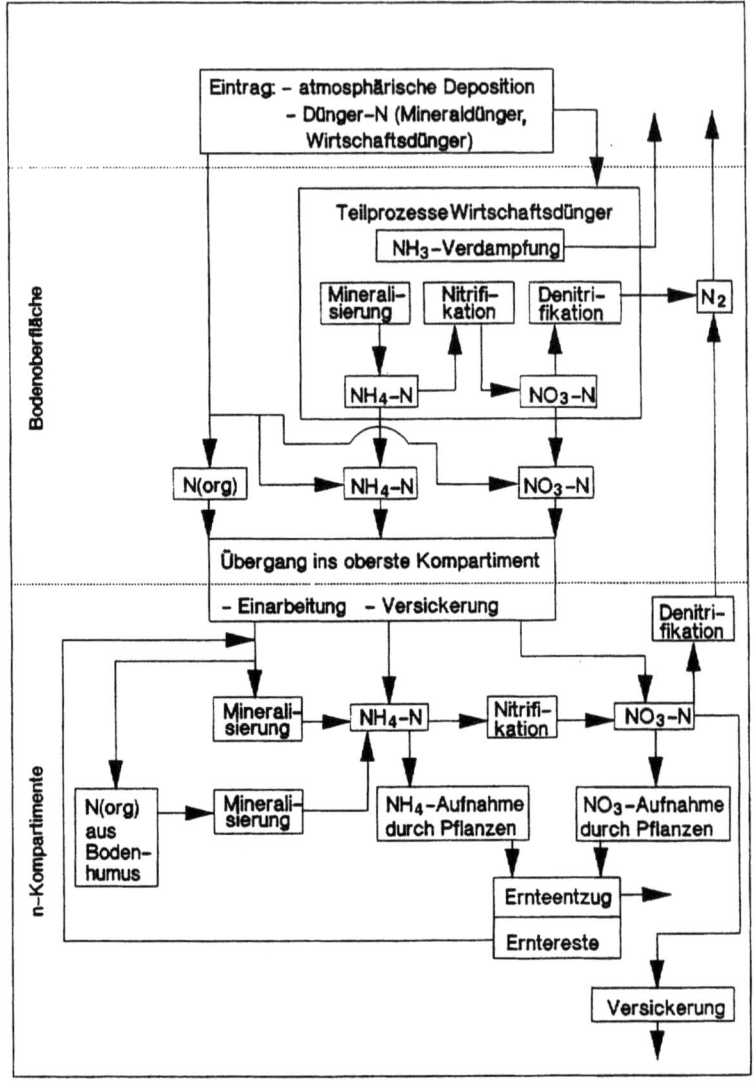

Abb. 5. Teilmodelle zum Stickstoffhaushalt. (Nach Reiche 1990)

einer Risikoabschätzung nur z. T. erfüllt sind. Zwar gibt es zur Überprüfung der Abbaubarkeit, der akuten und subakuten Toxizität, der mutagenen und cancerogenen Eigenschaften und der mittels Indikatororganismen approximierten Ökotoxizität konventionelle Verfahren, die zu direkt verwendbaren Prüfergebnissen führen. Diese erlauben aber kaum mehr, als aufgrund der standardisierten Versuchsbedingungen die relative Ökotoxizität verschiedener Stoffe im Vergleich zueinander zu bestimmen. Eine Übertragung der in isolierten Laborsystemen (Modellsystemen, Biotests) auf die vielfach hochkomplexe Freilandsituation ist hingegen nur sehr eingeschränkt möglich; denn die hier gegebenen jahreszeitlich variieren-

Tabelle 2. Liste der Ausgabemöglichkeiten. (Nach Reiche 1990)

	Zeitreihen	Bilanzen
flächen-bezogen	Zeitreihen zum Bodenwasserhaushalt als Tages- oder Wochenwerte Niederschlag, Interzeption, aktuelle Evapotranspiration, Speicheränderung, Sickerrate, Bodenwassergehalte der einzelnen Bodenkompartimente	Bilanzgrößen zum Bodenwasserhaushalt (Gesamtbilanz zum Abschluß des Simulationslaufs) Niederschlag, Interzeption, aktuelle Evapotranspiration, Sickerrate, Speicheränderung, Grundwasserbildungsrate
	Zeitreihen zum Stickstoffhaushalt als Tages- oder Wochenwerte Stickstoffeintrag, Pflanzenaufnahme, Mineralisierung, Nitrifikation, Denitrifikation, NH_4-Emission, Nitratversickerung, Gehalt an Gesamt-N, leicht mineralisiertem Stickstoff, Nitrat und Ammonium in den einzelnen Bodenkompartimenten	Bilanzgrößen zum Stickstoffhaushalt (Gesamtbilanz zum Abschluß des Simulationslaufs) Stickstoffeintrag, Pflanzenaufnahme, Mineralisierung, Nitrifikation, Denitrifikation, NH_4-Emission, Nitratversickerung
vorfluter-bezogen	Zeitreihen zu Abflußmengen und Stofffrachten der Vorfluterteilabschnitte als Tageswerte Grundwasserzufluß, Oberflächenabfluß, Nitratfracht	

den Bedingungen steuern das inter- und intraspezifische Konkurrenzverhalten und damit Vitalität, Abundanz sowie Diversität der Lebewesen in schwer reproduzierbarer Weise. Ökotoxikologisch begründete Grenzwerte zum Schutz von Biotopen und Biozönosen sind unter diesen Umständen also kaum zu definieren.

Im aquatischen Bereich bilden Daten zur akuten Toxizität zwar eine gewisse Ausnahme; Werte zur Vermeidung von Langzeitwirkungen wären aber höchst spekulativ und mit Sicherheitsfaktoren ohne wissenschaftliche Begründung zustande gekommen. Ein Beispiel liefert der Verordnungsentwurf für Qualitätsziele in Oberflächengewässern, der Grenzwertkonzentrationen im Ultraspurenbereich zum Schutz aquatischer Biozönosen festlegt. Abgesehen von persistenten, stark akkumulierenden Substanzen hat aber im Normalfall eine derartige Grenzwertkonzentration für einen einzelnen Stoff als isoliertes Datum keinen unmittelbaren ökologischen Aussagewert. Daher würde die – wegen der extrem niedrigen Konzentrationsbereiche äußerst anspruchsvolle – Spurenanalytik eine Fülle von Daten liefern, die für die Beurteilung der Situation nahezu wertlos sind (Haltrich 1990). Eine Überschreitung dieser Grenzwerte wird unter diesen Umständen im politisch-rechtlichen Raum nur einen Handlungsbedarf suggerieren, der ökologisch nicht gegeben ist.

Eine Relevanz kleiner Stoffmengen (d. h. < ppm) scheint im aquatischen wie im terrestrischen Bereich auf jeden Fall vorzuliegen, wenn bei populationsgenetisch ausgerichteten Stukturanalysen von Ökosystemen die LC_{50}- oder LD_{50}-Werte für empfindliche Floren- und Faunenelemente überschritten werden. Dies impliziert, daß für die zugrunde gelegten Biotests die sensitivsten Elemente von Ökosystemen herangezogen werden, eine Forderung, die aber von den meisten Biotestspezies nicht erfüllt wird. Auch die Reaktionsunterschiede zwischen standardisierten Testspezies (z. B. Regenwurm *Eisenia foetida*, Wasserfloh *Daphnia magna*, Goldorfe *Leuciscus idus*, Zebrabärbling *Brachydanio rerio*) und den in unterschiedlichen Ökosystemen lebenden Arten sind nicht ausreichend bekannt. Allerdings lehrte die Anwendung von Pflanzenschutzmitteln, daß Wirkdosen in der Größenordnung von LD_{50}-Werten nur in seltenen Fällen zu einer flächendeckenden Eradikation von Zielorganismen geführt haben (Müller 1990). Im Rahmen einer vorsorglichen Strategieentwicklung müssen daher stoffspezifische Mindestabstände zwischen Umweltkonzentration und Wirkkonzentration unterhalb des LD_{50}-Wertes vorgeschlagen werden, die ein akzeptables Risiko für die betrachtete Biozönose sicherstellen. Wesentlich schwieriger als die Bewertung derartiger Einzelstoffwirkungen ist naturgemäß die Abschätzung des Populationsrisikos durch Stoffgemische, stochastisch wirkende Einzelsubstanzen und solche Substanzen, die kaum toxisch sind, jedoch die trophischen Bedingungen oder bestimmte funktionale Beziehungen in und zwischen Ökosystemen grundlegend verändern können. Ihre genauere Analyse kann nur im Rahmen einer vergleichenden Ökosystemforschung anhand repräsentativer Stoffkombinationen in ausgewählten Kompartimenten erfolgen. Diese liefert auch die Daten zur Ableitung der dringend erforderlichen validierten Speziations-, Verteilungs- und Expositionsmodelle (s. o.); denn die Abschätzung der Kompartimentalisierung von Umweltchemikalien anhand physikalisch-chemischer Kriterien wie Siedepunkt, Dampfdruck, Wasser- und Fettlöslichkeit bzw. des n-Octanol/Wasser-Verteilungskoeffizienten ist nur mit (z. T. starken) Einschränkungen möglich.

3.2 Ethische Implikationen der Grenzwertproblematik

In der biblischen Schöpfungsgeschichte kommt ein Urzusammenhang zwischen Mensch und Erde zum Ausdruck; Erde (Adama) und Mensch (Adam) sind von Anfang an Schicksalsgefährten; er wurde erschaffen, um sie zu füllen und zu betreuen. Von dieser Beauftragung und Bindung an die Welt als Lebensraum spürt der Mensch, daß er nicht grenzenlos und willkürlich über die Natur verfügen darf, daß nicht alles erlaubt sein kann, was technisch möglich erscheint und wozu Experimentier- und Innovationslust verleiten.

Eine auf gelungener Ethik gegründete Umweltpolitik und ein darauf fußender Umweltschutz verfolgen daher die Hauptziele: Beseitigung eingetretener Umweltschäden, Ausschaltung oder zumindest Verringerung bestehender Umweltgefährdungen sowie Vermeidung künftiger Belastungen durch Vorsorgemaßnahmen. Die oben mit ihren Defiziten beschriebene Grenzwertphilosophie ist darauf angelegt, durch Definition sinnvoller Standards dem zweiten und dritten Ziel Rechnung zu tragen.

Ausgangspunkt ist dabei die Erwägung, daß jede Technik mit gewissen Risiken behaftet und die Forderung nach absoluter Sicherheit daher logisch wie faktisch unsinnig ist. Je höher das Risiko ist, desto höher sollten allerdings die Sicherheitsvorkehrungen sein; d. h. die Eintrittswahrscheinlichkeit eines Schadensereignisses muß um so niedriger sein, je schwererwiegend Schadensart und -folgen sein können. Orientierungs-, Richt- und Grenzwerte sowie vorsorgliche Minimalwerte konkretisieren, was unterschiedliche Institutionen als Schutzanspruch oder Eingriffsschwelle zum Schutz der Bevölkerung und der Umwelt vorschreiben. Ihre Rechtsverbindlichkeit wächst in der angegebenen Reihenfolge. D. h., ein Orientierungswert ist ein nach wissenschaftlichen Kriterien abgeleiteter, nachvollziehbarer Anhaltswert, der nur dann für eine Entscheidung herangezogen werden sollte, wenn Richt- oder Grenzwerte nicht verfügbar sind. Auch ein Richtwert als von speziellen Fachgremien entwickelter Wert, der für Entscheidungen herangezogen werden kann, hat keine rechtliche Verbindlichkeit bzw. ist nicht durch spezielle Rechts- oder Verwaltungsnormen begründet. Nur bei Grenzwerten sind bei Abweichungen bzw. Nichteinhaltung solche Maßnahmen zu treffen, daß der mit dem Grenzwert verfolgte Zweck erreicht wird.

Als Vorteile des Grenzwertprinzips gelten:

– Praktikabilität, weil Grenzwerte sich in einfachen Anwendungsregeln fassen lassen,
– Gewährleistung leichter Überwachung durch moderne Analyseverfahren,
– Anpassungsfähigkeit bei Erkenntnisfortschritten über die Wirkung von Stoffen und – ein hohes Maß an Rechtssicherheit (Reiter 1990).

Im Lichte des oben Gesagten ist aber zu berücksichtigen, daß gegenwärtig Orientierungs-, Richt- und Grenzwerte wissenschaftlich nur bedingt begründbar und daher auch umstritten sind. Dies gilt insbesondere für den so schwierig faßbaren ökotoxikologischen Bereich. Ihre Akzeptanz als Komponenten eines Bewertungssystems wird zusätzlich dadurch belastet, daß bei ihrer Definition häufig wirtschaftliche Interessen einfließen. Die technische und wirtschaftliche Praxis hat seit geraumer Zeit gelehrt, daß die Kosten der Emissionsminderung exponentiell mit Annäherung an die theoretisch mögliche Minimalemission wachsen. Daher ist – bei aller grundsätzlichen Bejahung des Grundsatzes der kleinstmöglichen Emission – ein Votum für (etwas) höher angesetzte Grenzwerte verständlich. Demgegenüber fordern Vertreter des Umweltschutzes, denen es um möglichst weitgehende Sicherheit vor schädlichen oder gefährlichen Immissionen geht, möglichst niedrig angesetzte Emissionsgrenzwerte.

Zwischen diesen gegensätzlichen Forderungen ist eine Entscheidung zu treffen, die zu erreichen die Toxikologie zwar helfen, die sie jedoch nicht begründen kann. Dazu sind hinreichend präzisierte Wertsysteme notwendig, die das Ergebnis politischer Abstimmungsprozesse darstellen und aus diesen ihre Verbindlichkeit herleiten.

Toxikologische Begründung wie auch diese Elemente wertender bzw. politischer Entscheidungen bestimmen somit die Qualität und Akzeptanz von Richt- und Grenzwerten. Sie bilden – eine hinreichende Überwachung durch geostatistischen Ansprüchen genügende Monitoringnetze vorausgesetzt – ein mit Mängeln behaftetes Vor- oder Frühwarnsystem, das dem Vorsorgeprinzip entspricht. Dessen ins Auge springender Vorzug ist die frühzeitige Reaktion; denn sobald ein Risiko erkannt bzw. für möglich gehalten wird, können Gegenmaßnahmen ergriffen werden. Diese Vorgehensweise hat besonders bei komplizierten Problemfällen Vorteile und ist zur Verhütung von Langzeitwirkungen durch Eintrag akkumulierbarer Stoffe angezeigt.

Allerdings weist das Vorsorgeprinzip zwei entscheidende Schwachpunkte im Sinne der einleitend genannten Kriterien von Bewertungsverfahren auf: Zum einen definiert es keine verbindlichen Schwellen für Grenzwerte; es gelten lediglich unbestimmte Rechtsgrundsätze wie Verhältnismäßigkeit und Angemessenheit. Zum zweiten gibt es keine allgemein verbindlichen Maßstäbe, wieviel Vorsorge angemessen bzw. von Fall zu Fall notwendig ist. Die Korrespondenzregeln, die den Grenzwert im Verhältnis zur kompartimentalisierten Umweltkonzentration – oder auch ein differenziertes Simulationsmodell wie das oben beschriebene – als Sachmodell mit dem am Vorsorgeprinzip orientierten Bewertungsmaßstab verknüpfen, variieren daher ebenfalls. Will man also in dem weiten und wichtigen Bereich der stoff- und schutzgutspezifischen Chemikalienbewertung die Vorteile des Vorsorgeprinzips ausschöpfen, aber seine möglichen Nachteile vermeiden, sind – wie in jeder ethischen Maximen verpflichteten Politik – Sachkunde und Augenmaß zugleich erforderlich.

Literatur

Bechmann A (1978) Nutzwertanalyse, Bewertungstheorie und Planung. Bern
Bechmann A (1988) Grundlagen der Bewertung von Umweltauswirkungen. In: Storm P-C, Bunge T (Hrsg) Handbuch der Umweltverträglichkeitsprüfung (HdUVP). Berlin
Bick H u. Neumann D (Hrsg) (1982) Bioindikatoren. Decheniana-Beihefte 26
Bradshaw AD (1976): Pollution and evolution. In: Mansfield TA (Hrsg) Effects of air pollutants on plants. Cambridge, S 135–159
BUA (Beratergremium für umweltrelevante Altstoffe) (1988) Umweltrelevante Alte Stoffe II – Auswahlkriterien und Zweite Stoffliste. Weinheim
BUA (Beratergremium für umweltrelevante Altstoffe) (1991) o-Dichlorbenzol (1,2-Dichlorbenzol). BUA-Stoffbericht 53. Weinheim
Clauss G, Ebner H (1967) Grundlagen der Statistik. Frankfurt/Main
DVWK (Deutscher Verband für Wasserwirtschaft und Kulturbau) (1990) Filtereigenschaften des Bodens. Teil II: Abschätzen des Verhaltens organischer Chemikalien in Böden. Merkblätter zur Wasserwirtschaft. Bonn
ECETOC (European Chemical Industry Ecology & Toxicology Centre) (1990) Technical report No. 40 – Hazard Assessment of Chemical Contaminants in Soil. Brüssel
Ellenberg H (1983) Konkurrenzgleichgewicht wichtiger Arten. In: Ellenberg H (Bearb) u. DFG, Ökosystemforschung als Beitrag zur Beurteilung der Umweltwirksamkeit von Chemikalien. Weinheim, S 35–38
Ellenberg H (Bearb) u. DFG (1983) Ökosystemforschung als Beitrag zur Beurteilung der Umweltwirksamkeit von Chemikalien. Weinheim
Ellenberg H, Fränzle O, Müller P (1978) Ökosystemforschung im Hinblick auf Umweltpolitik und Entwicklungsplanung. Umweltforschungsplan des Bundesministers des Innern, Ökologie-Forschungsbericht 78-101 04 005. Bonn
Figge KJ. Klahn, Koch J (1985) Chemische Stoffe in Ökosystemen. Stuttgart

Fränzle O (1983) Ökosystemforschung: allgemeine Grundlagen und Definition, trophische Strukturen, biozönotische Gesetze und Thermodynamik. In: Ellenberg H (Bearb) und DFG: Ökosystemforschung als Beitrag zur Beurteilung der Umweltwirksamkeit von Chemikalien. Weinheim, S 21-29

Fränzle O (1990) Ökosystemforschung und Umweltbeobachtung als Grundlage der Raumplanung. MAB-Mitteilungen 33, S 26-39

Fränzle O, Schröder W, Vetter L (1985) Synoptische Darstellung möglicher Ursachen des Waldsterbens. Umweltforschungsplan des Bundesministers des Innern, Forschungsbericht 106 07 046/13 i A des Umweltbundesamtes, Berlin

Fränzle O, Killisch W, Mich N (1986) Die regionale Differenzierung und zeitliche Veränderung der Emissionssituation in der Bundesrepublik Deutschland. In: Fränzle O (Hrsg) Geoökologische Umweltbewertung: wissenschaftstheoretische und methodische Beiträge zur Analyse und Planung. Kieler Geographische Schriften 64, S 31-77

Fränzle O et al. (1989) Darstellung der Vorhersagemöglichkeiten der Bodenbelastung durch Umweltchemikalien. Texte des Umweltbundesamtes Berlin 34/89

Greim H (1990) Toxikologische Voraussetzungen für die Festlegung von Grenzwerten. In: Umwelt Magazin Special - Juli 1990, S 24-27

Haltrich W (1990) Anforderungen an ökologische Untersuchungen und Grenzwerte. In: Umwelt Magazin Special - Juli 1990, S 21-23

Hapke H-J (1983) Möglichkeiten und Grenzen der ökotoxikologischen Prüfung von Chemikalien. In: Ellenberg H (Bearb) u. DFG: Ökosystemforschung als Beitrag zur Beurteilung der Umweltwirksamkeit von Chemikalien. Weinheim, S 11-20

Henriksen A, Seip HM (1980) Strong and weak acids in surface waters of southern Norway and southwest Scotland. In: Water Research 14, S 809-813

Industrieverband Pflanzenschutz (1982) Wirkstoffe in Pflanzenschutz- und Schädlingsbekämpfungsmitteln. Frankfurt/Main

Jørgensaen SE (1988) Fundamentals of Ecological Modelling. Amsterdam

Kolasa J, Pickett STA (1991) Ecological Heterogeneity. Berlin Heidelberg New York

Kraft V (1951) Die Grundlagen einer wissenschaftlichen Wertlehre. Wien

Müller P (1990) Ökologische Relevanz kleiner Stoffmengen - Zur Diskussion ökologisch abgeleiteter Grenzwerte. In: Umwelt Magazin Special - Juli 1990, S 15-20

Norton SA, Lindberg SE, Page AL (1990) (Hrsg) Soils, Aquatic Processes, and Lake Acidification. Berlin Heidelberg New York

Ottow JCG (1985) Einfluß von Pflanzenschutzmitteln auf die Mikroflora von Böden. In: Naturwissenschaftliche Rundschau 38, S 181-189

Prinzinger G, Prinzinger (1980) Pestizide und Brutbiologie der Vögel. Greven

Reiche E-W (1990) Entwicklung, Validierung und Anwendung eines Modellsystems zur Beschreibung und flächenhaften Bilanzierung der Wasser- und Stickstoffdynamik in Böden. Diss. Kiel

Reiter J (1990) Die Grenzen der Grenzwerte. In: Umwelt Magazin Special - Juli 1990, S 33-36

RSU (Rat von Sachverständigen für Umweltfragen) (1987) Umweltgutachten 1987. Stuttgart

Scheuch E, Zehnpfennig H (1974) Skalierungsverfahren in der Sozialforschung. In: König R (Hrsg) Handbuch der empirischen Sozialforschung 3a. Stuttgart, S 97-203

Scholz F, Gregorius H-R, Rudin D (1989) Genetic effects of air pollutants in forest tree populations. Berlin Heidelberg New York

Steubing L, Jäger HJ (1982) Monitoring of air pollutants by plants. Methods and problems. The Hague

Taylor GE, Pitelka LF, Clegg MT (1991) Ecological genetics and air pollution. Berlin Heidelberg New York

Vetter L, Schröder W, Fränzle O (1986) Wissenschaftstheoretische Aspekte der Hypothesengewinnung und -operationalisierung in der Geographie. In: Fränzle O (Hrsg) Geoökologische Umweltbewertung: wissenschaftstheoretische und methodische Beiträge zur Analyse und Planung. Kieler Geographische Schriften 64:1–17

Wetzel RG, Likens GE (1991) Limnological analyses. Berlin Heidelberg New York

Probleme einer ökologischen Ethik*

Hans Michael Baumgartner (Bonn)

Im Mittelpunkt dieses Beitrages stehen Probleme der Ethik, von der wir wissen, daß sie seit Beginn der Philosophie zu den Kerndisziplinen der Philosophie gehört. Ethik, Metaphysik und Logik sind diese Kerndisziplinen. Die Metaphysik befaßt sich in ihrer neuzeitlichen Transformation mit den Bedingungen unseres Wissens über die Welt, mit erkenntnistheoretischen Grundfragen, mit der Frage: Was können wir wissen? Die Ethik befaßt sich immer schon mit der Frage: Was sollen wir tun? Genauer: mit den Bedingungen der Möglichkeit und den Normen eines sittlich verantwortlichen Handelns. Und die Logik befaßt sich, auch nach den jüngeren Entwicklungen, mit den Regeln eines korrekten Denkens, Schließens und Argumentierens. In welcher Transformation auch immer, alle 3 Disziplinen gehören prinzipiell zum Geschäft der Philosophie. Weil also die Ethik die sittlichen Grundprobleme des sittlichen Handelns des Menschen und seiner Verantwortung behandelt, deshalb ist sie durch die gegenwärtige Problemsituation in besonderem Maße herausgefordert. Sie ist freilich immer herausgefordert, denn Menschen sind nicht solche Naturwesen, die ohnehin nur das Richtige tun: Vor allem nicht in schwierigen und unübersichtlichen Situationen.

Mein Beitrag enthält 5 Abschnitte: 1. Einen kurzen Hinblick auf die aktuellen Probleme einer heutigen Ethik überhaupt, speziell dann einer ökologischen Ethik. 2. Einen Überblick über die ökologische Ethik, so wie sie in der philosophischen Diskussion entwickelt wurde. Hier werden die verschiedenen Optionen kenntlich gemacht: Optionen, die sich im Blick auf die Prinzipienfragen des menschlichen Handelns angesichts der Probleme der Ökologie ergeben haben. Der 3. Abschnitt befaßt sich mit der Umsetzung ethischer Prinzipien in konkretes Handeln. Da Globalprobleme der Erde in Rede stehen, wird es sich hierbei speziell darum handeln, wie man das, was ethisch einleuchtet oder einigermaßen intuitiv gerechtfertigt werden kann, sowohl national wie international rechtlich und politisch umsetzen kann. Der 4. Abschnitt skizziert ein spezielles Problem: wie in ethischer Perspektive das Verhältnis von Überbevölkerung und Klimawandel, der

---
* Dieser Beitrag erschien bereits in: Max G. Huber (Hrsg.): Umweltkrise – eine Herausforderung an die Forschung.
Darmstadt, Wissenschaftliche Buchgesellschaft 1991, S. 201–215.
Abdruck mit freundlicher Genehmigung der Wissenschaftlichen Buchgesellschaft, Darmstadt.

durch den Treibhauseffekt die Erde in eine katastrophale Situation zu stürzen droht, zu beurteilen ist und ob es daraus einen Ausweg gibt. Also: Überbevölkerung und Klimawandel ein Dilemma? Ein Dilemma der Ethik? Den Schluß bilden einige knappe Bemerkungen zur allgemeinen Bedeutung der philosophischen Ethik.

1 Aktuelle Probleme einer heutigen Ethik

Die philosophische Ethik ist nicht nur durch ökologische Fragen herausgefordert, sondern durch viele andere wesentliche und weltweit wichtige Probleme. Ich gebe zunächst einen kurzen Überblick in Stichworten: Die philosophische Ethik ist befaßt mit und herausgefordert durch Fragen der internationalen Gerechtigkeit und Solidarität. Wie ist Entwicklungspolitik so zu konzipieren und zu installieren, daß sie nicht selbst gewaltsam durchgeführt wird: daß sie gerecht ist und Gewalt vermeidet. Kann sie darauf verzichten, die Kenntnis der Meinung der Betroffenen einzuholen? Wie ist aber die Situation im Blick auf die Betroffenen, wenn die Schwierigkeit besteht, daß die europäischen oder die Länder der ersten Welt in vielen der sie selbst betreffenden Dinge ihre Vorstellungen verständlich machen müssen, auf ein Verständnis aber nur schwer hoffen können, jedenfalls nicht unmittelbar und in den Ausgangssituationen. Wie sind das Problem der Schuldenkrise, das Problem des Rassismus, das Problem der Rüstung und des Rüstungsexports zu klären und zu lösen? Alles Fragen, die die internationale Solidarität betreffen, aber auch Fragen der Solidarität im je eigenen Land: so auch das Problem der Flüchtlinge, der Aussiedler, der Arbeitslosigkeit, das Problem der Arbeit überhaupt, das Problem des Verhältnisses von Mann und Frau in öffentlichen Dingen etc. Dies sei nur angedeutet. Es handelt sich um weltweite Probleme der Gerechtigkeit, die ethisch zu klären und rechtlich sowie politisch zu bewältigen sind. Zu ihnen gesellen sich die Probleme der internationalen Friedenssicherung: Probleme des Aufbaus einer politischen Friedensordnung, Probleme einer kooperativen Sicherheit zwischen den Blöcken, Probleme der Abrüstung etc.

Zu den Problemen, die – wie die genannten – der Ethik als Herausforderungen zuwachsen, gehört auch das Problem der Natur, der natürlichen Umwelt, die durch die technische Entwicklung in eine kritische, nicht nur den Menschen, sondern die Lebewesen, das Leben auf dieser Erde überhaupt, betreffende Lage geraten ist. Der Schutz des Lebens ist eine der zentralen Problemstellungen, hier speziell auch diejenige, die wir unter den Stichworten Gentechnologie und Genforschung kennen: das Problem möglicher Eingriffe in das Erbgut, sei es an fertigen Zellen, sei es in der Keimbahn. Aber auch andere Eingriffe in menschliches Leben sind zu erörtern: das Problem der Abtreibung, der Sterbebegleitung und der Euthanasie; darüber hinaus das Problem des Arten- und Tierschutzes zur Aufrechterhaltung eines hinreichend großen Genpools für die Wahrung des Reichtums und die Weiterentwicklung des Lebens überhaupt. Aber es sind nicht diese Probleme, die im Mittelpunkt dieses Beitrages stehen; sie sollten nur erwähnt sein, um deutlich zu machen, daß die Ethik noch durch sehr viel mehr Probleme derzeit herausgefordert ist, die allesamt für das Überleben der Menschheit von großer, wenn nicht sogar ausschlaggebender Bedeutung sind. Bei dem hier zu erörternden Thema „Umweltkrise" handelt es sich um das Problem der Natur, näherhin um das richtige

Verhältnis der menschlichen Handlungen, insbesondere der angewachsenen technischen Möglichkeiten des Handelns zur Umwelt, zur Natur, d. h. zur biophysischen Grundlage des menschlichen Lebens auf der Erde. Und hierbei stellen sich als zentrale Probleme das Problem der Energiegewinnung, des Energieverbrauchs und seiner Folgen, das Problem der Beseitigung von Müll und Umweltschadstoffen, das Problem des Verkehrs: überhaupt das Problem der Industrialisierungsfolgen von Gesellschaften. Dieser Beitrag behandelt daraus speziell das Problem der Veränderung des Klimas durch den Menschen, der damit hervorgerufenen nachhaltigen Veränderung der Umweltmedien, innerhalb deren tierisches, pflanzliches und menschliches Leben gemeinsam zu überleben trachten muß: das Problem der anthropogenen Beeinflussung des Klimas also, insbesondere verschärft durch das Problem des überbordenden Bevölkerungswachstums.

2 Überblick über die ökologische Ethik

Die ökologische Ethik ist entstanden durch die speziellen Herausforderungen unserer Zeit, entstanden also wie viele andere Zweige der Ethik auch. Ein bisher als unerheblich angesehener Bereich des menschlichen Handelns hat sich aufgrund verschiedener wesentlicher Veränderungen des menschlichen Verhaltens, der Verhaltensmöglichkeiten durch Technik und ihrer deutlich erkennbaren Folgen, als ethisch relevant erwiesen. Dies erfolgte in mehreren Schritten: Zunächst wurde man der Gefährlichkeit dieser Veränderungen für die Umwelt gewahr: Stichwort Umweltkrise. Daraus entstand eine Art vertieftes Umweltbewußtsein, aus dem sich als Abwehrmaßnahme der Umweltschutz, der mittlerweile schon in vielen Ländern in den verschiedensten Weisen gesetzlich geregelt ist, ergab, so daß schließlich die Frage nach einer philosophischen, speziell nach einer ethischen Rechtfertigung solcher Unternehmungen zum Schutz der Umwelt dringlich wurde. Die Umweltethik, die ökologische Ethik, ist nicht eine grundsätzlich neue Fragestellung der Ethik, denn es geht immer noch darum, wie Menschen in ihrer Welt handeln sollen, wenn sie vernünftig oder entsprechenden Normen gemäß handeln sollen. Ebenso handelt es sich nicht um grundsätzlich neues, wenn es um das Überleben sowohl des Einzelnen wie der Sozietät geht, denn schon die ersten Ethiken der abendländischen Tradition sind eigentlich Überlebensethiken gewesen. Zu erinnern wäre hier vor allem an die sophistische Ethik, in der Gerechtigkeit als das Recht des Stärkeren im Zentrum stand. Sie fand ihre Orientierung an der allgemeinen Natur, die vor allem in der früh aufkommenden Medizin als Maßstab thematisiert wurde: im Gegensatz zu den kulturellen Relativitäten. So wurde von der an der Natur orientierten Medizin her eine philosophische Theorie des sowohl natürlichen wie auch gemeinsam verantwortbaren menschlichen Handelns möglich.

Die ökologische Ethik nun mußte sich einem besonderen, gravierenden Problem stellen: Man könnte sagen, bis dahin hatte die Nichtbeachtung „naturbezogener" ethischer Normen immer nur begrenzte Folgen, Folgen für den je einzelnen Handelnden und für den in geringer Nähe Betroffenen. Mit der Situation, die durch die technischen Möglichkeiten des Menschen eingetreten ist, hat das menschliche Handeln, insofern es sich naturwüchsig über die ganze Erde ausbreitet, nicht nur Folgen für den Handelnden selbst und für einige Betroffene, sondern Folgen für die

Biosphäre, die Natursphäre der Erde überhaupt. Diese bisher unvorstellbare Möglichkeit, daß die ganze Erde betroffen ist, besteht erst, seit durch die Kumulation traditioneller und die Anwendung ganz neuer technischer Werkzeuge und Methoden z. T. irreversible Beeinträchtigungen am Gesamtsystem der Biosphäre wie etwa Schäden des Klimas, der Atmosphäre, des Wasserhaushalts oder der Vegetation nicht mehr auszuschließen sind. Hieraus folgt, daß einige grundlegende Normen des Umgangs mit der Natur nunmehr global beachtet werden müßten, wenn diese Situation sollte gesteuert werden können: wenn die Gefahr einer Degeneration oder sogar einer Vernichtung, sei es des Lebens überhaupt oder mindestens des höher organisierten Lebens, abgewehrt werden soll. Daraus ergibt sich schon die Grundoption einer solchen Ethik, auf die noch genauer einzugehen ist, daß Umweltethik in dem so verstandenen Sinne, also ökologische Ethik, nicht mit regionalen kulturellen Normen arbeiten kann, auch nicht mit der Norm christlicher Schöpfungslehre, weil diese Norm (wenigstens zunächst) nicht weltweit auf Anerkennung hoffen kann. Man erkennt hier das alte Problem, das bereits in der neuzeitlichen Ethik, freilich in etwas anderer Perspektive, hervorgetreten ist: wie man nämlich universalgültige, für jeden Menschen, gleich welcher kulturellen Abhängigkeit, gleich welcher ethischen Zugehörigkeit, verbindliche Normen begründen kann.

Die griechische Ethik konnte diesbezüglich noch auf die *polis* oder den *kosmos* setzen, auf eine göttliche wohlgeordnete Welt; die christliche Ethik auf den Schöpfungsbegriff und auf den Schöpfungsgedanken, auf Gott als den allmächtigen und guten Schöpfer und Erhalter. Die neuzeitliche Ethik, die mit dem Aufkommen des Nominalismus in der philosophischen Tradition nicht mehr über Wesensbestimmungen ontologisch-metaphysischer Art verfügen und auch nicht mehr auf religiöse Bestimmungen zurückgehen konnte, mußte sich gleichsam auf sich selbst, auf den handelnden Menschen, als eines ganz durch sich selbst bestimmten Wesens, zurückwenden. Dies geschah das erste Mal expressis verbis bei Kant: Durch den Rekurs auf ein Vermögen des Menschen, das allen Menschen zukommt, weil alle es zur Beurteilung ihres Handelns in Anspruch nehmen: durch den Rekurs auf die Vernunft. Nun kann man entgegnen, die Vernunft sei ja wiederum nur eine Art Wesensbestimmung des Menschen. Sie hat noch Züge eines metaphysischen Wesensbegriffs, den man ebensowenig jedermann klar machen und demonstrieren kann. Also war der nächste Schritt konsequent, Vernunft auf jene Interessen zu beziehen, die jedem Lebewesen wie dem Menschen, der sich mit seiner Welt befaßt, also reflexiv seine Situation erkennt, zukommen. Das heißt: Wenn metaphysische und religiöse Maßstäbe erstens grundsätzlich und zweitens auch aus Gründen der Bedeutung des ethischen Handelns für die gesamte Erde nicht mehr zur Verfügung stehen, dann bedarf es eines Rückgangs auf den Menschen selbst. Und hier genauer: auf jene Vermögen, von denen man unterstellen kann, daß sie jedermann ungeachtet seiner Herkunft und Geschichte zugänglich sind. Jedermann zugänglich ist aber nur dies, daß er weiß, daß er, wie wir oder wie andere seinesgleichen, sich zu sich selbst verhält, und daß er demzufolge zu seinen eigenen Lebensinteressen sich ins Benehmen setzen kann. Der gemeinsame Boden einer global orientierten ökologischen Ethik, und das ist eines ihrer Kernprobleme, kann also nichts anderes als der Mensch selbst sein: in den allgemeinen Fähigkeiten, die jeder hat, oder die man wenigstens jedem in einem (gedachten) gemeinsamen Gespräch muß zumuten können. Darin liegt das entscheidende Problem der möglichen Universalisierbarkeit von Handlungsregeln. Deswegen ist es der nächste Schritt, sich zu überlegen, in welcher Weise solche universal unterstellbaren und jedermann angesonnenen Normen gerechtfertigt werden können.

Welche Bedeutung kommt den verschiedenen Optionen der ökologischen Ethik, die im folgendem kurz vorgestellt werden, in der geschilderten Perspektive zu?

Die erste Option, die von den neueren Umweltethikern eigentlich immer mit Kritik bedacht wird, ist die Option einer *anthropozentrischen* Ethik. Das soll heißen, die europäische Tradition hat in wesentlichen Teilen ihrer ethischen Überlegungen den Menschen so in den Mittelpunkt gestellt, daß alles, vor allem das nicht-menschliche Seiende, also insbesondere die Welt der Naturdinge, nur als Mittel zum Zweck für den Menschen betrachtet wurde. Dieses Mittel-zum-Zweck-für-den-Menschen-sein der Natur, während der Mensch als Selbstzweck gedacht wurde, schien nicht mehr auszureichen. Mit der Sonderstellung des Menschen, die ja im Blick auf das Tierreich nicht bestritten wird, ist nämlich noch nicht gerechtfertigt, daß alles nur um des Menschen willen da ist und nach diesem Maßstab behandelt werden darf. So kann man sagen, daß es Züge eines Anthropozentrismus in der Ethik der europäischen Tradition gibt, die mit Recht kritisiert und zu einer „anthroporelationalen" (Eser 1983) Ethik umgewandelt werden müssen. Aus diesem Zusammenhang war es selbstverständlich, daß sich eine andere Option einer philosophischen Umweltethik ausbildete: Die Orientierung daran, daß der Mensch nicht durch seine bloße Bezugnahme auf sich und seine eigenen Bedürfnisse, sondern vor allem im Blick auf die ebenso wie er Schmerzen und Leid empfindenden Tiere sein Handeln einrichten muß. Deswegen war die nächste ethische Position, die dem Anthropozentrismus entgegenwirken sollte, ein Pathozentrismus.

Die *pathozentrische* Umweltethik beruht auf der Überzeugung, daß alles Leben verwandt ist und daß insbesondere Menschen und Tiere auf ähnliche Weise leben und leiden. Dieser Ansatz fand Anwendung in der Frage nach dem möglichen und gebotenen Schutz der Tiere. Entscheidend war, daß dieser Pathozentrismus die Sonderstellung des Menschen in einem Maße aufgehoben und nivelliert hat, daß das schwerwiegende Problem aufkam, weshalb denn nun ausgerechnet der Mensch für ein Wesen, das zwar ähnlich wie er leidet und Schmerzen empfindet, von sich aus jedoch ohne vergleichbare Beziehung zum Menschen lebt, Verantwortung übernehmen soll. Denn es ist ja der Mensch, der das Verhältnis zum Tier als ein ethisch relevantes „wahrnimmt" und nicht umgekehrt. Es konnte also nicht angehen, den anthroporelationalen Kern der philosophischen Ethik zugunsten eines Pathozentrismus preiszugeben.

Ebensowenig konnte eine *biozentrisch* orientierte Umweltethik, die speziell für die Fragen nicht nur des Tier- und Artenschutzes sondern des Naturschutzes insgesamt von Bedeutung wurde, das aufgeworfene Problem bewältigen.

In der Verlängerung des pathozentristischen und biozentrischen Ansatzes ergab sich dann eine weitere, die sogenannte *physiozentrische* Option, die im gewissen Sinne das Naturverhältnis des Menschen universalisiert und absolut setzt. Wenn es etwa bei Meyer-Abich heißt: „Wir sind Natur, die Natur treibt sich mit uns fort, sie denkt in uns, sie empfindet sich in uns, sie spricht sich in uns aus, sie nimmt in uns ihre Chance wahr", oder wenn es gar heißt „im physiozentrischen Weltbild erweise sich die Freiheit des Menschen nicht mehr als die des Menschen, sondern als die der Natur" (1984, S. 89f. und 109), dann sieht man sehr deutlich, daß hier eine Art von Hypostasierung der Natur ins Spiel kommt, die zweifellos die Funktion hat, den Menschen kleinzuhalten, die aber nicht mehr berücksichtigt, daß nicht die Natur als Subjekt begriffen werden kann, sondern nur der Mensch: allerdings der Mensch nur angesichts der Natur, aber jedenfalls als ein Naturwesen, das sich zu sich selbst verhält. In dieser Hinsicht müßte man die Ansätze von Fraser-Darling (1980) oder Tribe (1980) oder Feinberg (1980), die hier zu nennen wären, mindestens ergänzen.

Von großer Bedeutung sind nun die ökologisch-ethischen Ansätze, die beide Positionen, die anthropozentrische auf der einen, die physiozentrische auf der anderen Seite, zu vermitteln suchen. Erwähnt sei an dieser Stelle, daß auch die Schöpfungsethik, die durch die Theologie heute in einer besonderen und eindrucksvoll elaborierten Weise dargeboten wird, hier eine Vermittlung sucht (vgl. u. a. Auer 1985). Sie gibt die Sonderstellung des Menschen nicht preis, versucht aber gleichwohl jede überhebliche Selbsteinschätzung des Menschen abzuhalten. Hervorzuheben wäre auch der Ansatz von Neuhäusler (1963) unter dem Titel „Umweltethik der Humanität"; vor allem aber der von Höffe (vgl. 1988), den man als eine Art *holistischer* Umweltethik (Holismus vom griechischen Wort holon, das Ganze) bezeichnen könnte. Die hier gewählte Perspektive ist zwar subjektzentriert im Menschen, jedoch nicht ohne wesentlichen Bezug auf das Ganze des menschlichen Lebens, der menschlichen Lebensbedingungen, der menschlichen Welt und Umwelt. Soweit der kurze Überblick über die verschiedenen Typen ökologisch-ethischer Ansätze.

Ich komme zurück auf das Entscheidende: Wenn man etwa mit Albert Schweitzer von der Ehrfurcht vor dem Leben ausgehen wollte, dann ist damit noch nicht gesagt, daß wir hierfür weltweit Verständnis fänden, und schon gar nicht dafür, daß diese Ehrfurcht als Prinzip für die global zu behandelnden Probleme geeignet sei und akzeptiert werden sollte. Wenn wir der christlichen bzw. der europäischen Kulturtradition folgen und davon ausgehen, daß das Leben auf dieser Welt überhaupt einen Sinn macht, dann können wir nicht ohne weiteres hoffen, daß wir diese Ansicht unmittelbar und unbesehen Angehörigen anderer Kulturen plausibel machen können. Stellen Sie sich vor, Sie wären Buddhist im strengen Sinne und zugleich in politischer Verantwortung für ihr Land tätig, müßten Sie dann letztlich nicht doch sagen: Diese Welt des Scheins, in der wir uns befinden, ist so wichtig nicht; das Entscheidende ist für den Menschen, daß er in sich „einkehrt", um Eingang zu finden in das wahre Leben, in das Nirwana. Sollen mit Kulturträgern solcher und anderer kulturspezifischer Vorgaben und Normen gemeinsame Probleme des Überlebens auf dieser Erde überhaupt effektiv in Angriff genommen werden können, so muß man notwendigerweise unterstellen, daß eine allgemeine Normenbasis vorhanden ist, also wenigstens dies, daß alle Beteiligten anerkennen, sie müßten in dem, was sie in ihrer Welt und Umwelt tun, Rücksicht darauf nehmen, daß es andere gibt, die dieses Leben auf der Welt anders ansehen als sie selbst. Das heißt, es müßte so etwas wie ein kulturübergreifender Standpunkt in der Ethik Platz greifen, um in den politisch-normativen Auseinandersetzungen zu gemeinsamen, d. h. von allen anerkannten Strategien und Lösungen zu kommen.

Ein solcher Standpunkt könnte auf dem gemeinsamen Wege des vernünftigen Nachdenkens über gemeinsame, das konkrete Leben betreffende Interessen universalisiert werden. M.a.W.: Es geht für eine ökologische Ethik in dem von uns hier angezielten Sinne, also im Blick auf die ganze Erde betreffende Veränderungen, um kulturinvariante Normen. Und diese sind nur zu finden über eine Reflexion auf das, was uns allen als Naturwesen, die sich zu sich selbst verhalten, gemeinsam ist. Dies wäre ein Ansatz, der sich am Menschen orientiert, aber in der Konsequenz nicht überheblich den Menschen gegenüber aller Natur in den Vordergrund stellt. Im Gegenteil: Er bezieht sich zwar wesentlich auf den Menschen, aber so, daß das Verhältnis des Menschen sowohl zu seinesgleichen wie zur allen gemeinsamen Natur und zwar weltweit, als das einzig mögliche Prinzip für Verständigung erkannt wird. Unter dieser Voraussetzung können wir nicht von vorneherein mit Vorstellungen, daß die Natur ein Schöpfungsganzes ist oder daß die Natur in sich einen Sinn hat, aufwarten, sondern wir müssen auf die Menschen und ihre Grundinteressen, über die sie vernünftig reflektieren, zurückgehen, und d. h. wir müssen das Gemeinsame in den Mittelpunkt stellen. Globale Probleme sind nur kulturinvariant zu lösen. Hat man kulturinvariante Ansätze und daraus folgende Normen gefunden, dann müßte es allerdings auch möglich sein, Anschlußmöglichkeiten an die einzelnen Kulturen, an ihre spezifischen Wertüberzeugungen, herzustellen. Man sieht, die ethischen Probleme sind gleichsam auf einer Metaebene angesiedelt. Es geht in erster Linie nicht darum, unmittelbar die Dinge zu beurteilen und konkrete Normen zu etablieren; sondern die Frage zu stellen und zu beantworten, wie denn ein von allen anerkanntes Prinzip gefunden und gerechtfertigt werden kann, das uns in die Lage versetzt, gemeinsam Bestimmtes in begründeter Weise in Angriff zu nehmen. Erst dann läßt sich auch erwarten, daß dieses Allgemeine, das sich auf dem Wege der gemeinsamen Beratung als kulturinvariant gezeigt hat, angeschlossen werden kann an jene Wertvorstellungen und Lebensinteressen, die nur für bestimmte Kulturen gelten. Nur so ergeben sich evtl. Anschlußmöglichkeiten an das, was in Lateinamerika oder in den verschiedenen asiatischen Ländern wie Indien oder China kulturell im Vordergrund steht. Zu erinnern ist hierbei an das große Problem, das seinerzeit für die Intellektuellen in Japan aufgetreten ist, ob sie sich europäisch oder vielmehr nach ihren Traditionen, shintoistisch oder zen-buddhistisch, orientieren sollen. Es bedarf keiner großen Phantasie, um sich die intrakulturellen Verwerfungen, die sich aus solchen Prozessen ergeben, aber auch die Chancen für ein kulturübergreifendes politisches Handeln vor Augen zu führen. Noch die gegenwärtigen Auseinandersetzungen um die Aufnahme Heideggers in Japan sind dafür ein spezifischer Beleg.

3 Das Problem der politischen und rechtlichen Umsetzung ethischer Prinzipien in konkretes Handeln

Dieser Abschnitt befaßt sich mit der Aufgabe der rechtlichen und politischen Umsetzung, die sich aus dem bisher geschilderten Ansatz ergibt. Auch für die Umsetzung universalisierbarer kulturinvarianter Normen muß ein Prinzip gefunden werden. Ein Prinzip dieser Art hat die Diskursethik von Apel und Habermas formuliert, wenn es da heißt, alles, was in konkreter Weise weltweit gelöst werden soll, muß über Diskurse der Betroffenen geregelt werden. Und dieses Prinzip muß seinerseits abgeleitet werden. Der damit verbundene Geltungsanspruch läßt sich mit Blick auf die gesuchten Normen konkretisieren: Nur solche Normen „gelten und sind rechtfertigbar, deren allgemeine Befolgung Konsequenzen hat, die von allen Betroffenen zwanglos akzeptiert werden können" (Apel 1988:218). Darin liegt freilich die Möglichkeitsform „akzeptiert werden können"; dies zeigt, daß es sich dabei um eine (wenngleich sinnvolle) Unterstellung handelt. Nicht ist darin jedoch eingeschlossen, daß alle in der Tat auch zustimmen werden. So muß man auch hier noch vernünftige Einsicht bei den Betroffenen erwarten. Des weiteren ist zu berücksichtigen: Dieser Ansatz eines Diskursprinzips für die konkrete Umsetzung geht auf die Konsequenzen jener Handlungen, die sich aus der allgemeinen Befolgung von bestimmten Normen ergeben. Wenn bestimmte Normen etabliert sind, dann muß beurteilt werden, was passiert, wenn alle ihnen folgen, und ob man das, was passiert, auch akzeptieren kann. Man sieht, es handelt sich um einen komplizierten Beurteilungsvorgang, bei dem erstens die Folgen von Handlungen abgeschätzt werden müssen (eine wissenschaftlich-technische Aufgabe), und zweitens erwogen werden muß, ob diese Folgen auch für alle Betroffenen tragbar sind (eine Aufgabe sowohl der Nutzenkalkulation wie der Einschätzung des Akzeptanzverhaltens von Betroffenen). Weil man alle Betroffenen jedoch prinzipiell nie zur Verfügung hat, kann die erforderliche Verallgemeinerung nur gelingen, wenn man davon ausgeht, daß die Betroffenen alle gleich und ebenso vernünftig urteilen und sich verhalten würden wie derjenige, der im gegebenen Fall die allgemeine Zustimmung unterstellt (hier handelt es sich um die noch vor aller Diskursethik liegende Aufgabe einer Prinzipienethik der Vernunft). Insofern ist dieser Ansatz sowohl klassisch transzendental auf der einen Seite, als auch utilitaristisch auf der anderen. Er verbindet beide Grundkonzepte der neuzeitlichen Ethik, hier vor allem die Ansätze Kants und Benthams. Beide haben fast zur gleichen Zeit gelebt, Kant hat eine reine Vernunftsethik konstruiert, Bentham den Utilitarismus begründet.

Was folgt aus diesem Diskursprinzip? Es folgt etwas eigentlich für uns schon selbstverständliches, auf diese Weise aber auch legitimiertes. Nämlich, daß wir im Blick auf das konkrete Handeln heute Diskurse einrichten müssen, um in ihnen und mit ihrer Hilfe eine gemeinsame ökologische Strategie zu finden. Dies geschieht ja auch. Man erinnere sich nur an die bekannten Prozeduren: an die verschiedenen regionalen und internationalen Konferenzen, an die dort ausgearbeiteten Empfehlungen, die dann an die entsprechenden Regierungen zur Ratifizierung weitergeleitet werden. Mit anderen Worten: Die materialen konkreten Normen werden in konkreten Diskursen von Gremien erarbeitet, die so besetzt sein müssen, daß sie erstens sachkompetent, zweitens repräsentativ für die betroffenen Regionen und Staaten und drittens mit entsprechender Vollmacht ausgestattet sind. Es geht sonach um die Einrichtung von ebenso politischen wie sachgerechten Diskursen zur allgemeinen Meinungsbildung. Letztere muß zu einer Rechtsentwicklung führen, die Eser (1983) in seinem Beitrag „Ökologisches Recht" im Detail beschrieben hat: zu einer Rechtsentwicklung also auf nationaler und internationaler Ebene, wobei hier eine Wechselbeziehung möglich und sinnvoll ist. Viele der neueren Unternehmungen und Versuche in Umweltpolitik, Naturschutz, Artenschutz sind so strukturiert, daß sie von der internationalen Ebene her, als weltweite Aufgaben erkannt, durch die UNO ins Werk gesetzt und dann zu bestimmten Konferenzen konkretisiert werden: mit dem Auftrag, Vorschläge zu Konventionen zu entwickeln, die dann ihrerseits wieder als Empfehlungen zur Ratifizierung an die einzelnen Länder weitergegeben werden; und mit dem Ziel, auf internationaler Ebene gemeinsam und effektiv politisch zu handeln.

4 Überbevölkerung und Klimawandel: ein Dilemma?

Dieser Abschnitt soll ein schwerwiegendes Problem sichtbar machen: das Problem der Überbevölkerung im Verhältnis zum Problem des Klimawandels. Das in der heutigen Zeit im Mittelpunkt stehende Problem ist das der gefährlichen Erwärmung des Klimas, des sich beschleunigenden Treibhauseffekts. Wir haben erkannt, daß durch die rasche Temperaturerhöhung das Aussterben der Pflanzen und Tierarten tendenziell nicht mehr aufzuhalten ist. Es verändern sich damit auch die bewohnbaren Zonen, sie verschieben sich nach Norden. Der Platz auf der Erde, der bewohnbar ist, wird kleiner. Eine weitere Folge ist, daß in erhöhtem Maße Klimaturbulenzen auftreten, die ihrerseits eine Verschiebung der Klimazonen verursachen: Dies führt zur Verstärkung der großflächigen Bodenerosion, mit der Konsequenz der weiteren Einengung des menschlichen Lebensraumes. Die dritte schwerwiegende Konsequenz der Klimaerwärmung ist der Anstieg des Meeresspiegels: verursacht durch das Abschmelzen der Gletscher, durch die Ausdehnung des Wassers aufgrund von Wärmezufuhr und durch das befürchtete Abdriften der Schelfeisfelder in der Antarktis. Tritt dies ein – so läßt sich aus geohistorischer Kenntnis vermuten –, dann wird sich der Meeresspiegel insgesamt um 6 Meter heben: eine Ausdehnung des Meeres, die ungefähr 30% der jetzt lebenden Erdbevölkerung treffen würde: Eine Völkerwanderung nicht gekannten Ausmaßes wäre die Folge.

Es steht außer Frage, daß der Prozeß der vom Menschen verursachten zusätzlichen Klimaerwärmung derzeit das größte ökologische Problem darstellt, das es weltweit und mit Anstrengung aller nationalen und internationalen Kräfte zu bewältigen gilt. Und es steht ebenso außer Frage, daß es nur in gemeinsamen Überlegungen und in gemeinsamem Handelns beseitigt oder wenigstens gemindert werden kann. Der Bonner Physiker Heinloth kam soeben von einer internationalen Konferenz in Velen (Münsterland) zurück, auf der im Anschluß an die Nordwjik-Konferenz der Regierungschefs empfohlen wurde, daß die CO_2-Emission um 20% zurückgefahren, d. h. daß die CO_2-Produktion, die jetzt mit 50% bei den anthropogenen Schädigungen zu Buche schlägt, auf 40% reduziert werden soll. Er berichtete ferner, daß in dieser Konferenz, die zur Vorbereitung der Bergenkonferenz im Mai 1990 einberufen war, die schon früher gefaßte Marschroute auf 50% Abbau zu gehen, heftig umstritten war. Gründe sind – wie immer – wirtschaftliche Interessen, aber auch der Umstand, daß man den CO_2-Ausstoß so schnell nicht abbauen kann. Es ist bekannt, daß die CO_2-Belastung vorwiegend, d. h. zu 80% aus der Verbrennung fossiler Brennstoffe herrührt und nur zu 10–20% aus der Erosion von Boden und Wäldern. Das klimabelastende FCKW kann im Grunde genommen sehr schnell beseitigt werden; anders verhält es sich vermutlich mit den zu 20% am Treibhauseffekt beteiligten Methan-

Emissionen, die zu 2/3 aus Reisanbau und Rinderzucht, zu 1/3 aus Kohle-, Gas- und Erdölförderung stammen.

Kurzum: Das ist die bedrohliche Situation, die zu bewältigen ist. Aber die Frage wird komplizierter: Wenn die Weltbevölkerung immer größer wird, wie kann dann gehofft werden, daß die Reduktion, die mühsam in Gang gekommen ist, überhaupt wirksam wird, da der durch das Anwachsen der Bevölkerung notwendig werdende zusätzliche Energiebedarf alle Erfolge wieder in Frage stellt? So ist an die Ethik die Frage zu richten, ob sie denn nicht Normen parat hätte oder begründen könnte, die die Überbevölkerung wirksam verhindern würden? Die Antwort ist klar und einfach, aber negativ. Sie lautet: Es ist verboten, in das Selbstbestimmungsrecht des Menschen angesichts möglicher Nachkommenschaft einzugreifen. Wer das tut, produziert potentiellen Terror. Niemand kann einem anderen vorschreiben: „Du hast kein Kind, du hast eins, du hast zwei, du hast drei oder du hast zehn." Und dies je nachdem, wie gerade die gesellschaftliche Situation bzw. die Weltlage wäre. In unserer Zeit hieße dann vermutlich die Vorschrift: „Du hast nur eins!", wie in China. Jedes zweite wird mit Sanktionen belegt. Vorschriften dieser Art sind sittlich verwerflich. Und sie sind im Widerspruch zur gesamten ethischen Tradition. Insofern haben, wenn ich das anschließen darf, die einschlägigen enzyklikalen Veröffentlichungen der Römischen Kirche einen guten und vertretbaren Sinn. Ethisch nicht vertretbar, das füge ich gleich hinzu, sind sie hinsichtlich der Art und Weise, wie sie im Detail festzulegen versuchen, wie die Selbstbestimmung des Menschen angesichts der Fortpflanzung zu geschehen hat. Einflußnahmen dieser Art sind ethisch nicht zu rechtfertigen, jedenfalls nicht in einer universal orientierten Ethik, für die ich hier als Philosoph votieren muß. Dennoch: das Prinzip, negativ formuliert: daß Fortpflanzung im Grundsatz nicht verboten und nicht dirigistisch gesteuert werden darf, ist korrekt. Dies im einzelnen auszuführen und in wünschenswerter Weise zu präzisieren ist hier nicht der Ort. Aber: Wenn es richtig ist zu sagen, ein ethischer Dirigismus in bezug auf Nachkommenschaft ist nicht vertretbar, muß sich die Ethik dann nicht jeder weiteren Stellungnahme enthalten? Oder könnte sie die Erwägung bzw. den Versuch unterstützen eine auffällige europäische Erfahrung fruchtbar zu machen und in Weltperspektive umzusetzen: Die Erfahrung nämlich, die besagt, je besser es den Leuten geht, je größer ihr Wohlstand ist, desto eher haben sie ein vernünftiges Verhältnis zu Kindern. „Ich brauche keine zehn Kinder, von denen vermutlich fünf früh, weitere drei später sterben, so daß, wenn ich selbst alt und versorgungsbedürftig bin, wenigstens noch zwei am Leben sind." In einer rechtlich verfaßten und sozial orientierten Industriegesellschaft ist dies nicht mehr nötig. So wäre die daraus folgende normative Strategie diese: Die Industriegesellschaft zu exportieren, und zwar in einem groß angelegten Marshall-Plan, in einer groß angelegten Art von Entwicklungshilfe. Denn: Gehört nicht auch Wohltätigkeit, in alter Sprechweise „Wohltun", also Verbesserung des Lebensstandards aller, zu den moralischen Pflichten derer, denen es so gut geht, daß sie dazu in der Lage sind? Was aber wäre die Konsequenz? Vergegenwärtigen wir uns: Wenn schon die jetzt lebenden 5,2 Milliarden allesamt so leben würden wie wir, dann wäre die Umweltbelastung um einen Faktor 40 größer als jetzt: das Klimaproblem also überhaupt nicht mehr zu lösen, das Ende der Menschheit programmiert. Mit anderen Worten, es ergibt sich ein eigentümliches Dilemma, auf das ich aufmerksam machen muß. Es besteht darin, daß wir aus ethischen Maximen zu Konsequenzen kommen, die einander widersprechen bzw. die zum Scheitern des Menschen auf dieser Erde führen. Ist die Ethik somit selber gleichsam „Schuld" daran, daß die Probleme nicht zu lösen sind? Müßte man um des Überlebens willen dann nicht die Ethik außer Kraft setzen und zu einer Herrschaft von Menschen über Menschen übergehen, die jedenfalls keiner von uns als tolerabel ansehen könnte. Denn zu bestimmen: „Du hast hier zu leben, und nur dies zu tun" ist psychisch und moralisch gesehen Terror. Das Gebot: „Helft allen!" ist ein sittlicher Imperativ. Hilfe, Wohlwollen, die Beförderung des Glücks der anderen sind Maximen von hoher moralischer Qualität, sie gelten in jeder dieser Ethiken, die ich Ihnen geschildert habe. Aus dem Imperativ „Helft allen!" folgt aber, freilich unter den skizzierten Bedingungen und wie immer indirekt, der Untergang. An dieser Stelle geraten menschliches Handeln, Politik und Ethik – wie es scheint – ins Dilemma. Führt sich im Blick auf die Folgen die Moralität selbst ad absurdum? Die Antwort lautet wider allen Anschein: nein. Denn der Imperativ des Helfens nennt in Kantscher Sprechweise keine vollkommene sondern nur eine unvollkommene Pflicht, eine Pflicht, die von Bedingungen, u. a. solchen des Gelingens, abhängig ist. Das Dilemma ist sonach nicht eines der Ethik, sondern vorschnellen Urteilens und Handelns. Es ist aufzulösen bzw. zu vermeiden, wenn man in der skizzierten Situation nicht kurzschlüssig urteilt und handelt; und das hieße:

1. so wie sie derzeit verfaßt ist, kann die Industriegesellschaft nicht weltweit exportiert werden; und
2. die Industriegesellschaft muß allem zuvor selbst die Probleme eines Schaden stiftenden Energieverbrauchs kreativ bewältigen. Da dies bislang noch nicht gelungen ist, kann das Problem des Bevölkerungswachstums derzeit auf dem skizzierten Weg (noch) nicht angegangen werden.

5 Zur Bedeutung einer philosophischen Ethik

Zum Schluß sei noch einmal die grundlegende Bedeutung der Ethik betont. Die philosophische Ethik hat über die Reflexion der normativen Prinzipien des Handelns (wovon hier ein Beispiel gegeben wurde) hinaus eine doppelte Bedeutung. Sie ist kritisch nach zwei Seiten: Einerseits im Blick darauf, daß die Probleme, die anstehen, sorgfältig wahrgenommen und nicht übergangen werden. Ethik wirkt mit, in Richtung einer Umwelterziehung der Menschen. Sie trägt bei zur Veränderung des Bewußtseins für die Umwelt, zur verantwortlichen Bewußtseinsbildung überhaupt. Sie wirkt aber auch andererseits im Sinne der alten Regel des menschlichen Handelns, Maß zu halten, Besonnenheit zu wahren: auch in der Überprüfung unserer prima vista plausiblen moralischen Intuitionen. Das spricht sich darin aus: Erstens, daß man bei jeder verantwortungsbewußten Rede über Dinge dieser Welt auf bestmögliche Weise darüber informiert sein muß, was der Fall ist. Nur der jeweils beste Stand des möglichen Wissens verhindert das Abdriften ins Ideologische. Zweitens, daß mit eben diesem Wissen die ethischen Prinzipien zu verbinden sind. Nur dann werden wir gerade im Blick auf die

Probleme der Umwelt davor bewahrt sein, entweder aus Angst zu handeln oder aus Pathos. Beides ist verkehrt. Angst und Schwärmerei waren noch nie gute Berater.

Literatur

Altner G (1989) (Hrsg) Ökologische Theologie. Perspektiven zur Orientierung. Stuttgart
Apel K-O (1988) Diskurs und Verantwortung. Das Problem des Übergangs zur postkonventionellen Moral. Frankfurt/Main
Auer A (1985) Umweltethik. Ein theologischer Beitrag zur ökologischen Diskussion. Düsseldorf
Birnbacher D (Hrsg) (1980) Ökologie und Ethik. Stuttgart
Birnbacher D (1988) Ökologie, Ethik und Neues Handeln. In: Stachowiak H (Hrsg) Pragmatik. Handbuch pragmatischen Denkens, Bd. 3, Allgemeine philosophische Pragmatik. Hamburg, S 393–417
Eser A (1983) Ökologisches Recht. In: Markl H (Hrsg) Natur und Geschichte. München Wien
Feinberg J (1980) Die Rechte der Tiere und zukünftiger Generationen. In: Birnbacher D (Hrsg) Ökologie und Ethik. Stuttgart, S 140–179
Fraser-Darling F (1980) Die Verantwortung des Menschen für seine Umwelt. In: Birnbacher D (Hrsg) Ökologie und Ethik. Stuttgart, S 9–19
Höffe O (Hrsg) (1988) Lexikon der Ethik. München
Maurer R (1989) Ökologische Ethik als Problem. In: Bader D (Hrsg) Freiburger Akademiearbeiten 1979–1989. München Zürich, S 347–366
Meyer-Abich KM (1984) Wege zum Frieden mit der Natur. München Wien
Neuhäusler A (1963) Grundbegriffe der philosophischen Sprache. München
Teutsch GM (1985) Lexikon der Umweltethik. Göttingen
Tribe LH (1980) Was spricht gegen Plastikbäume?. In: Birnbacher D (Hrsg) Ökologie und Ethik. Stuttgart, S 20–71
Wils J-P, Mieth D (Hrsg) (1989) Ethik ohne Chance? Erkundungen im technologischen Zeitalter. Tübingen

In Partnerschaft mit der Natur

Ein naturwissenschaftlicher Beitrag zum Aufgabenkreis
für die Weltdekade für kulturelle Entwicklung
im Rahmen der Deutschen UNESCO-Kommission

Magda Staudinger (Freiburg i. Br.)

In der Informationsschrift der Deutschen UNESCO-Kommission über die Weltdekade der kulturellen Entwicklung wird auch auf ein gegensätzliches Verhältnis zwischen „Kultur" und „Wissenschaft" hingewiesen, Wissenschaft in diesem Zusammenhang aufgefaßt vor allem als Naturwissenschaft und den aus ihr erwachsenden technischen Möglichkeiten.

Es ist in der Tat schon vielfach erwogen worden, den Bereich „exakte Naturwissenschaften" und vor allem die Technik als einen Sonderbereich, oder gar als eine zweite Kultur[1] zu betrachten, gleichsam neben der Gesamtheit des kulturellen Lebens des Menschen.

Ob dies berechtigt ist, oder überhaupt wünschenswert wäre, ist jedoch heute zunehmend ungewiß. Denn es entstehen jetzt wieder Brücken zwischen Natur- und Geisteswissenschaften, so zwischen Physik und Philosophie[2], zwischen Chemie und Biologie einerseits[3] und Ästhetik[4] und Ethik[5] andererseits u. a. mehr. Solche Beziehungen haben in früheren Jahrhunderten bestanden, wenn auch ganz anderer Art. Die heutige, neue Entwicklung baut allmählich die entstandenen Gegensätze ab.

Wohl aber entwickelt sich ein zunehmender Gegensatz woanders, nämlich zwischen dem Menschen und der Natur; es hat den Anschein, daß die Umwelt des Menschen sich in zwei verschiedene Welten aufspaltet: Der Mensch setzt seinem Ursprung, der lebenden Umwelt, der Biosphäre, seine eigene Schöpfung entgegen, nämlich die technisch-urbane Welt mit allem, was sie durch seine Tätigkeit enthält. Dabei wurde in hochindustrialisierten Ländern die Technik zu einem beherrschenden Faktor des Lebens. Zwischen die lebende Natur draußen und den Menschen in

---

[1] Charles P. Snow, Die zwei Kulturen (Rede-Lecture). Cambridge 1959. Thesen in der Diskussion. dtv/Klett-Cotta 1987.
[2] Werner Heisenberg, „Der Teil und das Ganze", Piper-Verlag 1969.
[3] Das Wissenschaftliche Werk von Hermann Staudinger, herausgegeben von Magda Staudinger, Band 5, „Arbeiten in allgemeiner Richtung", Hüthig & Wepf-Verlag, Basel Heidelberg 1975.
[4] Peter Sitte, „Symmetrie bei Organismen", Biologie in unserer Zeit, 14. Jahrg. 1984, S. 161.
[5] Hans Mohr, „Natur und Moral", Ethik in der Biologie, Wiss. Buchges. Darmstadt 1987.
Bernhard Hassenstein, „Naturwissenschaft und Ethik", in „Spannweite des Humanen", Kolloquium der Deutschen UNESCO-Kommission, Freiburg i.Br. 1974, Verlag Dokumentation, Saur KG, München.

seiner Stadt schiebt sich die Technik, die ihm sein Leben so erleichtert und gestaltet: seine bequeme Häuslichkeit, seine Verkehrsmittel wie Auto und Flugzeug, sein oftmals völlig technisierter Arbeitsplatz, sein so vielseitiger Computer etc. Der Mensch kennt in solchen Fällen nur noch seine eigene Schöpfung, seine eigene Sphäre, die man in Analogie zur Biosphäre als Technosphäre[6] bezeichnen kann. Dies weist auch Gefahren auf, denen begegnet werden muß, besonders bei dem heute so raschen Wachstum der Städte[7].

Die Kultur des Menschen ist aber überaus vielgestaltig und umfaßt alles in seiner Welt. Ein Teil dieser Kultur ist die Beziehung des Menschen zu seinem Ursprung, der Biosphäre, der lebenden Schale unserer Erde, die wohl als einziger Planet in unserem Sonnensystem ein solches Leben trägt. Der Mensch ist, wie alle Lebewesen, aus der Biosphäre hervorgegangen und sein Leben wird von ihr erhalten, er ist völlig auf sie angewiesen.

Die Biosphäre unserer Erde ist ein einziger großer Kreis von Leben, eine Einheit, deren grundlegende Prozesse tief miteinander verflochten sind. Das uralte Wissen um die Einheit ist eine der Wurzeln von Kulturen, auch wenn sie eine ganz verschiedene Entwicklung nehmen. Mythen und Sagen, der Kult des Frühmenschen, die Religionen, die Kunst, die Philosophie und die Wissenschaften zeugen von dieser Gemeinschaft.

Heute sind an diesem Gebiet insbesondere die Naturwissenschaften beteiligt. Die Einheit des Lebens wurde in der Evolutionsforschung[8] erschlossen und dargestellt. Vor allem aber sprechen die Ergebnisse der makromolekularen Chemie, insbesondere in ihrem molekularbiologischen Zweig, eine eindringliche Sprache[9].

Makromoleküle sind Moleküle, die wie diese aus Atomen mit denselben Bindungskräften bestehen – nur sind sie sehr groß. Sie können sich aus tausenden und hunderttausenden von Atomen zusammensetzen, wodurch die damit aufgebauten Stoffe vielfältige besondere Eigenschaften entwickeln, die bei niedermolekularen Stoffen nicht vorkommen.

---

[6] Die Bezeichnung entstand bei der Gründung des „ad hoc Committee of ICSU on Problems of the Human Environment (Scope)"; Herbst 1968 wurde eine Kommission zur Auswertung von Biosphäre und Technosphäre in dessen Rahmen gebildet (Commission on Biosphere and Technosphere Evaluation).

[7] Konrad Lorenz, „Der Abbau des Menschlichen", Piper-Verlag 1983.
Magda Staudinger, „Der Mensch zwischen Technosphäre und Biosphäre", Loccumer-Protokolle 11/1970. Evang. Akademie Loccum, Tagung „Stadt und Verstädterung".
„Stadtökologie", Kolloquium der Deutschen UNESCO-Kommission, Bad Homburg 1977, Verlag Dokumentation, Saur KG, München.

[8] Günther Osche, „Evolution", Verlag Herder 1972.
Christian Vogel, „Das Erbe des Menschen aus dem Tierreich (Die Verbindung Mensch-Tier)", in „Spannweite des Humanen", Kolloqium der Deutschen UNESCO-Kommission in Freiburg 1974, S. 35, Verlag Dokumentation, Saur KG, München.
ebenda S. 86 Günther Osche, „Die Sonderstellung des Menschen in biologischer Sicht (Der Gegensatz Mensch-Tier)".

[9] Hermann Staudinger, Makromolekulare Chemie und Biologie, Wepf & Co. Verlag Basel 1947. Magda Staudinger, „Was ist Leben?", Naturwiss. Rundschau 3 (1950).

Ein Vergleich soll dies verdeutlichen: Bei Verwendung nur weniger, vielleicht einiger Dutzend Bausteine, können lediglich kleine Gebilde entstehen. Mit tausenden und hunderttausenden von Bausteinen sind jedoch mannigfache Bauwerke zu erstellen, wie z.B. ganz verschiedene Häuser, Paläste, Dome etc., deren Eigenschaften nicht mehr allein von ihren Bausteinen bestimmt werden, sondern von ihrem Aufbau und ihrer Ausgestaltung – bei Häusern etwa von Stockwerken, Räumen, der Anordnung von Türen und Fenstern etc.

Dies gilt auch für Makromoleküle. Ihre Größe erlaubt eine ungeheure Mannigfaltigkeit in Aufbau und Funktion. Hierzu gehört auch die lebende Substanz: Die materielle Grundlage aller Organismen – vom Bakterium bis zum Elefanten – bilden in erster Linie die beiden großen Gruppen: die Proteine und die Nucleinsäuren. Dies sind makromolekulare Stoffe, deren riesige Moleküle völlig unterschiedlich aufgebaut sein können. Die mannigfaltigsten Strukturen sind möglich. Eine unendliche und unerschöpfliche Variationsbreite in Formen und Gestalten sowie Funktionen kann entstehen. Die stoffbildenden Kräfte entfalten im makromolekularen Bereich ihr höchstes Können. Fast unmerklich vollzieht sich dabei ein wesentlicher neuer Prozess: Aus der Welt quantitativer chemischer Prozesse steigen die Makromoleküle auf in die Welt der Qualitäten der Formen und Gestalten. Sie eröffnen damit der naturwissenschaftlichen Erkenntnis die Welt des Künstlers und der künstlerischen Schöpfungen, und das in der klaren Sprache der Chemie[10].

Auf dieser Basis zweier großer makromolekularer Stoffgruppen, die die ungeheure Vielgestaltigkeit erlaubt, entfaltet sich das Spiel des Lebens.

In der klaren Sicht von Überlieferungen und von Erkenntnissen naturwissenschaftlicher Forschung hat die UNESCO 1971 bei der Festsetzung der Arbeitsgebiete für ihr Programm „Der Mensch und die Biosphäre" (MAB) eine Zielsetzung folgenden Wortlauts angenommen[11]:

> Die Idee einer persönlichen Erfüllung für den Menschen in seiner Partnerschaft mit der Natur soll gefördert und seine Verantwortung für dieselbe gestärkt werden.

Die hier gewählte Bezeichnung „Partnerschaft" gibt nicht nur die Mitgeschöpflichkeit des Menschen wieder, sondern Partnerschaft impliziert Tätigkeit. Es ist das gegenseitige Geben und Nehmen von Mensch und Natur, wie es vorgeht in aller Landwirtschaft, in der Hege von Wald und Gewässern mit ihrer Tier- und Pflanzenwelt u.a. mehr. Partnerschaft manifestiert sich auch als Entspannung und Freude im Umgang mit der Natur, als Anregung, innere Bereicherung an ihrer Schönheit und – wie oft – als Genesung.

---

[10] Hermann Friedmann, „Die Welt der Formen", C.H.Beck'sche Verlags-Buchhandlung München 1930.

Christoph Rüchardt, „Das Molekül des Chemikers, ein zentrales Paradigma der Neuzeit", Freiburger Universitätsblätter 26. Jahrg. Heft 96 (1987).

[11] Objective 7(e), I. Session des Koordinationsrates für das UNESCO-Programm „Der Mensch und die Biosphäre" (MAB) 1971.

Magda Staudinger, „In Partnerschaft mit der Natur", Freiburger Universitätsblätter 22. Jahrg., Heft 88 (1983).

Doch das ist noch nicht alles: In der Zielsetzung der UNESCO ist auch die Verantwortung des Menschen für die Natur festgelegt. Mit der wachsenden Macht des Menschen über die Natur wuchs auch seine Verantwortung und ist heute, mit der Beherrschung der Atomenergie und der Möglichkeit, Erbfaktoren zu manipulieren, 100%ig geworden[12]. Damit ist der Mensch aufgerufen, einen neuen Weg in seiner kulturellen Entwicklung einzuschlagen[13] zu einer Ausdehnung seines ethischen Denkens auf das außermenschliche Leben. Es handelt sich um einen Zweig der Humanität in Richtung auf die Natur, denn der Kreis der außermenschlichen Geschöpfe hat seine eigene Selbständigkeit und Würde. Es ist die Mobilisierung eines weiteren Bereichs des so vielseitigen, menschlichen Wesens; ein Heraustreten aus der anthropozentrischen Enge in die biozentrische Weite des heutigen Wissens, Könnens und der Verantwortung für das Gesamtleben unserer Erde.

---

[12] Hans Jonas, „Das Prinzip Verantwortung", Insel Verlag 1979.
[13] „Wandlung von Verantwortung und Werten in unserer Zeit", Kolloquium der Deutschen UNESCO-Kommission in Freiburg 1982, Verlag Dokumentation, Saur KG, München.
René Maheu, „La Civilisation de L'Universel", Edition Gonthier, Genf 1966.

Ethische Aspekte des UNESCO-Programms „Der Mensch und die Biosphäre (MAB)

Josefine Heinz (Bonn)

„Wissenschaft ohne Gewissen bedeutet den Ruin der Seele." Dieser beachtenswerte Satz von Francois Rabelais erhellt schlaglichtartig unser zwiespältiges Verhältnis zur Ethik.

Wer sich auf Ethik einläßt, passiert die Pforte vom Bereich der Physis zum Reich der Metaphysik. Diesseits und jenseits der Schwelle werden andere Fragen gestellt und andere Antworten gegeben.

Vor kurzem hatte ich Gelegenheit, mit einem Kollegen aus dem Staatskomitee für Naturschutz der UdSSR über Umweltschutz und Ethik zu diskutieren. Während des Gesprächs bat er mich unvermittelt um eine Bibel und zitierte aus der Offenbarung des Johannes 8,10f., wo steht:

> (10) Und der dritte Engel blies seine Posaune; und es fiel ein großer Stern vom Himmel, der brannte wie eine Fackel und fiel auf den dritten Teil der Wasserströme und auf die Wasserquellen. (11) Und der Name des Sterns heißt Wermut, und der dritte Teil des Wassers wurde zu Wermut, und viele Menschen starben von den Wassern, weil sie bitter geworden waren."

Die Pflanze Wermut heißt auf russisch Tschernobylnik: Tschernobyl-Pflanze.

Unsere politische Antwort auf Tschernobyl ist bekannt: Das Bundesministerium für Umwelt, Naturschutz und Reaktorsicherheit (BMU) wurde gegründet; die internationale Umweltpartnerschaft wird verstärkt ausgebaut; eine neue Sicherheitskultur wird in unserer Industriegesellschaft entwickelt. Die Antworten sind hinlänglich konkret und konstruktiv.

Aber sind diese Antworten auch stimmig und ausreichend, wenn wir die biblische Offenbarung, auf die uns die Namensgleichheit von Wermut und Tschernobyl in diesem Fall verweist, zum Ausgang unseres Fragens nehmen? Neue Institutionen und Instrumente bewirken nicht automatisch neues Denken und Fühlen.

Was sollen wir tun, damit wir die Physis nicht zerstören, Wissenschaft nicht ohne Gewissen betreiben und unsere Seele nicht ruinieren?

Wir empfinden spontan die Andersheit möglicher Fragen und Antworten. Die Spannung, die da angelegt ist, müssen wir mit unserem Gewissen aushalten. Das Gewissen ist diejenige Instanz, die uns – notfalls mit Bissen – über den sittlichen Wert oder Unwert unseres Verhaltens in Kenntnis setzt und uns dazu anhält, das eine zu tun und das andere zu lassen.

Zeiger unseres Gewissens sind Gefühle, Gefühle wie Freude und Trauer, Verehrung und Verachtung, Liebe und Haß, Furcht oder Hoffnung; sie lassen uns gewahr werden, ob etwas gut oder böse, richtig oder falsch ist.

Ethik ist die Wissenschaft vom Sittlichen, also vom sittlichen Wert oder Unwert menschlichen Handelns. Sittlichkeit war niemals als feste Größe definiert. Die Auffassung vom Sittlichen wandelt sich über Raum und Zeit. In unserem, weitgehend von der jüdisch-christlichen Tradition bestimmten, soziokulturellen Kontext heißt sittlich handeln: das Gute um des Guten willen tun. Das UNESCO-Programm „Der Mensch und die Biosphäre" (MAB) ist kein auf eine spezielle Region beschränktes, sondern ein weltumspannendes Programm, das bedeutet: Eine „MAB-Ethik" kann nur dann ernstzunehmende Konturen gewinnen, wenn sie auf den inner- und intergesellschaftlichen Wertepluralismus reflektiert. Die raumzeitliche und soziokulturelle Differenziertheit der Werte, die als Leitbilder dienen, müssen bei dem Programm in Rechnung gestellt werden.

MAB ist ein wissenschaftliches Programm, das mit seinen Forschungserträgen unser Gewissen schärfen will, um bewußter als in der Vergangenheit auf grundlegende Entscheidungen vorbereitet zu sein.

An erweiterten und vertieften ökologischen Kenntnissen und Erkenntnissen sind individuelle und gesellschaftliche Verhaltensweisen immer aufs neue zu überprüfen. In diesem Ansatz liegt das zukunftsweisende, weltweite Bildungsanliegen, das die UNESCO – neben den Wissen mehrenden und internationale Zusammenarbeit fördernden Aspekten – mit dem MAB-Programm bewegt.

Wenn wir dabei von einem Bildungsprozeß sprechen, der auf Grundeinstellungen und Wertungen einwirkt, so geschieht dies im Rahmen des Programms nie in Richtung einer Ideologisierung. Vielmehr ist der erzieherische Ansatz im besten Sinne ein philosophischer – Philosophie begriffen als das forschende Fragen und Streben nach Erkenntnis der Stellung des Menschen in der Welt.

Diese Fragen sind jenseits jeden Zeitgeistes zeitlos. Die Antworten sind es nicht. Sie sind weitgehend vorbestimmt von den vorfindlichen Lebensentwürfen und Arbeitsbedingungen der Menschen. Die Lebens- und Arbeitsweisen, die uns vorgelebt werden, sind insgesamt weitaus stärkere Erziehungsfaktoren als die beabsichtigte Erziehung, die wir im Laufe unseres Lebens – in Kindergarten, Schule oder Universität – erfahren.

Unsere praktizierte Lebens- und Arbeitsweise gefährdet die Funktionsfähigkeit des Naturhaushaltes; im Hinblick auf die ökologischen Erfordernisse ist daher der Erziehungswert der bestehenden sozioökonomischen Strukturen tendenziell kontraproduktiv.

Einerseits wissen wir zwar – oder ahnen es doch zumindest –, daß wir die Degradierung und Zerstörung des Lebens auf der Erde durch den Menschen nur aufhalten können, wenn wir unsere vorherrschende Lebensweise, die auf augenblicklichen Wohlstandsgenuß konzentriert ist, ablösen. Andererseits sträuben wir uns gegen einen dementsprechenden Wertewandel und halten verbissen an fehlleitenden materiellen Werten fest.

Wir wollen das Wirtschaftswachstum, auf dem unsere politische und wirtschaftliche Ordnung beruht, nicht in Frage stellen, weil es für uns noch äußerst komfortabel ist. Tragfähige neue Wirtschaftskonzepte, mit denen wir z.B. auch weiterhin unseren humanitären Verpflichtungen in der Dritten Welt nachkommen können, zeichnen sich noch nicht klar genug ab.

Anstrengungen zur Aufrechterhaltung der Funktionsfähigkeit des Naturhaushaltes werden daher im Rahmen des wirtschaftlich Verträglichen unternommen. Während das ‚rien ne va plus' bereits angesagt ist, versuchen wir, wirtschaftliche Egoismen mit marktwirtschaftlichen Instrumenten und ‚low tech' mit ‚high tech' zu korrigieren. Wir wollen den Kuchen essen und behalten und wollen damit das Unmögliche.

Aus dem unterschwelligen Bewußtsein um diese Paradoxie formuliert unsere Gesellschaft den Ruf nach Ethik. In einer Zeit, wo der Mensch fast alles tun kann, was er tun will, aber längst nicht mehr weiß, was er wollen soll, will er wissen, was er tun soll.

Die Antworten auf diese Frage sind Legion. Auch im MAB-Programm werden zahlreiche konkrete Vorschläge entwickelt und erprobt. Ein Vorschlag hebt sich jedoch von allen anderen im MAB-Programm ab: „Die Idee einer persönlichen Erfüllung des Menschen in seiner Partnerschaft mit der Natur soll gefördert und seine Verantwortung für diese gestärkt werden."

Dieses Ziel, Objektive No 7e des ersten Programmentwurfs von 1971, ist ein zutiefst empfundenes ethisches Anliegen. Nur aus der persönlichen Erfüllung des Menschen in seiner Partnerschaft mit der Natur kann die eigene Kraft und das eigene Gesetz erwachsen zu ethischem, d. h. verantwortlichem Verhalten gegenüber der Natur, zu unseren Mitmenschen und Mitgeschöpfen.

Mit Hans Mohr (zitiert nach Staudinger 1987) gesprochen gilt, daß sich der „biologische Entwurf Mensch" oder „das Stück Biosphäre, das Mensch genannt wird", an das umfangreiche genetische Vermächtnis seiner Evolution in der Biosphäre erinnern und die Errungenschaften seines Intellekts damit in Einklang bringen soll.

Mir scheint, dieser Bewußtseinssprung in der Geschichte von Mensch und Biosphäre kann nur gelingen, wenn Naturwissenschaften und Philosophie wieder in Symbiose gehen. Es gilt, die negativen Anteile des Erbes der Aufklärung aufzuarbeiten. Das faustische Ich, das die Natur erforscht, um sie zu bezwingen, ist obsolet. Unserem Status auf der Erde angemessen ist, die Natur zu erforschen, um sie kennen, lieben und in ihr leben zu lernen.

Die vielzitierte globale Umweltkrise ist zu einem Großteil von den westlichen und verwestlichten Kulturen ausgelöst worden. Es scheint mir durchaus zulässig, sie als Reaktion von Natur auf rücksichtslose Härte zu interpretieren. Ihre Verursacher sind nicht selten Einzelne oder Gruppen, die selbst unter der Rücksichtslosigkeit im privaten oder geschäftlichen Bereich leiden und ihr mit noch größerer Härte zuvorzukommen suchen.

So gesehen wäre es von allgemeinem Vorteil, wenn wir nicht nur über die Umweltkrise sprächen, sondern mit gleicher Verbindlichkeit eine Gesellschaftskrise diagnostizieren würden und beide als Kopf und Zahl derselben Münze behandelten.

Solange wir uns dieser umfassenden Sicht verschließen, werden wir immer nur an Symptomen herumkurieren. Statt der erhofften Krisis könnte darüber der Exitus des Systems „Mensch und Biosphäre" eintreten.

Zur Zeit macht in der Politik das Wort vom „ökologischen Generationenvertrag" die Runde. Es ist zu hoffen, daß dieser Vertrag nicht nur von Juristen und

Ökonomen diktiert, sondern auch von Ökologen „geschrieben" wird: Es geht um unser höchstes Gut, das Leben, dessen natürliche und nicht substituierbare Grundlage einzig durch die Erhaltung der Funktionsfähigkeit des Naturhaushaltes garantiert werden kann.

Literatur

Staudinger M (1987) Considerations on the origin and development of the MAB-Programme. In: Deutsches MAB-Nationalkomitee (Hrsg) All-European coordination and research planning meeting of the MAB national committees. October 3rd to 8th, 1987 in Berchtesgaden (Federal Republic of Germany). Final Report. Bonn, S 46

Philosophische Reflexionen zum Problem der Ökologie

Günther Bien (Stuttgart)

„Der Naturarmut folgte Menschenelend,
erst wäre eine solche Welt trostlos,
dann würde sie heillos"
(Hubert Markl)

1 Baby Fae und das Lebensrecht von Mensch und Tier

Am 26. Oktober 1984 wurde von einem Ärzteteam der Loma Linda Medical School in einer amerikanischen Klinik in der Nähe von Los Angeles einem Kind, d. h. einem Exemplar der Gattung *Homo sapiens sapiens* das walnußgroße Herz eines sieben Wochen alten Affenjungen der Gattung Pavian eingepflanzt, um ihm dadurch angesichts eines sog. hypoplastischen-linken-Herz-Syndroms das Leben zu retten. (Die Operation ist übrigens nicht erfolgreich gewesen. Das Kind, weltweit bekannt geworden unter dem Decknamen Baby Fae, verstarb am 15. November 1984, 21 Uhr; vgl. Kobbe 1985).

Ein solches Unternehmen stellt vor Probleme verschiedenster Art: vor medizinisch-technische und vor biologische (vor allem vor immunbiologische) Probleme, vielleicht auch vor ökonomisch-versicherungstechnische Probleme, es stellt uns vor juristische Fragen und schließlich vor Probleme von schlechthin grundsätzlicher Art: vor Fragen philosophischer und ethischer Natur, zu denen sich die rechtlichen Fragen wie ein Aspekt und ein Korollarium verhalten.

Die schwerwiegendste und grundsätzlichste, nämlich philosophische, weil das Welt- und Selbstverständnis des Menschen insgesamt angehende Frage, die ein solcher Eingriff – mag er erfolgreich gewesen sein oder nicht – aufwarf, und die je nach dem Standpunkt dessen, der zu ihr Stellung bezogen hat, eindeutig aber auch sehr kontrovers beantwortet wurde, ist: Hat *der Mensch* (nicht: hatte der operierende einzelne Arzt bzw. das Ärzte- und Forscherteam) prinzipiell gesehen überhaupt ein Recht (bzw. das Recht) zu einem derartigen Eingriff?

Folgende Antworten sind möglich und sind auch gegeben worden:

1) Das Recht des Menschen (oder eines einzelnen Menschen), das menschliche Recht auf Leben vor allem, ist derart, daß hinter es jedes andere Recht und jedes Recht eines anderen Wesens an Rang zurückzutreten hat.

2) Es ist grundsätzlich nicht statthaft, gezielt einem Tier, zumal einem Exemplar einer höher stehenden Tiergattung, das Leben zu nehmen, um dadurch einem Menschenkind das Leben zu retten. Denn: Jedes Leben ist jedem anderen Leben an Rang gleich. Vor allem: Tiere dürfen nicht als „Ersatzteillager" für Menschen angesehen werden.
3) Es ist grundsätzlich nicht statthaft, Organe von Lebewesen verschiedener biologischer Gattungen zu mischen, mag es auch – was freilich seinerseits in der Tat bestritten werden kann und lange Zeit durchaus kontrovers diskutiert worden ist (vgl. u. a. Ruff 1971, S. 153 ff.) – unbedenklich sein, innerhalb einer Gattung, etwa der menschlichen, eine Organtransplantation vorzunehmen.

Wenn auch die beiden zuletzt genannten Stellungnahmen zu dem gleichen, nämlich negativen Ergebnis führen, so ist doch die in beiden Fällen zugrundeliegende Argumentation eine andere, und sie wird in anderen Zusammenhängen dann möglicherweise auch zu ganz anderen Ergebnissen führen. Uns stellt sich die Frage: Welches sind die die verschiedenen Antworten auf die Rechtsfrage „Darf der Mensch solches tun?" jeweils legitimierenden Prinzipien oder „Philosophien"?

2 Das Spezifische der philosophischen Fragestellung in bezug auf die Ökologie

Um welche Fragen also geht es, wenn über Philosophie und Ökologie reflektiert wird?

Es geht nicht, so wichtig diese Fragen auch sind, um möglichst effiziente Techniken des Natur- und Umweltschutzes; es geht nicht um empirische und konstatierende Aussagen, also nicht um ökologische Gesetze des Funktionierens biologischen Lebens in einer gesunden Umwelt, auch nicht, so wichtig diese Fragen auch sind, um die empirische Erforschung der noch zur Verfügung stehenden Mengen fossiler und nuklearer Energien und auch nicht um einen Beitrag zu den an sich höchst wichtigen Prognoseversuchen darüber, wie lange die Menschheit mit den vorhandenen Energiereserven auskommen wird. (Solche Prognosen können natürlich stets nur in Abhängigkeit von dem je verschieden angesetzten und politisch gewollten Wirtschaftswachstum gemacht werden.) – Es geht bei einer philosophisch zu nennenden Reflexion auch nicht um politisch-strategische Fragen, etwa um die, wie man unter Einsatz journalistischer, pädagogischer oder anderer Mittel ein effektives Umweltbewußtsein unter der Bürgerschaft und den mit der Wahrnehmung und Realisierung politischer Entscheidungen Beauftragten erzeugen kann, und vor allem auch nicht darum, wie eine bestimmte politische Partei oder die politischen Parteien überhaupt sich in Umweltdingen verhalten sollen. Es geht in einer ökologisch-philosophischen Reflexion also nicht, jedenfalls nicht zentral, um Umweltpolitik und auch nicht um Umweltbewußtsein. Thema einer im wahren und anspruchsvollen philosophischen Sinne betriebenen, nämlich prinzipiellen Umweltethik sind auch nicht einzelne kasuistische Handlungsanweisungen, sondern die Klärung und Rechtfertigung der allgemeinen Prinzipien eines richtigen und sinnvollen Verhältnisses von Mensch und Natur, die, wenn sie festgestellt sind, sich dann sehr wohl in konkreten Handlungen, rechtlichen

Vorschriften und institutionellen Programmen und Organisationsformen auswirken werden. Es geht um die Stellung des Menschen in der Welt. Diese Frage ist hier jedoch nicht im Schelerschen und Gehlenschen anthropologischen Sinne einer letztlich doch biologisch orientierten Verortung des Menschen im empirischen Kosmos gemeint. Es geht um die *Rechtsstellung* des Menschen in der Welt und die sich daraus ergebenden Pflichten des Menschen gegenüber der Welt, insofern diese ihm konkret als Natur oder als der „grüne Planet" Erde begegnet. Und es geht, korrelativ zum Recht des Menschen und konkreter zu den Pflichten des Menschen gegenüber der Natur, um die Existenz eines eventuellen Rechtes der Natur, das diese dem Menschen gegenüber einfordern und von ihm einklagen könnte [1].

Gehen wir von diesen sehr grundsätzlichen Formulierungen zu konkreteren über: Warum eigentlich ist die Natur zu schützen: um des Menschen willen oder um ihrer selbst willen? Hat die Natur Rechte? Hat ein Baum Rechte, etwa darauf, nicht gefällt zu werden? Vor welchem Gerichtshof kann er diese Rechte geltend machen? Haben Tiere Rechte? Ist das Recht eines einzelnen Tieres, nicht gequält und nicht getötet zu werden, von der gleichen Art wie das Recht des Menschen auf die Bewahrung seiner körperlichen Integrität und seines Lebens? Gibt es, so wie es Menschenrechte gibt, „Naturrechte"? Gibt es einen Rechtsanspruch einer ganzen Gattung (sei es von Tieren oder Planzen) darauf, vor dem Aussterben bewahrt zu

---

[1] Grundsätzlich sind angesichts der (vieldimensionalen) Umweltproblematik die folgenden – nach ihrem theoretischen Status teils zum normativen, teils zum technischen, teils zum empirisch-kognitiven Typ gehörenden – Untersuchungen möglich:
A. Umweltphilosophie als Explikation der philosophischen Grundfrage „Was ist der Mensch und welches ist seine Rechtsstellung in der Welt?" (Frage nach der Natur und den Gründen einer eventuellen Sonderstellung des Menschen unter den Lebewesen der Welt)
B. Umwelttheologie:
   a) Schöpfungstheologie
   b) Bibelexegese (Genesis, Römer 8,19ff.)
   c) Theologische Ethik
C. Philosophische Umweltethik als Konsequenz aus der Bestimmung des Wesens und der Rechtsstellung des Menschen:
   a) Aufstellung und Formulierung von Handlungsnormen und Imperativen, etwa: „Handle und lebe so, daß die Folgen deines Handelns die Fülle des Lebens nicht beeinträchtigen."
   b) Begründung dieser Norm und eventuelle Rückführung auf eine oberste ökologische Norm und darüber hinaus auf die Grundnorm(en) einer allgemeinen Ethik
   c) *moral suasion* und Paränetik: Argumentative Durchsetzung und Verbreitung der als richtig erkannten und anerkannten ökologisch-ethischen Handlungsnormen (im Sinne der Kantschen *quaestio executionis*: Vorausgesetzt, ich weiß, was das Richtige ist; was motiviert mich dann dazu, es auch wirklich zu tun?). Reflexion über die (wahrscheinlichen) Grenzen der Wirksamkeit theoretisch-ethischer Überlegungen und die Notwendigkeit von juristischen und ökonomischen Regelungen („Umweltethik ist eine notwendige, aber keine hinreichende Bedingung für richtiges Handeln.")
D. Umweltpädagogik und -psychologie als Formen angewandter Umweltethik: Techniken einer öffentlichen Bewußtseinsänderung
E. Empirsch-statistische Erhebungen des Umweltbewußtseins und der ethischen Grundeinstellung der Öffentlichkeit – (Fortsetzung s. Seite 42)

werden? Gilt dieses Recht schlechthin oder ist es ein limitiertes Recht, das also einer Güterabwertung mit menschlichen Interessen auf Gesundheit und Sicherung der Nahrung oder eines bestimmten Beschäftigungsstandes unterworfen ist? Ist das Recht eines einzelnen Tieres auf Leben vom gleichen Rang wie das entsprechende Recht des Menschen? Wie können solche Rechte, wenn es sie gibt, rational und überzeugend und mit dem Anspruch auf Allgemeinverbindlichkeit begründet, also nicht bloß lyrisch und emotional oder bloß postulatorisch behauptet werden? Umgekehrt: Wenn wir für die Natur verantwortlich sind, vor wem gilt diese Verantwortung? Vor einem Gott als Schöpfer dieser Natur, vor der Natur selbst oder vor den Menschen? Wenn vor den Menschen, vor welchen Menschen? Vor uns, den jetzt lebenden Menschen oder vor späteren Generationen? Wenn es das vielleicht sogar in Umweltgesetzen juristisch festgelegte und vielleicht einem bestimmten Betrieb verbindlich auferlegte Verbot gibt, Abwässer einer bestimmten Sorte in einen Fluß zu leiten, hat dann dieser Fluß reziprok zu einer solchen menschlichen Pflicht seinerseits ein Recht auf Reinerhaltung? Wenn es solche Rechte gibt, in welchem Sinne sind sie Rechte? Können Umweltrechte in gleicher Weise wie die Menschenrechte auf körperliche Integrität und Gewissensfreiheit in einen Grundwertekatalog aufgenommen werden?

3 Das Problem einer Sonderstellung des Menschen in der natürlichen Welt

Um aufs Allgemeinere und Grundsätzlichere überzugehen: Die zentrale Frage der Philosophie als des Versuchs einer Selbstidentifikation des Menschen (vgl. Kolakowski 1973, S. 1093) in der Bestimmung seiner Stellung in der Welt lautet –

Fortsetzung Fußnote 1

F. Umwelt(schutz)politik, staatliches Verwaltungshandeln, Umweltrecht (etwa Emissionsschutzgesetze): Einsatz von Instrumenten des staatlichen Handelns (Umweltauflagen, -abgaben, -zertifikate; eventuelle Änderung von Eigentumsrechten i. S. einer Begründung von Schadensersatzansprüchen gegenüber Verursachern von Umweltschäden; Versicherungsgesetze; Anreize für die Entwicklung einer möglichst umweltfreundlichen Technologie)

G. Erhebung der realen Situation der Biosphäre und der Energie- und Rohstoffressourcen (Vermehrung der Daten und Faktenkenntnis)

H. Entwicklung a) des biologischen, b) des technischen Fachwissens: Kenntnisse biologischer Abläufe und Zusammenhänge sowie der Wirkungen und Beeinflussungsmechanismen zur Verringerung der Gefährdungspotentiale technischer Innovationen

I. Umweltökonomie: Kenntnis ökonomischer Funktionsbedingungen mit dem Zweck des Einsatzes von Marktmechanismen zur Steuerung eines effizienten umweltfreundlichen technisch-wirtschaftlichen Handelns (aus der Einsicht heraus, daß zur Bewältigung des vieldimensionalen Umweltproblems die Umweltethik, -paränetik, -pädagogik und vielleicht auch die Umweltschutzpolitik nicht ausreichen; Vermeidung von sog. negativen externen Effekten einzelwirtschaftlicher Entscheidungen zu Lasten der Umwelt durch gezielten Einsatz von marktwirtschaftlichen Mechanismen; ökonomisch-theoretischer Grund: aus dem einstmals freien Gut der Umweltnutzung ist inzwischen ein knappes Gut geworden.)

und die Beantwortung dieser Frage hat dann erhebliche Konsequenzen für eine ökologische Ethik –: Gibt es in einem prinzipiellen und nicht nur biologisch-lebenstechnischen Sinne eine Sonderstellung des Menschen in der natürlichen Welt? Wenn es eine solche gibt, in welchem Sinne ist sie zu denken und zu begründen und in welchem nicht? Ist eine solche Feststellung ihrem Status nach als eine biologische oder als eine metaphysische oder schöpfungstheologische zu erheben? Oder ist der Mensch, nach Lec nur eine *persona non grata* in der Welt, und macht das seine Besonderheit aus? Ist er die Krone der Schöpfung, oder, wiederum nach Lec, ist er vielleicht die Dornenkrone der Schöpfung? Oder hat Grotius mit seiner Feststellung recht, daß der Mensch ein Tier höherer Gattung sei, welches sich von den anderen Tieren dadurch unterscheidet, daß *er sich* von ihnen unterscheidet? Ist Lichtenbergs Bonmot nur ein Bonmot oder über den Witz hinaus eine Wahrheit, ich meine seine Sentenz: „Daß der Mensch das edelste Geschöpf sei, läßt sich auch schon daraus abnehmen, daß ihm darin bisher noch kein anderes Geschöpf widersprochen hat"? Mark Twain jedenfalls muß man wohl zustimmen: „Der Mensch ist das einzige Tier, das erröten kann – oder muß" (u. a., wie ich hinzufügen möchte: vor sich selbst!) Ohne Bedenken zustimmen wird man auch Hazlitts (1778–1830) Feststellung: „Der Mensch ist das einzige Tier, das lacht und weint, denn er ist das einzige Tier, das betroffen wird von dem, wie die Dinge sind, und von dem, wie sie sein sollten". Denn weil er ein solches einzigartiges „Tier" ist und aus keinem anderen Grunde, betreibt er ja schließlich Ökologie!

4 Mögliche Deutungen des Verhältnisses von Mensch und Natur

Folgende Grundformen des Verhältnisses von Mensch und Natur sind, aufs Grundsätzliche gebracht, möglich und werden auch als mehr oder weniger ausgearbeitete „Philosophien" vertreten:

Erstens: Der Mensch ist ein Unglücksfall der Naturgeschichte oder, mit dem bekannten Buchtitel von Löbsack (1974): Der Mensch ist ein Fehlschlag der *Natur*. Eine solche Annahme hätte zur Folge, daß es nicht zu bedauern, ja nach der Meinung mancher konsequenter „Naturfreunde" sogar wünschenswert wäre, wenn der Mensch wieder aus der Natur verschwände. In einer Diskussion über diese Fragen ist mir gegenüber eine solche Feststellung in der Tat schon einmal geäußert worden. Ich vermag in ihr freilich nur eine zynische Paradoxie zu sehen; denn erstens: Was nach dem Verschwinden der Gattung *homo sapiens sapiens* zurückbliebe, wäre doch wohl auch keine „natürliche Natur", und zweitens: Eine solche Feststellung kann nicht mit wirklicher Ernsthaftigkeit gemeint sein, da sie als Handlungsanweisung folgenlos bliebe. Mag der Einzelne, der solches äußert, es auch auf sich selbst in praxi anwenden, es dürfte ihm kaum gelingen, die ganze übrige Menschheit von der Richtigkeit dieses Programms zu überzeugen, denn das hieße, die Menschheit in ihrer Gesamtheit zum Selbstmord zu überreden. Eine solche Auffassung also ist in der Realität ohne Folgen, sie ist allenfalls unglückserzeugend: Sie produziert schlechtes Gewissen. Schlechtes Gewissen aber ist kein Ratgeber zu sinnvollen Handlungsanweisungen.

Die *zweite* denkbare und bisweilen auch wirklich vertretene Grundannahme lautet: Nicht nur verhält sich die Natur dem Menschen gegenüber gleichgültig, die

Natur ist auch an sich und schlechterdings gleichgültig für den Menschen. Sie – d. h. der Planet Erde – ist nicht der natürliche und notwendige Ort des Menschen. Eine Folge dieser Überzeugung könnte sein, daß die Menschheit sich daran macht, diese Erde zu verlassen, um auf einen anderen Planeten oder einen vom Menschen selbst konstruierten künstlichen Weltkörper auszuwandern. Nach entsprechenden Informationen ist es jedenfalls bereits heute, wenn auch unter freilich immensen Kosten, technisch möglich, ein Raumschiff für etwa 10000 Menschen zu bauen. Wenn sich die Menschheit allerdings entschließen sollte, den Planet Erde zu verlassen, so stellt sich ihr die Frage, in welchem Zustand sie ihn dann zurücklassen soll. Soll der Mensch aus dem Respekt vor einer integren natürlichen Natur allen Unrat, aber auch alle kulturellen Produkte wie etwa das Straßburger Münster mitnehmen? In diesem Falle, sofern der Mensch aus Respekt vor der Natur handelt, wäre sie ihm freilich doch nicht absolut gleichgültig, denn die notwendige Konsequenz einer konsequenten Gleichgültigkeitsannahme würde sein: Der Mensch könnte und dürfte unter der Voraussetzung einer wirklichen gegenseitigen Gleichgültigkeit von Mensch und Natur die Welt durchaus als Mülldhalde zurücklassen. Birnbacher (1980, S. 132) hat, unter einer etwas anderen Voraussetzung freilich, in der Tat behauptet: „Wüßten wir mit Gewißheit, daß der Planet Erde vom Jahre 2000 bis in alle Ewigkeit für Menschen unbewohnbar wäre, gäbe es keinerlei ethischen oder ästhetischen Grund, warum wir die Welt nicht als Mülldhalde hinterlassen sollten."

Die *dritte* Konzeption läuft auf den Gedanken einer Gleichrangigkeit von Mensch und Natur hinaus: Sie muß den Menschen nicht als einen Unglücksfall der Naturgeschichte ansehen und braucht folglich auch keine Höherwertigkeit der Natur gegenüber dem Menschen zu postulieren. Sie zielt auf den Gedanken einer „Kooperation" oder einer „partnerschaftlichen Beziehung zwischen Mensch und Natur". Liedke (1972) hat in diesem Sinne seine „theologisch-philosophischen Überlegungen zum Problem des Umweltschutzes" mit dem Titel „Von der Ausbeutung zur *Kooperation*" überschrieben, und Sachsse (1976) hat seine „Überlegungen zu einer nachkartesianischen Naturphilosophie und ökologischen Ethik" unter den programmatischen Titel gestellt „Der Mensch als *Partner* der Natur".

Eine *vierte* Vorstellung impliziert den Gedanken einer absoluten Dominanz des Menschen über die Natur. Diese Vorstellung, nämlich die, daß der Mensch *maître et possesseur*, Herr und Besitzer der Natur ohne jede Rechtsbeschränkung sei, ist genau die Vorstellung, welche seit Bacon und Descartes die Grundvoraussetzung, das, wie man heute sagt, „Paradigma" des neuzeitlichen Denkens gewesen ist, und die, wie viele vermuten, schuld an der Misere ist, die uns heute dazu zwingt, angesichts der konkreten Folgen einer solchen Einstellung konsequent ökologisch zu denken und zu handeln. Mit voller Überzeugung habe ich an dieser Stelle die Namen der Philosophen Bacon und Descartes genannt und mit ihnen, wobei es natürlich nicht um diese Personen sondern um ein Programm geht, den Beginn dessen angesetzt, wogegen heutiges ökologisches Denken sich kritisch zu richten pflegt. Freilich: Wer der Natur das Ihre geben will, sollte auch die intellektuelle Redlichkeit besitzen, in diesen Dingen die fälligen Differenzierungsleistungen des historischen Bewußtseins zu erbringen.

5 Exkurs: Sind Bacon und Descartes schuld an der gegenwärtigen ökologischen Misere?

Bacons für unseren Zusammenhang zentrale programmatische Aussage lautete: „Wir müssen die Natur auf die Folterbank spannen, um ihr die uns interessierenden Geheimnisse zu entlocken." Wir Heutigen hören solches mit Schaudern, doch seien wir vorsichtig: Das war nicht als technologisches Naturausbeutungsverhältnis gemeint, und ein solches muß nicht mit zwingender, aber kurzgeschlossener Notwendigkeit aus jenem erkenntnistheoretischen Satz abgeleitet werden. Denn, und das festzuhalten ist von einiger Wichtigkeit: Dieses Programm steht in einer Logik oder, wie wir heute sagen würden, in einer Wissenschaftstheorie. Der Titel dieser Schrift, „Novum Organon", macht deutlich, daß es sich um eine neue, und wie man leicht sieht, gegen das aristotelische Organon und deren auf einem bestimmten anderen Naturverständnis beruhenden Forschungsprogramm gerichtete Wissenschaftstheorie handelt. Wenn Kant in der Vorrede zur zweiten Auflage der „Kritik der reinen Vernunft" (B XIII) das Verfahren der neuzeitlichen Wissenschaft in der Weise beschreibt, daß diese zur Natur sich nicht so verhalte wie ein Schüler zum Lehrer, der von diesem nur das zu hören bekomme, was dieser ihm mitteilen wolle, sondern wie ein Untersuchungsrichter, der mit dem Gesetz in der einen und mit dem Experiment in der anderen Hand die Natur zwinge, ihm eben die Fragen zu beantworten, die er ihr stellt, so gilt das gleiche. Mag in der Metaphorik hier bei Kant (1781) auch von der Figur eines Inquisitionsrichters bei Bacon (1620) zu der eines an Gesetze gebundenen, in einem modernen rechtsstaatlichen Verfahren operierenden Richters übergegangen worden sein, die Gegenposition, gegen welche ein solches Programm formuliert wurde, ist deutlich: Es ist wiederum das ein Respektverhältnis gegenüber der Natur implizierende Wissenschaftsverständnis griechisch-aristotelischer Art. Der Grund dafür, daß ich auf diese Differenz ein wenig insistierend hinweise, ist, noch einmal, die Verantwortung des historischen Bewußtseins: Es geht nicht an, wie es häufig geschieht, undifferenzierte Schuldzuweisungen an das frühneuzeitliche Denken oder gar an die Totalität einer als einheitlich hypostasierten sog. christlich-abendländischen philosophischen und wissenschaftlichen Tradition zu vollziehen.

6 Ist der Mensch Besitzer oder Verwalter der Natur? Über metaphorisches Reden

Kehren wir zurück zur Vergegenwärtigung der möglichen Grundformen des Verhältnisses von Mensch und Natur, also zu den möglichen Orientierungssystemen letzter Instanz, die ihrerseits je verschiedene Praxisformen dirigieren.

Wenn man – wozu ich mich bekenne – im philosophischen und metaphysischen Sinne eine Sonderstellung des Menschen in der Welt annimmt und also nicht von einer Gleichrangigkeit von Mensch und Natur und auch nicht von einer rangmäßigen Subordination des Menschen unter die Natur ausgeht, so muß sich diese Annahme durchaus nicht mit zwingender Notwendigkeit in der Statuierung eines despotischen Dominanz-, Besitzer- und Ausbeutungsverhältnisses auswirken.

Es ist nämlich eine *fünfte* Möglichkeit zu denken: das vielleicht utopische Ideal eines Verhältnisses, das sich selbst in der Gestalt einer Hegung und Pflege, einer Kultur der Natur bestimmt: Der Mensch wäre zu denken als ein Hirte und als ein Gärtner in einer Natur, die, in der zu einer solchen Definition korrelativ zugehörigen Bestimmung, dann in ihrer Gesamtheit ein „Garten des Menschlichen" wäre. Wie sich ein so gedachtes Verhältnis dann in konkreten umweltschützenden Maßnahmen, in einer bestimmten Weise des Düngens etwa oder des Erntens oder des krankheitserregerbekämpfenden Verhaltens auswirken wird, ist eine andere, weiterführende Frage. Aber daß es sich auswirken wird, das steht außer Zweifel. Aristokrat, Hirte, Gärtner, Partner oder aber Herr, Besitzer und Ausbeuter ohne Rechts- und Nutzungsbeschränkung darf man so reden? Man darf nicht nur, man muß so reden, denn man kann nicht anders. Die Sprache der Metaphysik – und Metaphysik treiben wir hier – kann keine andere denn eine metaphorische Sprache sein. Eine solche Sprache muß freilich mit Diskretion und Behutsamkeit verwendet und interpretiert werden, eben als der Entwurf von umfassenden Bildern. Auf solche ist der Mensch angewiesen, wenn es sich um die Bestimmung seines Verhältnisses zu Totalitäten handelt, die er denken kann und muß, die ihm aber nicht in objektivierbarer Gegenüberstellung gegeben sein können. Er kann hier immer nur bestimmte innerweltlich vertraute Verhältnisse und Verhaltensweisen zum Modell und Muster nehmen.

Das mag auch für die Deutung gelten, welche die biblischen Schöpfungsberichte für die von ihr gemeinte Art des Innestehens des Menschen in der Welt entwerfen. Diese Texte aus der Genesis, dem 1. Buch Moses, lassen sich zu einem guten Teil so lesen, daß trotz der dominierenden Stellung innerhalb der Schöpfung, die dem Menschen kraft seiner Gottesebenbildlichkeit zukommt (Birnbacher 1980, S. 109f.), die übrige Schöpfung, insbesondere das Tierreich, nicht ausschließlich zum Gebrauch des Menschen geschaffen ist. Nach diesem Verständnis hat in einem gewissen Maß auch die nichtmenschliche Natur eigenständigen Wert, und das *Dominium terrae* impliziert eine Hinordnung der außermenschlichen Schöpfung auf den Menschen nur in dem Sinne, daß die Erschaffung der Pflanzen und Tiere der Erschaffung des Menschen den Boden bereiten, sich die Schöpfung im Menschen vollendet, nicht aber in dem Sinne, daß der zuletzt geschaffende Mensch bedingungslos und ohne Einschränkung über alles übrige verfügen darf. Die Schöpfungsberichte entwerfen das Bild einer Natur, die an sich einen gewissen Wert verkörpert und die der Mensch auch deshalb zu bewahren hat, weil sie an sich bewahrenswert ist. Wenn es heißt, daß „Gott sah, daß alles, was er gemacht hatte, sehr gut war" (Genesis 1,31), so beschreibt das Prädikat „gut" nicht nur das instrumentale Gutsein der Natur als Ressource. Wenn der Mensch für die Natur Verantwortung zu übernehmen hat, dann nicht nur, weil es in seinem Selbsterhaltungsinteresse liegt, seine Lebensgrundlagen zu schonen, sondern weil er Sorge zu tragen hat für die Kreatur, die ihm zu treuen Händen übergeben ist. Das hier gedachte Modell ist das einer kommissarischen Geschäftsführung durch einen in der Abwesenheit des Hausherrn, welcher der eigentliche Besitzer ist, in dessen Stellvertretung wahrgenommenen Verwaltung.

Als bloße Ressource kommt allenfalls die nichtfühlende und nichtbelebte Natur in Betracht: das Pflanzenreich und die anorganische Materie, wobei als Nutznießer dieser Ressourcen nicht nur die Menschen, sondern ebenso die höheren Tiere gesehen werden. Eine höchst beachtenswerte Sonderstellung der Tiere ergibt sich auch daraus, daß nach Genesis 6,9f. immerhin die Tiere (nicht aber die Pflanzen und die übrige subhumane Natur) in den Bund Gottes mit Noah – also in den Zusammenhang von Heilsgeschichte – aufgenommen werden. Im Kontext solcher Überlegungen pflegen die Theologen, auf die Römerbriefstelle 8,19ff. vom Harren und Seufzen der Kreatur auf die Erlösung durch die Kinder Gottes hinzuweisen. Zu einer solchen Verhältnisbestimmung bemerkt Birnbacher (1980, S. 111), daß ein derartiges als Bebauen und Bewahren verstandenes *Dominium terrae* zu den Bestandteilen der christlich-abendländischen Tradition gehört, die in der gegenwärtigen Suche nach Regulativen für das menschliche Handeln gegenüber der Natur theoretisch rekonstruiert und praktisch reaktiviert werden sollten.

In der Tradition einer vergleichbaren politischen Metaphorik stehen auch die bekannten Aussagen des Vizepräsidenten der amerikanischen Conservation Foundation Sir Frank Fraser-Darling zu Beginn seiner Abhandlung über „Die Verantwortung des Menschen für seine Umwelt" (1980, S. 9): „Der Mensch ist, biologisch gesehen Aristokrat. Er herrscht über die Tiere, die Pflanzen und selbst über die Landschaft seines Planeten. Der Mensch ist privilegiert. Ökologisch betrachtet steht der Mensch an der Spitze von Nahrungsketten und -pyramiden. Der Mensch ist Herr im Haus des Lebendigen und jede Überlegenheit bedeutet ein Privileg." Das aristokratische Ideal ist allerdings als solches nicht nur eine biologische und ökologische Tatsache, sondern – auch das betont Fraser-Darling – ein durchaus *normativ* zu verstehendes Konzept des menschlichen Geistes, „und zwar ein sehr altes und sehr schönes und ein potentieller ökologischer Faktor von großer Bedeutung in der Welt" (1980, S. 9). Fraser-Darling leitet daraus die Schlußfolgerung ab: „Als das beherrschende Säugetier auf der Erdoberfläche ... haben wir die Pflicht, der niedrigeren Kreatur zu dienen, unsere Welt sauber zu halten und der Nachwelt ein Zeugnis zu hinterlassen, dessen wir uns nicht zu schämen brauchen" (1980, S. 19).

Kehren wir nach diesem teils geschichtlich teils methodologisch motivierten, aber aktuell gemeinten Exkurs zurück zu allgemeineren Reflexionen.

7 Über klugheits- und moralgeleitete Gründe ökologischer Verpflichtung

Dafür, daß dem Menschen in der physischen Natur eine Sonderstellung zukommt, gibt es ein schlagendes und nur trivial erscheinendes Argument. Ich hatte die Sentenz von Hazlitt zitiert: „Der Mensch ist das einzige Tier, das lacht und weint, denn er ist das einzige Tier, das betroffen wird von dem, wie die Dinge sind, und von dem, wie sie sein sollten". Der Mensch also ist das einzige „Tier", das Ökologie betreiben *kann* und auch *muß*, weil er kraft der ihm eigenen Möglichkeiten der Natur solches überhaupt hat antun *können*, und das sich, eben weil er ein moralisches Wesen ist, selbst vor die Situation und Verpflichtung stellen kann und soll, sein Verhalten schließlich – das aber heißt: heute und sofort – zu ändern.

Welches aber sind die moralischen Gründe für dieses Müssen? Es sind überlebensnotwendige Gründe, aber auch moralische. Die erste der genannten Sorten von Gründen, die überlebensnotwendigen, sind solche der Klugheit: In ihnen geht es letztlich um ein wohlkalkulierbares Interesse der gegenwärtigen Menschheit. Es wäre schon viel gewonnen, wenn solchen Überlegungen bei allen technischen Planungen, bei Besiedlungs-, Erschließungs- und Wirtschaftsansiedlungsaktionen genügend Raum gegeben würde. Aber reichen sie letztlich aus? Bedarf es, wie ich unterstellt habe, neben derartigen Klugheitsgründen noch zusätzlich solcher, die man in einem präzisen Sinn *moralische* Gründe nennen dürfte? Solche Gründe könnten zum einen die Berücksichtigung der Interessen zukünftiger Generationen bei der Definition des auf lange Sicht Wünschenswerten sein. Und auch hier ist zu sagen, daß die Berücksichtigung solcher Überlegungen uns einen entscheidenden Schritt weiterbringen würde.

Es gibt nun Vertreter des ökologischen Gedankens, denen auch diese altruistisch-moralischen, aber letztlich doch auf den Menschen zielenden Maximen nicht ausreichen, die mehr wollen. Und so fragen wir, zugegebenermaßen ein wenig zugespitzt: Hätten wir auch dann eine „Verantwortung für die Natur" zu übernehmen, wenn diese weder in der Gegenwart noch in der Zukunft in einem Zusammenhang mit menschlichem Leben und Erleben, mit der Möglichkeit menschlichen Glücks und menschlichen Leidens stünde? (Birnbacher 1980, S. 105) Diese Frage zielt wohlgemerkt nicht darauf, ob wir *überhaupt* verpflichtet sind, unsere natürliche Umwelt zu erhalten, Umweltschäden zu beseitigen, das ökologische Gleichgewicht zu wahren und die menschlichen Lebensgrundlagen langfristig zu erhalten – all dies erscheint mir so unzweifelhaft, daß es keiner langen Diskussion bedarf, auch wenn das genaue Ausmaß dieser Verpflichtung nicht leicht anzugeben sein dürfte. Sie geht vielmehr darauf, ob diese Verpflichtung als eine unmittelbare, primäre Pflicht oder lediglich als eine abgeleitete, sekundäre Pflicht besteht. Klugheitsgründe und Vorsorge für die künftigen Generationen mögen bereits zwingend genug sein, uns und andere zu einem die Umwelt schonenden, die Natur schützenden und die Biosphäre bewahrenden Verhalten zu verpflichten. Was, eben weil es von einigen bestritten wird, hier gefragt werden muß, ist, ob dieser Art von letztlich doch immer noch „anthropozentrischen" Beweggründen nicht noch Verpflichtungsgründe anderer Art hinzuzufügen wären, welche die Verantwortung für die Natur, die auf Grund der „anthropozentrischen" Kriterien und Interessen erfordert ist, erweitern oder verschärfen. Warum also, um wiederum sehr konkret zu werden, soll bzw. darf man Tiere nicht quälen?

8 Warum darf man Tiere nicht quälen?

In der Generation unserer Eltern wurde die Maxime weitergegeben: „Quäle nie ein Tier zum Scherz, denn es fühlt wie du den Schmerz". In diesem Grundsatz wurde eine Norm weitergegeben und zugleich ein Grund für sie genannt. Die neuzeitlich idealistische Moralphilosophie hat bezüglich der Gründe (wenn auch nicht der präskribierten Norm) anders argumentiert. Als repräsentativ kann KANTs moralphilosophische Theorie des Umgangs mit der Natur gelten. Ich zitiere die bekannten Überlegungen (Kant 1954)[2]:

---

[2] Kant (1954) Metaphysik der Sitten. Tugendlehre. Phil. Bibliothek Meiner Bd. 42. Hamburg, S. 296.

> In Ansehung des Schönen, obgleich Leblosen in der Natur ist ein Hang zum bloßen Zerstören der Pflicht des Menschen gegen sich selbst zuwider: weil es dasjenige Gefühl im Menschen schwächt oder vertilgt, was zwar nicht für sich allein schon moralisch ist, aber doch eine der Moral günstigen Stimmung der Sinnlichkeit sehr befördert, wenigstens dazu vorbereitet, nämlich die Lust, etwa auch ohne Absicht auf Nutzen zu lieben, und z. B. an den schönen Kristallisationen, an der unbeschreiblichen Schönheit des Gewächsreichs ein uninteressiertes Wohlgefallen zu finden. In Ansehung des lebenden, obgleich vernunftlosen Teils der Geschöpfe ist die Pflicht der Enthaltung von gewaltsamer und zugleich grausamer Behandlung der Tiere der Pflicht des Menschen gegen sich selbst weit innniglicher entgegengesetzt, weil dadurch das Mitgefühl an ihrem Leiden im Menschen abgestumpft und dadurch eine der Moralität im Verhältnisse zu anderen Menschen sehr diensame natürliche Anlage geschwächt und nach und nach mehr ausgetilgt wird ... Selbst Dankbarkeit für lang geleistete Dienste eines alten Pferdes oder Hundes (gleich als ob sie Hausgenossen wären) gehört indirekt zur Pflicht des Menschen, nämlich in Ansehung der Tiere, direkt betrachtet aber ist sie immer nur Pflicht des Menschen gegen sich selbst."

Halten wir fest: Kant unterscheidet sehr wohl das Verhältnis des Menschen zur leblosen und pflanzlichen Natur einerseits von dem zu den animalischen Wesen andererseits, aber die bezüglich beider geltenden Pflichten werden, das ist deutlich und macht gerade die argumentative Absicht dieser Überlegungen aus, letztlich zurückgeführt auf die Pflicht des Menschen gegen sich selbst. Würde man das, was Pflicht des Menschen gegen sich oder andere Menschen ist, als Pflicht gegen andere Wesen verstehen, so würde man sich, wie Kant in der Schulsprache seiner Zeit formuliert, einer Amphibolie der moralischen Reflexionsbegriffe schuldig machen; man würde Pflichten *in Ansehung* der Tiere verwechseln mit Pflichten *gegenüber* den Tieren und gegen sich selbst. Dasselbe anders ausgedrückt: Der Mensch ist nicht *für* die Natur verantwortlich, sondern er trägt nur Verantwortung für sich und andere Menschen *in Ansehung* der Natur.

Die Philosophie der Tierschutzbewegungen, der wir es verdanken, daß mittlerweile in der ganzen Welt einklagbare Schutzgesetze für Tiere erlassen worden sind, argumentiert anders, sie tritt auf die Seite der von mir bereits zitierten moralpädagogischen Sprichwortweisheit „Quäle nie ein Tier zum Scherz, denn es fühlt wie du den Schmerz". (Dahinter steht letztlich als noch grundlegenderes Moralprinzip die „Goldene Regel": „Was du nicht willst, daß man's dir tu', das füg' auch keinem anderen zu!") Deren Philosophie lautet: Tierquälerei zu unterlassen ist Pflicht, insofern die Natur leidensfähig ist, und diese Pflicht reicht eben so weit, wie die Leidensfähigkeit der Natur reicht. Anders als bei Kant ist hier also eine *direkte* Verpflichtung des Menschen gegenüber leidensfähigen Tieren angesetzt und nicht nur eine abgeleitete. Selbst wenn man diese Maxime als ein Ergebnis festhält, und das sollten wir tun, stellen sich freilich noch weitergehende Probleme. Ich kann sie hier nur nennen, ohne sie im einzelnen zu diskutieren.

1) Es müßte geklärt werden, welches Gewicht tierischem Leiden in der Abwägung der Folgen menschlichen Handelns zukommen soll oder, was auf dieselbe Frage hinausläuft, inwieweit es mit menschlichem Leiden vergleichbar ist.
2) Tierquälerei zu unterlassen ist Pflicht, insofern die Natur leidensfähig ist, und diese Pflicht reicht ebensoweit wie die Leidensfähigkeit der Natur reicht, lautet die Maxime der Tierschutzphilosophie. Wir müssen angesichts ihrer fragen:

Wieweit reicht die Leidensfähigkeit der Natur? Ist hier nur an Primaten zu denken? Oder auch an niedriger stehende animalische Lebewesen? Was ist von solchen Behauptungen zu halten, die auch Pflanzen erkennbare Reaktionen auf aggressives menschliches Verhalten zuschreiben?

3) Wie ist es mit dem Status der Pflichten der Menschen gegenüber Tieren bestellt? Sind dies im Sinne der klassischen Traditionen vollkommene oder unvollkommene Pflichten? Und schließlich, damit zusammenhängend:

4) Muß man, wenn man von Pflichten des Menschen gegenüber den Tieren spricht, diesen in Korrelation dazu auch ein Recht zusprechen, vor Leiden bewahrt zu werden? Diese Frage wird zur Zeit durchaus kontrovers diskutiert. Passmore (1980) beispielsweise bestreitet dies, während Feinberg (1980) den Tieren durchaus den Status von Subjekten von Rechten zusprechen will. Wir müssen dies hier offen lassen.

9 Was eigentlich spricht gegen Natursurrogate?

Bis hierher ist nur von der fühlenden außermenschlichen Natur und Kreatur die Rede gewesen. Können oder müssen wir aber auch dort von einer Verantwortung gegenüber der Natur in einem primären, unabgeleiteten Sinne sprechen, wo diese – soweit wir das sagen können – mit keinerlei Form von Bewußtsein begabt ist, also im materiellen, pflanzlichen und tierisch-vorbewußten Bereich? Haben die unbelebte Natur, ein Fluß, ein Wald Selbstzweckcharakter – das aber hieße in den Kategorien der europäischen Rechtskultur: Subjektcharakter – und vermögen sie daher an den Menschen so etwas wie irgendwie geartete Rechtsansprüche zu stellen? In freilich sehr abgeleiteter Form hängt damit zusammen das Problem: Was spricht gegen das Aufstellen von Plastikbäumen? Was also spricht, abstrakter formuliert, dafür, Natürliches *als es selbst* zu erhalten, schlechthin oder im menschlichen Erfahrungsbereich, statt sich irgendwelcher, vielleicht preisgünstiger und pflegeleichter Natursurrogate zu bedienen? Ich formuliere die Frage so nicht nur aus rhetorischer Absicht, sondern, wie man zu sagen pflegt, „aus gegebenem Anlaß". Der Harvardjurist Tribe (1980, S. 20) berichtet: Vor einigen Jahren hatte die Stadtverwaltung von Los Angeles beschlossen, „entlang dem Mittelstreifen einer Hauptverkehrsstraße über neunhundert Plastikbäume und Plastiksträucher in Pflanzkübeln aus Beton aufzustellen. Der Ausbau einer neuen Kanalisation hatte anscheinend nur noch 30 bis 50 cm Erde auf dem Mittelstreifen zurückbelassen, zu wenig, als daß natürliche Bäume dort gedeihen könnten. Die Verwaltung entschied sich für ein Experiment mit künstlichen Pflanzen aus fabrikgefertigten Blättern und Zweigen, die mit Draht an Leitungsrohren befestigt und in einem mit Kunststoff überzogenen Steingemisch „eingepflanzt" wurden." Uns schaudert, wenn wir solches hören; aber: schaudern ist noch kein Argument. Birnbacher hat so argumentiert (1980, S. 130ff.), wobei seine Überlegungen sich letztlich wiederum in den Kantschen Bahnen eines ästhetischen Verhältnisses zur Natur bewegen. „Wo immer der Mensch", so führt Birnbacher aus, „in eine ästhetische Beziehung zur Natur tritt, wo er die Natur als schön erlebt, ist die Natur durch einen spezifischen Zug von Autonomie, Selbständigkeit, wenn nicht gar Selbstgenügsamkeit gekennzeichnet. Schön erscheint uns Natur nur da, wo sie uns in ihrem Ansich-Sein entgegentritt, wo sie nicht unmittelbar funktional ist; oder, besser: nur in den Aspekten, in denen sie nicht unmittelbar funktional ist, vermag Natur schön zu sein". Dieses ästhetische Argument schließt freilich auch ein, daß wenn die Natur innerhalb der ästhetischen Relation als Subjekt erscheint, dieser Subjektcharakter doch bloßer Schein ist, daß die Natur nur so lange Subjekt ist, als sie vom Menschen unter ästhetischen (im Gegensatz etwa zu wissenschaftlichen oder lebensweltlichen Gesichtspunkten) wahrgenommen wird. So sehr die Natur innerhalb der ästhetischen Sichtweise als Subjekt, als Ansich erscheint, so ist dieser Selbstzweckcharakter objektiv doch bloßer Schein. Dieses „nur" ästhetische Argument erscheint mir zu weich; ich möchte ihm nicht widersprechen, aber ich möchte es ergänzend oder wenigstens nuancierend überbieten. Tribe (1980, S. 21) hat dem Plastikbaumfall noch einen anderen hinzugefügt: „Im Hyatt Regency Hotel in San Francisco wandeln die Gäste zwischen mehr als hundert natürlichen Bäumen, doch lauschen sie dabei aufgezeichnetem Vogelgezwitscher, das aus Lautsprechern kommt, die im Geäste der Bäume versteckt sind". Was spricht gegen künstliches Vogelgezwitscher bzw., da ja anzunehmen ist, daß es sich bei dem mittels Tonträgern konservierten Vogelgezwitscher um echte Aufnahmen von wirklich singenden Vögeln handelt, was also spricht gegen eine nur technisch vermittelte Natur, gegen eine Welt aus Natursurrogaten? Kant hat ein, wie mir scheint, schlagendes Argument dafür vorgebracht. „Was wird von Dichtern höher gepriesen als der bezaubernd schöne Schlag der Nachtigall in einsamen Gebüschen an einem stillen Sommerabende bei dem sanften Lichte des Mondes?", so fragt er im § 42 seiner „Kritik der Urteilskraft" (Kant 1954)[3]. „Indessen hat man Beispiele", so fährt Kant fort, „daß, wo kein solcher Sänger angetroffen wird, irgendein lustiger Wirt" – ähnlich wie in unserer Zeit die Manager des Hotels in San Francisco – „seine zum Genuß der Landluft bei ihm eingekehrten Gäste dadurch zu ihrer größten Zufriedenheit hintergangen hatte, daß er einen mutwilligen Burschen, welcher diesen Schlag ganz der Natur ähnlich nachzumachen wußte, in einem Gebüsch verbarg. Sobald man aber inne wird, daß es Betrug sei, so wird niemand es lange aushalten, diesem vorher für so reizend gehaltenen Gesange zuzuhören; und so ist es mit jedem anderen Singvogel beschaffen. Es muß Natur sein oder von uns dafür gehalten werden, damit wir an dem Schönen als einem solchen ein unmittelbares Interesse nehmen können", oder, derselbe Gedanke noch einmal: „Dieses Interesse, welches wir hier an Schönheit nehmen, bedarf durchaus, daß es Schönheit der Natur sei."

Ich meine, man muß das Argument stärker nehmen, als Kant selbst es genommen hat. Das Gewahrwerden, daß es sich in den beschriebenen Fällen um einen Betrug handelt, erzeugt nicht nur Langeweile: es „frustriert" den Menschen in einem viel tieferen Sinne. Ich möchte so interpretieren: Der Mensch bedarf, um als Mensch in der Welt menschlich existieren zu können, des Widerhalts an einem Seienden, das so ist, wie es ist, das substantiellen Charakter hat, das autonom ist und in sich selbst ruht und eine beinahe unerschöpfliche Fülle an Gestaltungen bietet.

Von solcher Beschaffenheit aber ist *Natur*! Gäbe es in der Welt keine Möglichkeit mehr, sie zu erfahren, so wäre eine solche Welt trostlos, ja heillos.

---

[3] Kant (1954) Kritik der Urteilskraft. Phil. Bibliothek Meiner Bd. 39. Hamburg, S. 154.

10 Zusammenfassung

Die Theorie (und Praxis) der Ökologie, d. h. des welt- und lebenschonenden und den Weltverbrauch minimierenden Verhaltens des Menschen, ist ein vieldimensionaler Komplex. Es lassen sich spezifisch konstatierend-kognitive (auf Feststellungen empirischer und theoretischer Art abzielende), spezifisch normative (das Handeln regulierende) und spezifisch technische (auf Verfahrensweisen bezogene) Fragestellungen unterscheiden. Die grundsätzlichste Frage ist die philosophische. Sie fragt nach der etwaigen Sonderstellung und der sich daraus ergebenden Rechtsstellung des Menschen unter und gegenüber den anderen natürlichen Wesen sowie danach, ob es reziprok zu den Verpflichtungen des Menschen gegenüber der Natur Rechtsforderungen der Natur, also einer Landschaft, eines Flusses oder einzelner Pflanzen und Tiere oder auch ganzer Pflanzen- und Tierarten an den Menschen gibt. Gefragt wird schließlich danach, warum der Mensch die Natur in einem tieferen als nur lebenstechnischen Sinne braucht, was also gegen eine Welt von Natursurrogaten, etwa von Plastikbäumen und künstlichem Vogelgezwitscher spricht.

Literatur

Birnbacher D (1980) Sind wir für die Natur verantwortlich? In: Birnbacher D (Hrsg) Ökologie und Ethik. Stuttgart, S 103–139
Feinberg J (1980) Die Rechte der Tiere und zukünftiger Generationen. In: Birnbacher D (Hrsg) Ökologie und Ethik. Stuttgart, S 140–179
Fraser-Darling F (1980) Die Verantwortung des Menschen für seine Umwelt. In: Birnbacher D (Hrsg) Ökologie und Ethik. Stuttgart, S 9–19
Kobbe B (1985) Wie der Versuch scheiterte, Baby Fae mit einem Affenherzen am Leben zu erhalten. In: Bild Wiss 2:101–105
Kolakowski L (1973) Killing handicapped babies – ein philosophisches Problem. In: Merkur 12:1093
Liedke G (1972) Von der Ausbeutung zur Kooperation. Theologisch-philosophische Überlegungen zum Problem des Umweltschutzes. In: von Weizsäcker E (Hrsg) Humanökologie und Umweltschutz. Stuttgart, S 36–65
Löbsack T (1974) Versuch und Irrtum – Der Mensch: Fehlschlag der Natur. Gütersloh
Passmore J (1980) Den Unrat beseitigen. Überlegungen zur ökologischen Mode. In: Birnbacher D (Hrsg) Ökologie und Ethik. Stuttgart, S 207–246
Ruff W (1971) Organverpflanzung. Ethische Probleme aus katholischer Sicht. München
Sachsse H (1976) Der Mensch als Partner der Natur. Überlegungen zu einer nachcartesianischen Naturphilosophie und ökologischen Ethik. In: Kaltenbrunner G-K (Hrsg) Überleben und Ethik. Die Notwendigkeit, bescheiden zu werden. Freiburg, S 27–54
Tribe LH (1980) Was spricht gegen Plastikbäume? In: Birnbacher D (Hrsg) Ökologie und Ethik. Stuttgart, S 20–71

Die ökologische Thematik in anthropologischer und ethischer Sicht

Martin Rock (Mainz)

1 Begriffliche Vorklärung

1.1 Ökologie = Erforschung des „Wohnhauses" Erde

Die etymologische Erhellung des Begriffes Ökologie lotet tiefer als die übliche naturwissenschaftliche Definition. Ökologie besagt „Logie" des Öko, d. h. die „Wesenserkundung" des „Hauses" Erde. In diesem laufen Beziehungen mannigfaltiger Art und komplizierter Struktur. Es geht um jenes Haus, in dem wir Menschen als irdische Lebewesen behausende Unterkunft und beherbergende Heimat finden. Ein Haus besteht aus mehr als aus einem einzigen Raum. Erst zusammen, in geschlossener Einheit, machen die verschiedenen Räume das aus, was man Haus nennt. In dem Moment, wo ein „Zimmer" Mängel aufweist und leidet, zieht dieser unheilvolle Zustand langsam aber sicher alle anderen „Zimmer" in Mitleidenschaft. Sämtliche Lebensräume sind miteinander verbunden, und zwar auf Gedeih und Verderb. Das Wohl (oder Unwohl) des (ganzen) Hauses hängt vom Wohl (oder Unwohl) jener Stockwerke und Einzelräume ab, die es zu einem einheitlichen Hauswesen aufbauen. In dieses Ganze ist der Mensch hineinverwoben. In seiner Eigenschaft als Haushalter ist er in sittliche Pflicht genommen, dieses Hauswesen Erde verantwortlich zu verwalten. Das ganze „ökologische" Hauswesen bleibt nur dann heil und überlebensfähig, wenn Haushalter und Haus kooperieren und der Hausherr sich im klaren darüber ist, daß er mit dem Haus überlebt oder mit ihm untergeht.

1.2 Ökologie und Ökonomie – ein feindseliger Gegensatz?

Handelt es sich um gegensätzliche, miteinander gar unverträgliche Vorgaben, wenn Umweltschützer und Ökonomen ihre je eigenen Ziele definieren? Der Gegensatz bzw. Widerspruch ist im Grunde ein scheinbarer. Eine theoretische Überlegung zu den in Frage stehenden Begriffen soll dies beweisen. Der Terminus Ökologie führt von selbst, „von Hause aus" zum Begriff Ökonomie. Es dreht sich ja in beiden Fällen um das „Haus" des „Öko". Der Sinn ökologischen Denkens und Tuns leitet von sich aus zum Sinn ökonomischen Erwägens und Handelns über. In sprachlicher Sicht gibt es den in der politischen und ökonomischen Diskussion immer wieder aufgerissenen Gegensatz zwischen Naturschutz einerseits und Wirtschaft(en) andererseits gar nicht. Begrifflich gehört beides zusammen. Öko*logie* erforscht die feinnervigen Strukturen des Haushalts Erde. Öko*nomie* ermittelt die Gesetze (griechisch: Nomos) eben dieses Hauswesens. Das Wort Ökonomie hat schon in der klassischen Ethik des Aristoteles einen moralischen Akzent: verantwortliche Sorge, jene Waren zu beschaffen und zu verwalten, die zum Haushalten erforderlich sind. Der „Ökonom" versteht es, ein Hauswesen zu verwalten, d. h. das Gesetz (Nomos) des Hauses (Oikos) wahrzunehmen und langfristig zu disponieren, damit die Hausbewohner nicht nur heute, sondern auch morgen und übermorgen Lebenschancen und Auskommen haben. Ein echter Ökonom berücksichtigt Haushaltsgesetze und würdigt sie gewissenhaft im praktischen Wirtschaften.

Wesentliches Element von Ökonomie ist die Sparsamkeit; diese macht entscheidend Haushalten-Können aus. In ökologischer Perspektive geht es nun aber um sparsamen, schonenden Umgang mit den Ressourcen, mit Boden, Wasser, Luft, mit all jenen Naturgütern, die besonderen Schutzes und spezifischer „Ökonomie" bedürfen. Ökologie und Ökonomie haben es prinzipiell mit der Auswertung (Benutzung) der der menschlichen Erdbehausung gezogenen Grenzen zu tun. Umweltschutz und Naturschutz sind eigentlich spezielle Methoden von Wirtschaften, von haushälterischem, d. h. ökonomischem Verhalten. Streng genommen ist Ökologie Hauswirtschaftslehre – Lehre vom Haushalt auch der Natur, von der Ökonomie der Natur. Der Sinn des Wirtschaftens wird nur dann erfüllt, wenn es langfristig der menschlichen Bedarfsdeckung dient. Dazu muß es aber an ökologischen Rahmendaten orientiert sein. Weil der „Logos" dem „Nomos" logisch vorgeordnet ist, gibt jener Logos das Maß für den Nomos ab. Wenn wir überleben wollen, müssen die wirtschaftlichen Überlegungen von ökologischen Erwägungen geleitet sein. Erhalt und Schutz der Natur sind schließlich notwendige Bedingungen für Wirtschaften-Können und umfassende Bedürfnisbefriedigung. Die Naturgüter stellen Produktionsfaktoren dar, deren Bewahrung und Schonung Wirtschaften überhaupt erst möglich macht. Ökologische Politik ist demnach nicht ökonomiefeindlich; denn sie will gerade die natürlichen Bedingungen des Wirtschaftens garantieren. Ergo: Ökologie dient der Ökonomie – richtig verstandene und betriebene Wirtschaft ist „ökophil", d. h. umweltfreundlich, naturschonend, zumindest umweltverträglich.

Sind nun Ökologie und Ökonomie gleichberechtigte Größen? Kommt ihnen gleichrangiger Stellenwert zu? Grundsätzlich und begrifflich ja. In der Praxis der Eingriffsmaßnahmen in die Natur müssen die Interessen jeweils abgewogen werden. Es können indes Bedingungen auftreten, die dem ökologischen Interesse den Vorzug geben, der Ökologie Priorität einräumen. Bei Nutzungsansprüchen an die Landschaft haben die Erfordernisse des Umweltschutzes immer dann Vorrang, wenn eine langfristige Sicherung der Lebensgrundlagen der Bevölkerung ohne die gebotene Rücksichtnahme auf ökologische Belange in Frage gestellt wäre. Selbst unumgängliche, ökonomisch zwingende Eingriffe müssen durch einen Gegenzug landespflegerischer Maßnahmen ausgeglichen werden. Das heißt: Wenn aufgrund des Baus einer Autobahn wertvolle Landschaft – wertlose Landschaft gibt es überhaupt nicht – geopfert wird, muß dieser Verlust kompensiert werden; entweder durch Ausweis neuer Natur- und Landschaftsschutzgebiete oder durch Aufforstung betroffener Gebiete und andere Regenerationsmaßnahmen zugunsten des natürlichen Lebensraumes.

Derartige Gewichtung hat nichts zu tun mit dem, was ich Ökologismus nennen möchte. Mit einem solchen Extrem ist der Sache kein Dienst erwiesen. Ökologismus verabsolutiert ideologisch den ökologischen Standpunkt und huldigt einem utopischen Naturalismus (des Rückzugs auf „urtümliche", primitive Daseinsbedingungen). Der „Ökologist" radikalisiert sein Anliegen und gleitet in einen „Ökospasmus", in dem er sich spastisch verkrampft, in sein Idol Natur verrennt und berechtigte ökonomische Ansprüche ignoriert. Was nottut: Friedensschluß zwischen Ökologie und Ökonomie – Bereinigung des „ökologischen Hausfriedensbruches".

2 Anthropologie: Verhältnis Mensch – Natur

Mensch und Natur sind nicht vereinzelt, nicht isoliert im irdischen Hauswesen befindliche Größen, sondern einander korrespondierende, d. h. „antwortende" Partner. Nur in geschlossener Einheit und als Ganzes können sie den Sinn ihres Daseins erfüllen. Der Mensch kann sich nur als Bestandteil der Natur begreifen. Sein Leben ist eingebettet in das wunderbare, vom biblisch-christlichen Denken als Schöpfung betrachtete Geflecht des Naturhaushaltes. Natur und Mensch bilden eine Solidargemeinschaft, Schädigungen natürlicher Kreisläufe und überstrapazierende Nutzung natürlicher Ressourcen schlagen auf den so über die Stränge schlagenden Menschen zurück. Ohne Zukunft der Natur keine Zukunft der Menschheit! Aus diesem gemeinsamen Schicksal können wir nicht aussteigen. Es gilt also, zusammenzuarbeiten zwischen Mensch und Natur. Sie müssen sinnvoll zusammenleben statt sich widersinnig auseinanderzuleben.

2.1 Die Natur – kein billiger Supermarkt

Gestört ist die Beziehung des Menschen zur Natur, wenn diese nur zu wirtschaftlichen Zwecken benutzt wird, wenn sie lediglich ökonomisch von Interesse ist. Solche Einstellung kommt einer Entwertung der Natur gleich. Wer sie kurzerhand und unbedenklich als Ware betrachtet, die zu direktem Verbrauch herhalten soll, hat ein mißglücktes Verhältnis zu ihr. Rein utilitaristische, d. h. auf puren materiellen Nutzen zielende Einstellung zur Natur wird ihrem Wert nicht gerecht. Um die Beziehung zur Natur ist es schlecht bestellt, wenn wir sie ausschließlich als Gegenstand materieller Verwertung (gar Ausschlachtung), wirtschaftlicher Nutzung (Übernutzung), technologischer Verplanung und naturwissenschaftlicher Erforschung betrachten. Natur ist nämlich mehr als ein riesiges Rohstofflager, das zum Abbau seiner Schätze (Ressourcen) kosten- und folgenlos zur Verfügung steht. Unser natürlicher Lebensraum ist kein wohlfeiles Depot von „Waren", die zur Befriedigung materieller Bedürfnisse herzuhalten haben. Gravierend gestört ist das Verhältnis des Menschen zur Natur, wenn sie als eine Art gigantischer Supermarkt beansprucht wird, in dem man sich großspurig nach Lust und Laune selbst bedient. Wer die Natur für ein Shopping-Center hält, aus dessen verschiedenen Ressorts und Regalen (Landschaft, Boden, Pflanzen, Tiere, Wasser, Luft) er im Self-Service-Verfahren möglichst viel „ökologisches Warengut" an sich reißt, beweist ein ungutes Verhältnis zur natürlichen Um- und Lebenswelt. Natur ist nämlich etwas anderes als ein Konsumartikel wie beispielsweise ein Auto, das entworfen, gebaut und verkauft wird, um gebraucht, repariert, benutzt, verbraucht, konsumiert, d. h. bis „zu Ende" gefahren zu werden. Für die Sache Auto findet sich Ersatz – das ist lediglich eine technische und finanzielle Frage; für Natur aber gibt es keinen Ersatz, jedenfalls keinen gleichwertigen.

Ihr Verhältnis zur Natur haben die Menschen an der Einsicht zu orientieren, daß sie auch einen ideellen, psychischen und ästhetischen Wert darstellt, der sich einer rein finanztechnischen Kosten-Nutzen-Analyse entzieht. Die Bereicherung, die Menschen z. B. durch den Genuß einer „ansprechenden" Landschaft erfahren, läßt sich kostentechnisch genauso wenig bilanzieren wie der Wert der Akropolis Athens oder der Kathedrale von Chartres nach dem Handelspreis des darin investierten Baumaterials. Wer alles zur verfügbaren Ressource macht, bekommt selbst eine „Ressourcenseele" und verkommt zu einem abgestumpften Wesen. Reines Nutzwertdenken macht die Natur „sprachlos", nichtssagend, banal, austauschbar, ersetzbar im Grunde wertlos. Wer die Natur und ihre Güterfülle nur mit industrietechnischen Augen betrachtet, sieht sie nicht, verachtet, disqualifiziert und diskriminiert sie. Er industrialisiert auch seine Seele.

2.2 Naturverlust ist Sinnverlust

Natur ist keineswegs nur materielles Lebensmittel, sondern ein Gut, von dem der Mensch ganzheitlich lebt. Weil er über die Natur zu sich selbst kommt, erweist diese sich als echte Schicksalsgenossin, mit der er solidarisch verbunden ist. Naturschutz ist demnach notwendiger Beitrag zu umfassenden Sicherung menschlicher Daseinsbedingungen. Natur und Landschaft haben schon dadurch Sinn, daß sie überhaupt da sind. Es ist des Menschen unwürdig, nur das für sinnvoll und liebenswert zu halten, was benutzt werden kann. Den vollen Sinn von Natur verfehlt der lediglich an Machbarkeit und Vernutzbarkeit orientierte Mensch. Die moderne Sinnkrise hat ihren Grund letztlich ja darin, daß vorgegebene Grenzen verwischt und maßgebliche Anhaltspunkte ignoriert werden. Der Mensch irrt und verrennt sich, wenn er meint, alles sei machbar, nichts sei unverfügbar. Wenn wir natürliche Landschaft (Natur) zu Kulturlandschaft gestalten, also durch Eingriffsmaßnahmen verändern, dann sind wir auf jene Vorgabe des natürlichen Lebensraumes angewiesen; diesen haben wir nicht gemacht, diesen können wir gar nicht machen, mögen wir sonst mittels der Technik noch so viel fertigbringen. Ohne Orientierung an der Natur verfehlt der Mensch wesentliche Sicherungen und fundamentale Richtwerte. Natur und Landschaft sind schon deswegen sinnstiftende Größen, weil sie jene bergende Umwelt und wohnlich-traute Behausung bilden, die wir Heimat nennen. Der Grundzug des Erlebens von Heimat ist das beglückende Gefühl der Geborgenheit. Heimatlose Menschen irren „monaden"- und nomadenhaft umher. Sie entwickeln keine Identität, sondern wanken beziehungslos, ohne Ziel und Sinn durchs Leben. Sie sind eben „unbehaust". Naturverlust ist tatsächlich Sinnverlust, stellt doch Natur einen echten Behausungsraum dar. Sie gibt jenen elementar vitalen Grund ab, auf dem kulturelle, d. h. spezifisch menschliche Lebensgestaltung erst möglich wird. Der naturlose Mensch verliert buchstäblich den Boden, festen Grund unter seinen Füßen. Heimat ist nicht nur ein emotionaler und moralischer Begriff, sondern ein zutiefst ökologischer. Es sind ja „natürliche", naturhafte Gegebenheiten, die das „Haus" (Oikos) unserer Heimat aufbauen und ausgestalten. Naturschutz ist immer auch zugleich Heimatschutz – Schutz sowohl der Beheimatungsräume von Tieren und Pflanzen als auch des menschlichen Überlebensraumes. Am Phänomen Heimat dürfte die solidarische Verschweißung von Mensch und Natur am ehesten aufgehen. Die heutige Unbehaustheit vieler Zeitgenossen ist nicht zuletzt Folge ihrer Entfremdung von der natürlichen Umwelt. Gesund und geborgen ist nur jener Mensch, der sich mit der Natur vital eins fühlt. Wohl und Wehe des menschlichen Innenwelt-Hauswesens hängen schicksalhaft mit Wohl und Wehe des Naturhaushalts zusammen. Wer kein „Daheim" kennt, ist entwurzelt. Ohne natürliche „Radikalität" (Verwurzelung) gibt es keine menschliche Stabilität und Integrität. Wer den Boden unter seinen Füßen verliert, verliert nicht nur diesen, sondern sich selbst. Naturverlust und Heimatlosigkeit sind Symptome des Nihilismus, eben abgrundtiefer Bodenlosigkeit. Wo kein Verhältnis zur Erde besteht und die Beziehung zur Natur nicht stimmt, kommt es zu akuten Störungen des seelischen Gleichgewichts und der emotionalen Hygiene. Wenn die Zugänge zur Natur unterbrochen werden, droht dem so abgenabelten Menschen geradezu ein tödlicher Infarkt.

Natur mit ihren stabilen Gesetzmäßigkeiten ist Anhalt, gibt Anhaltspunkte. Ihre frühlingshaften, sommerlichen, herbstlichen und winterlichen Varianten sagen etwas, sprechen zu uns. Menschliches Leben glückt nur in solidarischer Verbindung mit dem Leben der uns tragenden und haltenden Natur. Nicht nur in der physischen Ernährung, sondern auch in seinem seelischen und geistigen Wohlbefinden, in seiner ganzen Stimmungslage hängt der Mensch von der Natur ab. Wie wohltuend wirkt die befreiende Weite einer Landschaftsszene! Ihren meist nur leise summenden Signalen müssen wir aufmerksam lauschen, damit wir Spuren unseres Lebenssinnes entdecken. In dem Moment, wo Natur uns etwas bedeutet, hat sie Sinn – in sich und für uns.

2.3 Naturverlust ist Wertverlust

In denkender und dankender Begegnung mit Natur wird der Sinn für Werte wach, die wesentlich zum menschlichen Ethos gehören, Natur vermittelt: Sinn für Wunderbares; denn sie präsentiert ein üppiges Arsenal von Wunderwerken, die menschliche Fassungskraft übersteigen. Unsere Welt und die Menschen wären ärmer, wenn sie bei Blüten und Insekten nur die Zweckmäßigkeit am Werke sähen. Der Farbenzauber hunderttausender von Pflanzenarten ist in solcher Pracht und Vielfalt verbreitet, daß er sich der nüchternen Frage nach dem „Warum?" entzieht. Natur vermittelt Sinn für Echtes, wie es uns in Ozeanen, Urwäldern, Gebirgen, in frischem Gras und in den nicht der Retorte entstammenden Duftnoten der Natur begegnet – Natur vermittelt Sinn für Wachsendes. Die Schärfung dieses Sinnes tut umso mehr not, als wir modernen Zeitgenossen über alles direkt verfügen, ungeduldig langsame Wachstumsprozesse technisch beschleunigen wollen. Weil er natürlichen Entwicklungen keine Zeit läßt, hat der heutige Mensch selbst keine Zeit mehr und driftet in Hektik ab, die ihn und seine menschliche Umgebung nervlich aufheizt, fahrig macht. Der Sinn für natürliche Lebensabläufe (Keimen, Wachsen, Blühen, Verwelken) immunisiert gegen aufgeregte Ungeduld und gehetzten Streß. Allein der Sinn für Wachsendes kann die unsere Zeit jagende Illusion der totalen Machbarkeit als gefährliche Einbildung bloßstellen und das Gespür für den Wert des Unverfügbaren freilegen. Natur kommuniziert Sinn für friedliche Stille und besinnliche Ruhe. Das Erlebnis eines abgelegenen Bergtales, eines verträumten Weihers lehrt, was Stille heißt und was erbauliche Einsamkeit bedeutet. In diesem Zusammenhang sei auf die psychisch moralische Relevanz des Waldes hingewiesen. In ihm tankt auch die Seele, regeneriert sich das Gemüt. Wald ist eine „Tankstelle" mit Kraftstoff, der seelisch in Kondition und emotional in Form bringt, nicht nur ein für die Holzindustrie interessantes Nutzobjekt. Die im Wald erlaufene „natürliche" Ruhe ist Erlebnis von Frieden. Wer die seelenhygienisch wohltuende Waldesstille zu schätzen weiß, gewinnt auch Fähigkeiten zur entspannten Kommunikation mit der menschlichen Umwelt. Insofern kommt dem Wald eine besondere Wohlfahrtsfunktion zu, welche ich die „pazifische" nennen möchte. Die Natur vermittelt Sinn für Schönes. Der Genuß natürlicher Schönheit bereichert menschliches Gemüt. Ohne ästhetische Beziehung zur Natur verroht und verödet der Mensch zu einem tristen Subjekt der eiskalten Pragmatik. Wir Menschen stehen mit Natur in einer totalen Lebens- und Überlebensgemeinschaft, die nur auf Kosten beider Partner gekündigt werden kann.

3 Ästhetik – Schönheit der Natur als Motiv des Umweltschutzes

Wer die Natur „ästhetisch" anschaut, macht sich frei für den Genuß ihrer Schönheit: frei von exklusiv wissenschaftlichem Erforschungsinteresse, von landwirtschaftlicher Bearbeitung, von bautechnischen Überlegungen, von militärischen Erwägungen, von touristischen Vermarktungsideen. Der ästhetische Blick geht auf das Ganze der wohlgefälligen Gestalt der Landschaft. Der azurblaue Himmel wird nicht unter meteorologischen Gesichtspunkten betrachtet: Wie steht's mit dem Wetter? Eine Linde wird nicht angeschaut mit der Frage: Wieviel Schatten spendet sie? Eine Wiese läßt nicht zuallererst an das auf ihr zu erntende Heu denken – das schöne Grün wird nicht in erster Linie deswegen bewundert, weil es den Augen wohltut. Vielmehr versetzt der ästhetische Blick in die Lage, Natur schlicht als schön zu erfassen. Überökonomische und vortechnische Ausstrahlung der Natur verlor ihren Glanz immer mehr mit dem Fortschritt wissenschaftlicher Naturbeherrschung und mit der verkehrstechnischen Erschließung des Raumes. So wird Landschaft als Erholungs- und Freizeitlandschaft zu einem „nützlichen" Territorium; die Gesellschaft eignet sie sich an, beansprucht sie, benutzt, ja vernutzt sie. Das Naturschöne wird kommerzialisiert; landschaftliche Schönheit ist zur Ware geworden. Umso mehr gilt es, jene Kräfte zu stärken, die Sinn haben für ästhetische Landschaft um ihrer selbst willen.

3.1 Staunendes Schauen – oder gieriges Zugreifen, zügelloses Verbrauchen?

Auf dem ästhetischen Zufahrtsweg zur Natur werden wir „empfindlich" für jene Qualität der Natur, die sie um ihrer selbst willen liebenswert macht. Wir gewinnen Sensibilität für die Schönheit dessen, was wir nicht berühren und konsumistisch verbrauchen. Solch ökoästhetische Sensibilisierung impft gegen die verderbliche Sucht, gierig zuzugreifen und hemmungslos zu vernutzen. Wem es nur um Benutzen der Natur geht, der gleicht einem „An-Ästhesisten", der jene Organe, womit er den kostbaren Schatz der herrlichen Naturfülle wahrnehmen sollte, abgetötet hat. Ohne ökoästhetische Sensibilität, eine Art Taktgefühl für die Verletzlichkeit unserer Natur, will der Mensch immer, überall und sofort Veränderungen vornehmen. Der ökoästhetisch gebildete Mensch hat einen „Blick", nicht nur einen „Griff" für die Natur; er kann zuschauen, nicht nur zupacken. Menschen, die der gelassenen „contemplatio" (Betrachtung) nichts abgewinnen, verkommen geistig und verflachen moralisch. In einer Welt, in der die Schönheit abhanden kommt, gleitet das Leben in Sinnlosigkeit ab. Wer die Vielfalt der Farben und Formen und deren Schönheit in der Natur „sehen" will, darf sie nicht kaltblütig abtaxieren, teilnahmslos klassifizieren, schematisch katalogisieren, sondern muß in unbefangener Bewunderung seinen Blick auf die seinem Auge begegnenden Naturwunder richten. Ästhetische Sensibilität ist überhaupt *die* ökologische Sensibilität, d. h. die positive Grundstimmung und Sympathie für Natur; in ihr finden wir den „guten ökologischen Umgangston".

3.2 Ohne Natur-Ästhetik keine Umwelt-Ethik

Bei Menschen ohne ästhetisches Potential hat ein Ethos des Umweltschutzes keine Chancen; denn Umweltgestaltung entartet dann leicht zu technologischem Management und bürokratischer Verplanung. Allein ökoästhetische Bildung errichtet einen Damm gegen den Trend einer verunstaltenden Zerfurchung des Antlitzes unserer Erde. Da es beim Umweltschutz weniger um nachträgliche Reparatur von ökologischen Schäden als um ihre prophylaktische Verhütung gehen sollte, hat jene Ökoästhetik für die Vor-Besorgung einer ansprechenden, „gefälligen" Umwelt „ansprechbar" und mobil zu machen. Die gebotene ästhetische Einstellung hat nichts mit schwärmerischer Naturromantik, kitschiger Idylle oder sentimentaler Mondscheinstimmung zu tun, sondern meint die Notwendigkeit der Ausbildung und Verfeinerung des Sinnes für schöne Natur. Wo der ästhetische Blick für die Erde fehlt, wird sie früher oder später unansehnlich. Wenn die ästhetischen „Sicherungen" durchbrennen, kann die Natur nicht sicher sein vor ihrer durch uns ungerührt herbeigeführten Zerstörung. Nur ästhetisches Pathos, d. h. leidenschaftliche Liebe zum Schönen vermindert Abstumpfung gegen die Verwundungen der Natur. Wer die Natur unter dem Gesichtspunkt ihrer attraktiven Schönheit betrachtet, der ehrt, schätzt und bewundert sie. Die Bewunderung stellt sich schützend vor das Schöne, damit es nicht einfach vernutzt wird.

4 Ethik des Umweltschutzes

4.1 *Umwelt als Gemeinwohl*

Gemeinwohl-Stufe I: Umweltschutz geht „aufs Ganze".
Umweltschutz ist mehr als Vogelschutz

Das ökologische System unserer Erde ist ein Gebilde, das, wie kein anderes, globalen Charakter hat. Da geht es um einen einzigen Zusammenhang, um das eine Ganze und ganze Eine des Lebensraums Erde. Umweltbewußtsein ist entweder globales Bewußtsein oder es ist kein Umweltbewußtsein. Daher bedeutet Umweltschutz aber auch mehr als z. B. Vogelschutz, mehr als Bodenschutz, mehr als Waldschutz, mehr als Pflanzen- und Lärmschutz. Das zu schützende Ganze, das ökologische System, darf nicht aus dem Blickfeld geraten. Jeder Umweltschutzakt muß am Ganzen orientiert sein, sonst hat er überhaupt keinen ökologischen Wert.

Gemeinwohl-Stufe II: Wir alle atmen ein und dieselbe Luft
und trinken ein und dasselbe Wasser

Umwelt geht uns alle an, ob sie heil ist oder krank; betroffen sind wir alle in jedem Fall, sitzen wir doch – auf Gedeih und Verderb – im uns allen gemeinsam zugewiesenen Raumschiff Erde. Gibt es gemeinsamere Güter als Natur, Landschaft, Wasser, Luft? Was könnte all-gemeiner, kommuner sein als das ökologische System der Erde? Sie ist nämlich der allen gemeinsame Lebensraum, in dem wir alle gemeinsam überleben oder untergehen, uns wohl oder unwohl fühlen. Sämtliche Erdbewohner teilen das Schicksal des sie umgebenden Ökosystems. Man denke über folgenden Sachverhalt nach: Die meisten Güter stehen in einem festen, rechtlich geregelten Eigentumsverhältnis zu bestimmten Personen. Diese Wiese gehört der Person A; jener Acker der Person B. Einen ganz anderen Stellenwert haben demgegenüber die ökologischen Güter Luft, Landschaft, Wasser. Die „Luft", die wir atmen, ist schließlich nicht dem oder jenem „Besitzer" und „Eigentümer" als Rechtsgut übertragen, sondern steht allen zu. Während eine bestimmte Wiese Privatgut ist, stellt die Luft ein Gemeingut dar, das zu unser aller Wohl Leben ermöglicht. Zugegeben: Die Luftqualität ist von Region zu Region verschieden; dennoch gibt es keine prinzipiell privilegierten bzw. benachteiligten Luftbesitzerschichten, womöglich noch mit spezieller Atmungslizenz. Es ist doch nicht so, daß unsere Luft in „An-Teile" zerfällt, die dann einzelnen Personen als ihr Luft-„Eigentum" zur Verfügung gestellt und zum individuellen Gebrauch freigegeben werden. Vielmehr partizipieren wir alle – gleichermaßen – an diesem ökologischen Gemeingut Luft. Wir alle atmen ein und dieselbe Luft. Mit der Ressource Wasser verhält es sich nicht anders. Der gesamte Wasserhaushalt ist ein all-gemeines, gemeinsames Gut. Selbst die Landschaft hat eminenten Gemeinwohlcharakter. Auch wenn Grund und Boden, Wiesen, Äcker, Weinberge durchweg in der Hand bestimmter Eigentümer sind, so ist doch der optische Genuß der Landschaft bzw. landschaftlichen Schönheit kein ausschließliches Vorrecht der rechtskräftigen Inhaber dieser attraktiven Landstriche. Wir alle sehen die gleiche Landschaft. Wer z. B. vom Eisenbahnabteil aus bewußt die an ihm vorbeiziehenden Landschaften betrachtet und deren Reize genießt, kann sagen: Dies alles ist – optisch – mein! So können an einem einzigen Tag Tausende von der gleichen Landschaft einen ganz persönlichen Eindruck mitnehmen. Umwelt ist allen zugeordnet. Wenn nun aber Natur und Landschaft, Wasser, Luft „unser" sind, tragen wir auch alle dafür Verantwortung. Ein Programm der *Erziehung zu Umweltbewußtsein* muß an erster Stelle diesen Gemeinwohlaspekt herausstellen: Meine Umwelt ist deine Umwelt: Deswegen haften wir alle für das, was wir der Erde – Gutes oder Übles – antun.

Gemeinwohl-Stufe III: Umweltschutz = ökologischer Service an Generationen – Kampf dem „ökologischen Idiotentum"

Kommende, unserem Planeten erst noch zusteigende Generationen wollen und sollen auf dieser Erde eine wohnliche Behausung beziehen. Auch noch nicht gezeugte und noch ungeborene Menschen dürften Anspruch darauf haben, ein zumutbares, ökologisch erträgliches Hauswesen anzutreffen, wenn sie das Licht der Welt erblicken. Wie sollen wir diese Erwartungen aber erfüllen, wenn wir die Bodenqualität mindern, die biologische Artenvielfalt dezimieren, die Wassergüte beeinträchtigen, die zum Atmen erforderliche „Atmosphäre" (Luft) mit Schadstoffen belasten, die Meere als Mülldeponien mißbrauchen? Wir verhalten uns bisweilen schamlos auf Kredit und Rechnung unserer Nachkommen – getreu dem Motto „Nach uns die Sintflut". Umweltschutz ist eine Sache der Fairness unseren Nachkommen gegenüber. Eigentlich haben wir diese Erde von unseren Nachfahren gemietet, damit wir sie gewissenhaft verwalten und sorgsam betreuen. Umwelt ist Erbe, das jedes Geschlecht dem kommenden schuldet. Umweltbewußtsein = Generationenbewußtsein! Umweltschutz bedeutet ökologische Bedienung der Nachkommenschaft, „ökologischer Service" an der Menschheit von morgen. Umweltverschmutzung ist dann aber frivole Veruntreuung eines Erbes, verantwortungslose Verschleuderung eines zu treuen Händen anvertrauten Ökokapitals.

Um lebenswerter Zukunft willen müssen wir alle in solidarischer Gemeinschaft der moralischen Haltung und praktischen Aktion den Schutz von Umwelt als schlechthin gemeinsame Aufgabe bewältigen. Alle machen ökologische Geschichte, so oder so. Der eigensüchtige Blick auf momentan uns selbst bedrängende Umweltnöte zeugt von „ökologischem Idiotentum"; ein Idiot ist ja jener Mensch, der lediglich das Eigene (griechisch: to idion) besorgt, nur das Seine bedenkt, nur seine Anliegen kennt. Ökologische Idiotie bedeutet Verblödung der Sensibilität für den Gemeinwohlcharakter unserer Umwelt und ihrer Ressourcen.

Gemeinwohl-Stufe IV: Umweltschutz macht nicht an Ländergrenzen halt

Import und Export von Umweltschmutz halten sich nicht an Stopschilder und Schranken, wie wir sie beim Übergang an Ländergrenzen kennen. Umweltschutz ist folglich kein Unternehmen, das dort endet, wo Barrieren und Schlagbäume ihre Grenzen markieren. Nationale Identität besagt noch lange nicht ökologische Identität. Mit Problemen wie Luftverunreinigung, Gewässerschmutzung wird man in nationalen Alleingängen nicht fertig. Das liegt in der Natur der Sache. Weil das ökologische Problemfeld Grenzen überschreitet, bekommt man es mit kümmerlichen nationalen Extratouren und kleinkariert nationalistischen Soloparts nicht in den Griff. Das gilt auch für die Sicherungstechnologie der Kernkraftwerke weltweit.

4.2 Die klassischen Kardinaltugenden: Eckdaten eines ökologischen Ethos

4.2.1 Umweltschutz – eine Sache der Klugheit, der „ökologischen Intelligenz"

Was Klugheit eigentlich bedeutet, wird erst ganz klar, wenn man weiß, was die antik klassische Ethik unter Weisheit verstand. Während Wissenschaft (scientia) detaillierte Sachverhalte untersucht und den Ursache-Wirkungs-Zusammenhang exakt erforscht, zielt Weisheit (sapientia) auf das Ganze, auf Zusammenhänge. Sie ist am Wesentlichen interessiert und denkt ans Ende, an die langfristigen Nachfolgewirkungen menschlichen Tuns und Unterlassens. Ist das nicht genau jene Einstellung, die unser Verhalten in Sachen Umweltschutz bestimmen müßte? Was wir heute brauchen, ist ein speziell ökologisches „studium generale", um der gefährlichen Vereinzelung und Einigelung der Wissenschaftszweige zu wehren. Die Tugend der Klugheit vermittelt die Fähigkeit, den geistigen Blick für wesentliche Zusammenhänge zu schärfen. Die erste Kardinaltugend meint Begabung zur umfassenden Diagnose der ökologischen Gesamtsituation und zugleich die (moralische) Kunst, nach- und vor(aus)zudenken. Klugheit (lateinisch: prudentia = providentia = Vorausschau, Vorsorge, Fürsorge) konditioniert zur Fähigkeit, in langen Zeiträumen zu denken und das Finale, den Ausgang der Entwicklung verantwortlich im Auge zu behalten. Kluger Umweltschutz ist deswegen vorrangig Umwelt-Vorsorge mit präventiven und prophylaktischen Maßnahmen. Es geht auch um die weise Einsicht, daß Luft, Wasser, Landschaft mehr wert sind als das, was sie einfach ökonomisch hergeben und leisten.

Sich-Informieren: Zeichen der Klugheit. Oder: Ist jeder sein eigener Experte?
Wie jede andere Kardinaltugend, so hat auch die Klugheit ein „Gefolge". Tugenden nämlich, die sich ganz natürlich aus der Haupttugend ergeben. In der Tradition ist recht anschaulich von „Tochtertugenden" die Rede; denn wie Töchter stammen sie von ihrer Mutter ab. Als erste Tochtertugend der Klugheit gilt die Gelehrigkeit. Ohne sie gelangt unter normalen Bedingungen kein Mensch zu jenen ökologischen Kenntnissen, an denen er seine Entscheidungen orientiert. Ein Mensch, der selbst, für sich, totales Umweltbewußtsein beanspruchen wollte, müßte ein (ökologisches) Universalgenie sein. Wie sonst könnte er biologischen, klimatologischen, hydrologischen, lärmtechnologischen, forstwissenschaftlichen, atomphysikalischen ... Sachverstand besitzen? Weil es einen solchen Allround-Fachmann nicht gibt, sind alle darauf angewiesen, sich zu informieren, sich „etwas sagen zu lassen". Dazu aber bedarf es der Tugend der Gelehrigkeit. Sie meint die Fähigkeit und die Bereitschaft, sich von Fachleuten aufklären, von Experten und Gutachtern belehren zu lassen. „Gelehrig" müssen wir uns „schulen", Informationen unvoreingenommen entgegennehmen und Sachargumente gelten lassen. Vor der endgültigen persönlichen Urteilsbildung muß man sich mit der Meinung der Vertreter sowohl der Pro- als auch der Kontraposition vertraut machen. Wie soll man z.B. in der Frage der

Kernenergie zu einer eigenen verantwortlichen Entscheidung kommen, es sei denn man nehme – im Rahmen der Möglichkeit und Zumutbarkeit – die verschiedenen Standpunkte der kompetenten Experten zur Kenntnis? Mit guten Gründen werden im Vorraum gewichtiger Entscheidungen gerade auf dem Ökologie- und Kernenergiesektor „Hearings" organisiert, d. h. Anhörungen zu einem bestimmten Sachproblem. Müßte aber nicht manchem Hearing dieser Name abgesprochen werden, weil es gar keine „Anhörung" ist? Hearings werden bisweilen dazu benutzt, um die eigene, zementierte, bereits vorgefertigte Meinung lauthals zu propagieren und bestätigen zu lassen. Die Benennung mißbraucht, wer überhaupt kein echtes Interesse hat, anderen zuzuhören, sondern antritt, um sich eigensinnig und überheblich als selbsternannten Experten in Szene zu setzen.

Überlegen – entschlossen handeln. Entscheidungsfähigkeit gilt als Tochtertugend der Klugheit. Solange man über ein Problem nachdenkt, soll man sich Zeit nehmen, um das Für und Wider zu erwägen, um die Folgen abzuschätzen. Dann aber gilt es, das in Ruhe Überlegte ohne langwieriges Zaudern in die Tat umzusetzen. Auf die ökologische Thematik bezogen bedeutet dies: Die Ursachen der Walderkrankung z. B. müssen besonnen erforscht werden. Liegt dann aber eine Diagnose vor, sind unverzüglich therapeutische Maßnahmen zu ergreifen und konsequent durchzusetzen. Die Unfähigkeit, sich zu entscheiden, würde nicht zur wirksamen Bekämpfung, sondern zur „Verwaltung" des Waldsterbens führen.

Wo Klugheit fehlt, hat Umweltschutz insgesamt keine Chance. Denn diese erste Kardinaltugend vollbringt 3 Leistungen:

1. Sie schärft den Verstand und stellt die „Intelligenz" für die Erfassung der ökologischen Zusammenhänge her.
2. Sie disponiert für das rational-vernünftige, weise Vernehmen einschlägiger Informationen.
3. Sie macht entschlußfähig, so daß der spontane Schritt zur umweltschützenden Tat erfolgt.

4.2.2 Naturschutz – eine Sache der Gerechtigkeit gegenüber der Natur

„Suum cuique" – so lautet das Gebot der Gerechtigkeit. Auf den ökologischen Bereich bezogen heißt es: Wir sind gehalten, der Natur „das Ihre" zu gewähren, das ihr Geschuldete zukommen zu lassen. Einen strikten Rechtsanspruch hat die außermenschliche Natur allerdings nicht; denn eigentliche Rechte besitzen nach allgemeiner Rechtsauffassung nur die mit Vernunft begabten Menschen, die ihrer geistigen Personenwürde und Verantwortung bewußt sind. Das muß betont werden, um deplazierter Vermenschlichung der Natur einen Riegel vorzuschieben. Es geht nicht an, einen Baum oder Frosch genau die gleichen Lebensrechte wie Menschen zuzuerkennen. Der Natur kommen insofern „Rechte" zu, als sie Anspruch auf Anerkennung, Bejahung, Würdigung und Achtung hat; sie muß in ihrer Eigenart respektiert werden. Natur stellt einen Wert für sich dar; sie hat ein Lebensrecht um ihrer Fülle und Schönheit willen. Der Reichtum des Lebendigen ist schon an sich ein Wert, der geachtet werden will. Es ist unrecht, die Natur lediglich als Rohstoff für den menschlichen Gestaltungswillen und als Ressource für den menschlichen Produktionswillen zu betrachten. Auch Pflanzen und Tiere haben ein grundsätzliches Recht auf Leben und Entfaltung. Es widerspricht dem, was ich „Ökogerechtigkeit" nennen möchte, wenn die Natur ausschließlich als Vermarktungsobjekt beansprucht und so „entwürdigt" wird.

Naturrecht auf Natur: Recht auf atembare Luft, auf trinkbares Wasser und auf schöne Landschaft. In der herkömmlichen Nationalökonomie gelten Luft und Wasser als nichtknappe Güter, mit denen man deswegen auch nicht zu haushalten und sparsam umzugehen brauche. Diese ökonomische Doktrin vom Nulltarif der genannten Naturgüter hat aber „ausgewirtschaftet" – im wahrsten Sinne des Wortes. Die Realisierung des Rechts auf gute, atembare Luft ist keine Selbstverständlichkeit mehr; zudem muß sie da und dort recht teuer erkauft werden, wie die Vermarktung der „Luft"-Kurorte erkennen läßt. Luft als teures Gut! Das grundgesetzlich verbriefte Recht auf Leben wird hohl und zur ironischen Phrase, wenn das Recht auf lebensdienliche Naturqualität nicht garantiert ist. Welches Grundrecht ist denn „natürlicher" als das Naturrecht des Menschen auf heile Natur? Menschen haben ein Recht, ein „natürliches", naturhaftes Naturrecht auf Natur. Die für die Gewährleistung des Gemeinwohls verantwortliche politische Autorität hat dafür zu sorgen, daß das Menschenrecht auf Natur zum Zuge kommt. Aus dem Verursacherprinzip folgt als Gebot der Gerechtigkeit, jene Personen bzw. Institutionen zu belasten, die Natur kostenlos in Anspruch nehmen, um wirtschaftliche Gewinne zu erzielen; zudem können finanzielle oder sonstige Auflagen ein Motiv sein, das Ausmaß der Umweltschäden zurückzuschrauben. Der Schutz der Natur als Gemeinwohl ist selbstverständlich Sache aller, jedes einzelnen. Entsprechende Gesetze aber können nur von staatswegen erlassen und sanktioniert werden. Weil der Genuß der Gemeinwohl-Natur möglichst vielen Bürgern zugutekommen muß, hat die Gesetzgebung darauf Rücksicht zu nehmen. Nachdruck verdient das im Bundesnaturschutzgesetz formulierte Gebot, den Zugang zu den Uferzonen der Gewässer möglichst freizuhalten. Geht es an, daß Dauercamper über Jahre hin attraktive Landschaft für sich allein beanspruchen? Ist es Recht, wenn einzelne ihre Mitmenschen daran hindern, Naturschönheiten zu erleben und reizvolle Landschaft zu genießen? Im Interesse des Gemeinwohls muß das allen zukommende Recht auf Naturumwelt und Umweltnatur rechtskräftig gemacht werden.

4.2.3 Tapferkeit: Mutige „In-Angriffnahme" der ökologischen Aufgabe

Der ökologischen Herausforderung muß sich die Menschheit stellen, – ohne Wenn und Aber. Dazu bedarf es jenes Kräftepotentials, das in der dritten Kardinaltugend angelegt ist, die gewöhnlich „Tapferkeit" (bzw. Starkmut) genannt wird. Sie bewirkt, daß wir uns der ökologischen Fragestellung nicht entziehen, vor der Verantwortung nicht die Flucht ergreifen. Tapferkeit schützt davor, Probleme zu vertuschen, Krisen zu verschweigen, Gefahren zu verniedlichen, Bedrohungen zu verharmlosen, unbequeme Diagnosen zu ignorieren. Ökologische Wende verlangt den Mut, vor der Tatsache „Bedrohung der Umwelt" nicht die Augen zu verschließen. Tapferkeit deckt schonungslos auf, was die „ökologische Stunde" geschlagen hat. Dringliche Forderungen werden beim Namen genannt, Mißstände offengelegt, Therapien konzipiert und entschieden durchgeführt. Wer nicht tapfer ist, nimmt die anstehende Aufgabe erst gar nicht „in Angriff". Ohne die Schubkraft und aggressive Energie der 3. Kardinaltugend schaffen wir die Steigung nicht, die wir nehmen müssen, wenn die ökologische Krise gemeistert werden soll. Der Erkenntnis, daß es anders und besser werden muß im Umgang mit unserer Umwelt, wird der entschlossene Wille folgen müssen, die Wende zu vollziehen. Und eben diesen Impuls zum realen Wandel löst die Tapferkeit aus.

Tapferkeit = Zivilcourage. Unsere von ökologischen Sorgen bedrängte Gesellschaft braucht Mutige, die auch das Unbequeme sagen und einfordern. Das geht zunächst einmal die Wissenschaftler an, die über das einschlägige Wissen verfügen; gilt aber auch für den Politiker. Für ihn ist es bereits ein Problem, Umweltschutzideen in die politische und administrative Praxis umzusetzen. Der Zivilcourage bedürfen politisch Verantwortliche, um stark genug zu sein, unpopuläre Maßnahmen durchzuführen. Aufgrund falscher Rücksicht auf Wählerstimmen droht die Gefahr, die ökologische Wahrheit zu verschweigen. In einer am Karnevalsmotto „Allen wohl und niemand wehe" orientierten Gefälligkeitsdemokratie geht es mit dem Umweltschutz nicht voran. Auf die verschiedenen Egoismen der diversen gesellschaftlichen Gruppen darf nicht immer wieder Rücksicht genommen werden. Um dem Staat den notwendigen Umweltschutz zu ermöglichen, muß also gerade an der demokratischen Basis des staatlichen Gemeinwesens Umweltbewußtsein entwickelt werden. Nur dann kann ökologisch verantwortliche Politik mit dem nötigen Rückhalt in der Bevölkerung rechnen. Die Bürger müssen so aufgeklärt und ökologisch gebildet werden, daß sie mit umweltethischer Erwartungshaltung an die Politiker herantreten. Da diese die Macht halten oder wiedergewinnen wollen, werden sie nolens volens unter dem heilsamen Druck des Gewähltwerdenwollens auf jene Erwartungen, sofern sie legitim und kompromißfähig sind, einzugehen haben. Zivilcourage braucht jeder, wenn er Stand halten will. Mutlose Menschen desertieren feige von der Front der ökologischen Auseinandersetzung. Es verläßt sie ihre eigene Courage, sobald sie das Schicksal des Einzelkämpfers durchzustehen, gegen den Zeitgeist der Bequemlichkeit und Gleichgültigkeit anzurennen haben.

4.2.4 Maßhalten: Verbot, aus dem Vollen zu schöpfen

Die 4. Kardinaltugend verlangt weder Verzicht um des Verzichts willen, noch Opfer um des Opfers willen, sondern schonend zurückhaltenden Umgang mit der Natur und ihren Ressourcen, damit das ökologische System eine Überlebenschance hat. Beschränkung ist schon deswegen geboten, weil die Ressourcen nicht unerschöpflich sind und wirtschaftliches Wachstum Grenzen hat. Es gilt, unseren Ansprüchen und Wünschen Zügel anzulegen. Es kommt darauf an, daß wir uns Dinge, die wir uns technisch und finanziell leisten können, gerade nicht immer und um jeden (ökologischen) Preis leisten. Zur moralischen Leistung, sich nicht alles Verfügbare und Machbare zu leisten, befähigt eben die Kardinaltugend des Maßes, die in ökologischer Perspektive vor allem eine konsum-asketische Bedeutung gewinnt. Der vom „Maß" konditionierte Mensch widersteht dem Druck des „Immer-Mehr", um die Umwelt weder produktiv noch konsumptiv zu überlasten. Wir müssen uns beschränken und begrenzen, damit die Stabilität der natürlichen Kreisläufe gewahrt wird. So gewinnt denn auch die von zuständigen Umweltministern ab und zu artikulierte Aufforderung zur „Müllvermeidung" einen Müllasketischen Sinn. Gerade die Ex- und Hopp-Philosophie unserer Zeit, die „Aus(trinken)" (Ex) und „Weg(werfen)" (Hopp) propagiert, trägt zur Belastung und Verunstaltung der Umwelt bei. Die unseligen Wegwerfgewohnheiten, welche oft aus Leichtsinn und Bequemlichkeit geschehen, können nur durch „asketische Gegennorm" (plus gesetzliche Verpackungsmodalitäten) abgewöhnt werden. Wer die Tugend des Maßes besitzt, steht seinen Konsumgewohnheiten kritisch gegenüber; er fragt sich ehrlich, ob er dieses oder jenes Konsumgut tatsächlich braucht und verbrauchen soll. Vom Maß in Verantwortung genommene Menschen bändigen den Hang zu übertriebenen Aufwendungen, schrauben überhöhte Ansprüche zurück und widerstehen dem Kitzel der Maßlosigkeit. Konsumaskese sichert die Freiheit gegenüber antrainierten Bedürfnissen. Die moralische Technik der Askese liefert das Werkzeug, um auf die für maximalen Absatz werbende akustische und visuelle Reklame besonnen zu reagieren und sich nicht aufzwingen zu lassen, was überflüssig ist und nur die Umwelt belastet. Die ökologisch ausgerichtete Kardinaltugend „Maß" verstehe ich als „umweltethisches Schamgefühl", das anständiges Umgehen mit der Umwelt lehrt und davor bewahrt, einem ungenierten und unverschämten Konsumismus zu huldigen, der frivol an die ökologische Substanz unserer Erde geht. Wer ohne ökoethische Scham an die Schöpfung herangeht, entwürdigt sie gewissermaßen zur „Prostituierten", die gewissenlos vernutzt und schamlos konsumiert wird.

Unter diesen Gesichtspunkten erhellt die positive Funktion der 4. Kardinaltugend für das – eben nicht ohne Verzicht und Opfer ablaufende – Unternehmen Umweltschutz.

Notwendigkeit und Verantwortung im Umweltschutz

– Überlegungen aus der Sicht der Moraltheologie –

Gerhard Höver (Bonn)

In seiner Erzählung „Langsame Heimkehr" berichtet Handke (1984, S. 9) von einem Geologen namens Sorger, der alles zurückgelassen hat, was ihn an Heimat und Familie bindet. Im fernen Alaska von den Realitäten bald wieder eingeholt, erfährt er seine Verlorenheit; er will aber, so heißt es gleich zu Anfang, die Verantwortung und ist „durchdrungen von der Suche nach Formen, ihrer Unterscheidung und Beschreibung über die Landschaft hinaus". In dieser Suche nach Formen strebt er nach Halt und Orientierung. Die Landschaftsbeschreibung, die Erfassung von Räumen ist für ihn so etwas wie „Religion" (Handke 1984, S. 16). Dabei ist es nicht allein die unberührte Natur, die ihn fesselt, auch die stadtgeprägten Räume mit ihrer Fülle kaum wahrnehmbarer Buckel und Mulden, mit den Hebungen und Senkungen im Straßenpflaster, mit den durch die Jahrhunderte eingetretenen Kirchenböden und Steintreppen vermögen Orientierung, lebensnotwendigen Atem und damit Selbstvertrauen zu geben (vgl. Handke 1984, S. 13f.). Immer wieder erfährt Sorger in der Erfassung der Physiognomie eines Ortes, wie er dabei ins Philosophieren gerät. „Vor Ort", so heißt es, wird er eins mit sich und der Landschaft – aber nur tagsüber durch seine Arbeit (vgl. Handke 1984, S. 42). Denn die Zustände der Harmonie, die Sorger erlebt, erweisen sich als unstet und bedroht.

Handke spricht damit die vielschichtigen Beziehungen zwischen der Landschaft als Ganzheit und dem Menschen an, wie sie seit eh und je Thema philosophischer, theologischer und naturwissenschaftlicher Betrachtung und natürlich schon immer Thema der Kunst waren. Wie aber die Entwicklung der Geographie zeigt, hat sich die Blickrichtung im Laufe der Zeiten nicht wenig geändert. Stand in früheren Konzeptionen eher der prägende Einfluß von Landschaften auf den Menschen im Vordergrund, hat sich bei den kultur- und sozialgeographischen Konzeptionen der Akzent auf die *raumwirksamen* Tätigkeiten des Menschen hin verlagert – mit der Folge, daß die Eigenart raumwirksamen Verhaltens und Handelns selbst zum Problem geworden ist (vgl. Kariel u. Kariel 1972; Maier et al. 1977; Fliedner 1980, 1981; Sedlacek 1982; Hambloch 1983, S. 1–43; Kluter 1986; Werlen 1987). Wie auch immer die Perspektiven sich entwickeln, sie gründen in der Tatsache, daß „Landschaft" ganz allgemein genommen „Weltbedeutung" hat, d.h. Welt als Daseinshorizont vergegenwärtigt (Barthelmess 1988; Kluxen 1988).

Wenn Handke die Hauptfigur der „Langsamen Heimkehr" Sorger nennt, so ist dies natürlich eine Anspielung auf die Existenzphilosophie Heideggers, auf dessen Analyse des Seinssinns der Sorge in „Sein und Zeit". Gerade Heidegger ist es, der die Beziehung zwischen Ort, Raum und Mensch sehr eindringlich beschrieben hat.

Am Beispiel eines markanten Ortes, nämlich der Alten Brücke in Heidelberg, zeigt er, wie durch diese Brücke, welche zwei getrennte Gebiete verbindet, d. h. durch das Bauen dieser Brücke, eigentlich erst der Raum entsteht, in dem nun die Landschaft ihr Profil gewinnt. Es mag idyllisch klingen, aber es verhält sich tatsächlich so, wenn Heidegger sagt: Die Brücke versammelt die Erde als Landschaft um den Strom (1954, S. 152). Sie ist damit im ursprünglichen Sinne des Wortes ein „Ding". „Ding" – althochdeutsch „thing" – meint ja „Versammlung" (Kluge 1963, S. 133); durch ein solches „Ding", das versammelt, entsteht ein Ort; der Ort läßt den konkreten Zusammenhang entstehen, den wir dann „Raum" nennen. Ohne die Gedanken Heideggers hier weiter auszufalten, wird aber anfanghaft deutlich, was mit einem „raumwirksamen Handeln" gemeint ist. Denn die Brücke ist natürlich ein Bau, ein Bauwerk. Das Bauen ist in diesem Sinne raumwirksam. „Bauen" aber bedeutet für Heidegger der Sprachwurzel nach „wohnen" – in den Wendungen „ich *bin*", „du *bist*" oder im Wort „Nach*bar*" ist dieser Sinn noch bewahrt. Das Wohnen ist dann die Weise, in der Menschen auf der Erde „da" sind. Wir haben somit eine erste Vorstellung von dem gewonnen, was raumwirksames Handeln oder raumwirksame Aktivität allgemein besagt. Es gilt nun aber, diese Überlegungen auf unsere heutigen Probleme im Umweltschutz zu übertragen. Die Frage nach der Eigenart raumwirksamer Aktivitäten wird gleichsam der rote Faden durch die komplexe Thematik sein.

Die raumwirksamen Aktivitäten des modernen Menschen haben offenbar ein sorgenbereitendes Ausmaß angenommen. In der Erklärung der Europäischen Ökumenischen Versammlung „Frieden in Gerechtigkeit" heißt es:

> Tausende von Tier- und Pflanzenarten sind ausgestorben oder ausgerottet worden. Der Mensch hat der Natur schon jetzt einen nie wieder gutzumachenden Schaden zugefügt. In den letzten zwei Jahrzehnten haben wissenschaftliche Berichte immer wieder vor den umweltschädigenden Folgen gewarnt, die die Industrie und Landwirtschaft unserer hochtechnologisierten Gesellschaften verursachen. Der Energieverbrauch bereitet große Schwierigkeiten. Die reichen Länder des Nordens müssen ihre Verbrauchsgewohnheiten ändern. Der Treibhauseffekt und die Schädigung der Ozonschicht verlangen dringend international koordinierte Maßnahmen. Wir wissen nicht, wie wir problematische wissenschaftliche Entwicklungen wie die Genmanipulation/Biogenetik wirksam kontrollieren können. Umweltkatastrophen wie Tschernobyl, Bhopal und Schweizerhalle haben die Menschen für die Bedrohungen für die Umwelt wachgerüttelt. Sterbende Bäume und Wälder, vergiftete Flüsse und Seen sind das sichtbare Ergebnis der grenzüberschreitenden Luft- und Wasserverschmutzung. Ökologische Probleme können von keiner Regierung allein auf der nationalen Ebene gelöst werden. Wir brauchen eine ökologische Weltordnung (Konferenz europäischer Kirchen und Rat der europäischen Bischofskonferenzen 1989, S. 50).

Die Erklärung führt damit beispielhaft vor Augen, was Notwendigkeit und Verantwortung im Umweltschutz bedeutet.

„Umweltschutz" ist ja längst kein partielles Problem etwa sauberer Flüsse und Seen mehr, sondern mit „Umwelt" ist nicht mehr und nicht weniger als unser „Lebensraum" gemeint. „Umwelt" meint die Gesamtheit der Wechselwirkungen, durch die der Mensch mit der natürlichen Welt verbunden und in denen er gewissermaßen „beheimatet" ist. Man spricht daher auch von einem „Ökosystem", so problematisch der Begriff in seiner Anwendung auch sein mag (Trepl 1988). Da es aber nicht nur um die natürlichen Lebensbedingungen geht, sondern um die eigentümlichen Verschränkungen von Gesellschaft, Kultur und Natur unter den heutigen Bedingungen einer durch die moderne Technik bestimmten Welt sucht man dieses Gesamt der realen Wechselwirkungen auch mit dem Fachterminus „urban-industrielles Ökosystem" zu erfassen, d. h. der Tatsache Rechnung zu tragen, daß ein wirkliches Erfassen der Wechselwirkungen am Faktum einer stadt- und industriell geprägten Kultur nicht vorbeisehen darf (Zentrum für Umweltforschung der Universität des Saarlandes – Koordinationsausschuß 1989). So existieren ja im Mitteleuropa nur noch 1–3 % Naturlandschaften. Geographen sprechen im Zusammenhang mit Ökosystemen auch von „Geosystem" und meinen das Gesamt der Verflechtungen zwischen Gestein, Boden, Wasser, Vegetation, Lufthülle, Klima, Relief, tierischem Lebensbereich und anthropogenen Bezugsgrößen wie etwa Siedlungsbild, Wirtschafts- und Verkehrsnetzen (Hambloch 1986, S. 7). Jedes Element steht im Geosystem mit jedem anderen in einem Wirkungszusammenhang, wenn man etwa an die Entstehung der verschiedenen Böden durch Verwitterung, ihre Beeinflussung durch Pflanzen- und Tierwelt und die Nutzung durch den Menschen denkt, durch die es ja „zu einer tiefgreifenden Veränderung des landschaftlichen Gefüges kommen" kann (Hambloch 1986, S. 8).

Spätestens seit Hans Jonas' ‚Prinzip Verantwortung' (1979) ist deutlich geworden, daß unsere Verantwortung auf zeitliche und räumliche Dimensionen zu beziehen ist, die unser bisheriges ethisches Denken übersteigen. Dies ist vermutlich deshalb so schwierig, weil wir keine ausgeprägte Erkenntnisstruktur für die komplexen Wechselwirkungen in Ökosystemen und für die Bedrohung besitzen, die aus exponentiellen Wachstum entsteht. Exponentielles Wachstum ist ja eine der wichtigsten nichtlinearen Beziehungen. Man kann sie sich am Beispiel des bekannten indischen Märchens vom Schachbrett und der sich von Feld zu Feld verdoppelnden Zahl von Weizenkörnern veranschaulichen: Für das 54. Feld bräuchte man vergleichsweise schon die Menge einer Weltweizenernte, um die erforderliche Anzahl an Weizenkörnern zu erhalten, für das 64. Feld die Weltweizenernte der nächsten 100 Jahre (vgl. Vester 1983, S. 45 ff.). D. h. es „bedarf der ganzheitlichen Erforschung der räumlichen Muster, Gefüge und Prozesse sowohl im globalen Geosystem Mensch-Erde als auch in seinen regionalen Subsystemen besonders dringend. ... Das Wissen um die Synenergie der Geoelemente ist ebenso wichtig wie die Erforschung von immer spezielleren Details bei den einzelnen Prozessen" (Hambloch 1987, S. 20). Den Sinn für solche Zusammenhänge zu wecken und das Wissen darum zu präzisieren, ist eine wesentliche Voraussetzung jener angestrebten ökologischen Weltordnung, von der in der Basler Erklärung die Rede ist. Es geht um die Erforschung der „zahllosen Vernetzungen und Rückkoppelungen materieller und immaterieller Art", die „nur zum Teil mit ähnlichen Fragen und Problemen befaßt (ist) wie die Erforschung naturnaher Ökosysteme" (Zentrum für Umweltforschung der Universität des Saarlandes – Koordinationsausschuß 1989, S. 3). Dieses Wirkungsgeflecht konstituiert im Grunde jenen Raum, mit dem es Ökosystemforschung zu tun hat. An der Entwicklung und Bestimmung eines angemessenen – diesen Vernetzungen materieller und immaterieller Art – angemessenen Raumbegriffs hängt die

Möglichkeit einer materialen – also inhaltsbezogenen, nicht nur formal-methodologischen – Integration aller Bemühungen zu einer ökologischen Weltordnung.

Nun ist aber der Begriff des Raumes wie der der Zeit seiner Eigenart nach ein Inbegriff oder, wie Kant sagt, eine Anschauungsform, d.h. eine Form, die allem Bemessen, Zuordnen, Beurteilen, Abschätzen je schon zugrundeliegt (1968, B 33 ff. und A 19 ff.). Auch der gesuchte Raumbegriff muß somit den Charakter eines Inbegriffs haben, um Grundlage einer Raumordnung sein zu können. Ein solcher Inbegriff ist direkt jedoch nicht erfaßbar – denn dies erforderte einen Standpunkt außerhalb des Raumes und d. h. auch außerhalb unserer selbst. Er ist jedoch indirekt aus den Wechselwirkungen zu ermitteln, und zwar aufgrund der Eigenart der zu erforschenden Vernetzungen – nämlich materieller und immaterieller Art – nur im Spannungsfeld von Notwendigkeit und Verantwortung. Da die Ermittlung eines solchen Raumbegriffs stets der Gefahr vorschneller Antizipationen und falscher Anschauungen ausgesetzt ist, bedarf es der kritischen Absicherung und Abgrenzung im Lichte elementarer Prinzipien der Menschenwürde und Gerechtigkeit. Als Leitidee einer urban-industriellen Ökosystemforschung könnte von daher die Idee des menschengerechten Wohnens im „Haus des Raumes" (vgl. u. a. Bollnow 1971 und o.J.) der Vernetzungen materieller und immaterieller Art gelten. Mit dem Begriff des Menschengerechten ist kein Anthropozentrismus gemeint, sondern nur das, was der Eigenart des Menschen, d. h. den Wirkweisen der menschlichen Natur entspricht. Diese Idee ist als Zielbezug urban-industrieller Ökosystemforschung zweifellos noch sehr inhaltsarm und als solche zu einer materialen Integration kaum zureichend, wenngleich notwendig im Sinne einer ersten Orientierung. Eine weiterführende Perspektive kann jedoch aus der Betrachtung dessen gewonnen werden, was verantwortliches raumwirksames *Handeln* in solchen komplexen Strukturen bedeutet. Der handlungsbezogene Ansatz (vgl. Hambloch 1983; Zentrum für Umweltforschung der Universität des Saarlandes – Koordinationsausschuß 1989, S. 28 und S. 30; Werlen 1987) nämlich vermag sowohl die natürlichen als auch die kulturellen Systeme in ihrer ethischen Relevanz zu erschließen und damit den Weg der Verantwortung des Menschen begehbar zu machen.

Sachgesetzlichkeit und sittliches Handeln

Komplexe Zusammenhänge wie etwa ein bestimmtes Ökosystem zu erforschen heißt, sie nach Regelhaftigkeiten hin untersuchen und bestimmen. Regelhaftigkeiten von Systemen lassen sich als Systemerfordernisse bezeichnen, in der Ethik, speziell auch in der Moraltheologie, spricht man gerne von Sachgesetzlichkeiten (Böckle 1985). Sie bezeichnen notwendige Zusammenhänge im Hinblick auf die Systemerhaltung oder bestimmte Systemfunktionen. Ohne die Formulierung von Sachgesetzlichkeiten läßt sich über Ökosysteme kaum sinnvoll diskutieren. Andererseits sind empirisch erfaßbare Sachgesetzlichkeiten allein noch kein zureichender Grund ethischen Entscheidens und Handelns. Innerhalb der Ökonomie zeigt sich ja beispielsweise, daß „Sachgesetzlichkeit ... ein recht dehnbarer Begriff" ist. Genügen (hierbei) bereits die immanenten Gesetzmäßigkeiten des freien Marktes für eine gerechte Ordnung der Wirtschaft? Oder brauchen wir darüber hinaus (nicht vielmehr) eine Steuerung, die sich an Eck- und Richtwerten orientiert, die für das menschliche Zusammenleben als grundlegend erkannt und anerkannt sind? Einsichten des Menschen über sich selbst, über seine menschlichen Fähigkeiten und Grenzen einerseits und der erfahrbare Umfang mit den Grundlagen und Gesetzmäßigkeiten des sozialen und wirtschaftlichen Zusammenlebens (Böckle 1985, S. 1 f.) – erst beides zusammen ergibt die Grundlage dafür, ethisch sachgerecht und darin verantwortlich zu entscheiden. In diesem Sinne hat bereits das 2. Vatikanische Konzil von der relativen Eigengesetzlichkeit der irdischen Wirklichkeiten gesprochen, die „ihre eigenen Gesetze und Werte haben, die der Mensch schrittweise erkennen, gebrauchen und gestalten muß" (Pastoralkonstitution Nr. 36).

Was nun bei relativ fest etablierten und in sich betrachteten Sachbereichen noch als eingrenzbare Aufgabe erscheint etwa im Hinblick auf eine Wirtschaftsethik oder eine politische Ethik, erweist sich bei einer urban-industriellen Ökosystemforschung als neuartiges Problem. Sie nimmt ja die hochkomplexen Vernetzungen und Rückkoppelungen materieller und immaterieller Art in ihrer vor allem erdräumlichen Dimension in den Blick und zielt damit auf ein Sinnganzes, nicht nur auf isolierte Regelhaftigkeiten an sich, abstrakt betrachtet, sondern auf die Bedeutung, in der sie in dem betrachteten Zusammenhang real „da" sind, also z. B. nicht nur auf einen Wirtschaftsraum und den darin stattfindenden Güter- und Kapitaltransfer an sich, sondern auch auf die Bedeutung, in der er für die Art und Weise des Lebens darin, der kulturellen Entwicklung und des Umgangs mit den natürlichen Voraussetzungen real „da" ist. So hat z. B. Fliedner (1981) in einer historisch-geographischen Studie über die Pecos-Indios in Lateinamerika deutlich gemacht, wie Bevölkerungswachstum und Nahrungsmittelerzeugung in Wechselwirkung miteinander stehen und sehr differenzierte Raumstrukturen über Jahrhunderte hinweg erzeugt haben – bis hin zu der Strukturveränderung, die die Conquista etwa im Wirtschaftsbereich eingeleitet hat und letztlich zum Verschwinden der Population führte.

Ein solcher Erkenntniszugang ändert per se auch das Verständnis von „Sachgesetzlichkeit", „Systemerfordernis" oder „Systemnotwendigkeit". Er erfordert nämlich, Sachgesetzlichkeiten im Modus der Wechselwirkung und nicht nur der linearen Kausalität zu erfassen. Es ist das, was Vester (1980) das „Neuland des Denkens" nennt (vgl. auch Vester 1976, 1985; Vester u. von Hesler 1980). Für Vester ist die heutige Situation von Urbansystemen folgendermaßen gekennzeichnet: „Durch die zunehmende Dichte der Menschheit sind die von Menschen geschaffenen Systeme (Straßen, Siedlungen, Fabriken, Bergbau, Landwirtschaft usw.) so stark aufeinandergerückt, daß eine Vielfalt von chemischen, physikalischen, energetischen und sozialen Wechselwirkungen zwischen ihnen, dem Menschen und der Biosphäre entstanden sind. Wechselwirkungen, durch die ein neues, übergeordnetes System entstand: das der menschlichen Zivilisation auf diesem Planeten" (Vester 1976, S. 16). Es geht ihm darum zu zeigen, „wie man die Vielfalt der neuentstandenen Wechselwirkungen in einem Ballungsgebiet erfassen kann, um die Eigenschaften dieses Systems und seiner Teile so zu verbessern, daß es in sich stabil und damit langfristig überlebensfähig wird" (Vester 1976, S. 16). Sein Lösungsansatz besteht in der Wiederentdeckung zweier Ordnungen, die sowohl die Wirklichkeit, die erfahrbare Welt, wie auch unsere Denkstrukturen, unser Erkennen bestimmen, nämlich die Ordnungen des Nacheinander und der Wechselwirkung. Der Mensch kann, so Vester, die Wirklichkeit auf zwei grundsätzlich verschiedene Arten wahrnehmen: „konstruktivistisch als Summe von Details" (d. h. im kausal-logischen Denkzusammenhang) und „systemisch in Form von Mustererkennung" (1985, S. 163).

Der an Kant geschulte Philosoph wird in den beiden Erkenntnisweisen unschwer das wiedererkennen können, was Kant in der „Kritik der reinen Vernunft" die „Analogien der Erfahrung" nennt. Neben dem *Grundsatz der Beharrlichkeit der Substanz* (die Bedingung dafür, daß überhaupt etwas im Entstehen und Vergehen der Erscheinungen erkennbar ist) meint Kant damit vor allem den *Grundsatz der Zeitfolge nach dem Gesetz der Kausalität* („Alle Veränderungen geschehen nach dem Gesetze der Verknüpfung der Ursache und Wirkung") und den *Grundsatz des Zugleichseins nach dem Gesetz der Wechselwirkung oder der Gemeinschaft* („Alle Substanzen, sofern sie im Raume als zugleich wahrgenommen werden können, sind in durchgängiger Wechselwirkung") (Kant 1968, B 256).

In der Moraltheologie sind diese zwei Erkenntnisweisen von der Theorie der Handlung mit Doppeleffekt her bekannt, d. h. einer Handlung mit Haupt- und Nebenfolgen, wobei die Nebenfolgen oftmals ein Übel darstellen (vgl. Höver 1988). Es geht dabei um die Frage, wie Handlungen mit negativen Nebenwirkungen ethisch verantwortet werden können.

Die Moraltheologie hat traditionellerweise in Form von 4 Prinzipien darauf eine Antwort gegeben:

1. Die Handlung, aus der sich die schlechte Folge ergibt, muß an sich gut oder indifferent, sie darf nicht sittlich schlecht sein.
2. Die Absicht beim Handeln muß gut sein, d. h. die schlechte Folge darf nicht intendiert werden.
3. Die schlechte Folge muß sich ebenso unmittelbar ergeben wie die gute Wirkung, denn sonst wäre sie ein Mittel zur guten Wirkung und somit intendiert.
4. Es muß ein entsprechend schwerwiegender Grund vorliegen, um die schlechte Folge in Kauf zu nehmen.

So sehr diese Theorie im Hinblick auf die heutigen Fragen ergänzungsbedürftig ist, ist doch deren Sinn relativ eindeutig: Um die Frage der ethischen Verantwortung solcher Handlungen überhaupt beantworten zu können, genügt es nicht, die Handlungen linear, in kausalem Nacheinander zu betrachten, sondern sie sind auch im Wechselwirkungsverhältnis, in ihrer Vernetzung – „gleich unmittelbar" (aeque immediate) – in den Blick zu nehmen.

Betrachtet man den Ansatz Vesters auf diesem Hintergrund, werden natürlich die methodologischen Probleme urban-industrieller Ökosystemforschung nicht gerade geringer. Denn es liegt auf der Hand, daß mit dem Überschritt vom kausallinearen zum „vernetzten" Denken das menschliche Erkennen recht schnell überfordert sein kann, Sinnzusammenhänge falsch eingeschätzt, verfrühte Synthesen und vorschnelle Schlüsse gezogen werden. Als Konsequenz resultiert daraus nicht selten die unkritische Postulierung von – möglicherweise falschen – Notwendigkeiten. So werden in einem „Öko-Lexikon" zunächst die Zusammenhänge zwischen Mensch und Umwelt dargestellt und das Problem der Umweltbelastung durch die Bevölkerungsdichte skizziert. Für den Verfasser erscheint es hierbei unumgänglich, „die Zahl der Menschen in der 1. Welt, von der ja pro Kopf die weitaus größte Umweltbelastung ausgeht, allmählich durch entsprechende Geburtenplanung zu reduzieren, da ohne solche Maßnahmen dem Verlust von Vielfalt und Schönheit der Lebensräume" kaum wirkungsvoll zu begegnen ist. „Das Beispiel eines bewußt herbeigeführten Bevölkerungsrückgangs in der 1. Welt könnte die Bereitschaft in der 3. Welt fördern, massive Anstrengungen zu unternehmen, der eigenen Bevölkerungsexplosion Einhalt zu gebieten" (Walletschek 1980, S. 22 und vgl. demgegenüber Böckle 1986) – soweit das Beispiel aus dem „Öko-Lexikon".

Auch die Zwangsläufigkeit der Anwendung der modernen Technik kann eine solche falsche Notwendigkeit darstellen. Für den Philosophen Jonas liegt gerade hier das Problem der heutigen Lebenswelt. Das Wesen der modernen Technik verhindert oder erschwert das vernetzte Denken. Selbst dann, wenn sie gutwillig für ihre eigentlichen und höchstlegitimen Zwecke eingesetzt werde, habe sie eine bedrohliche Seite an sich, die langfristig das letzte Wort haben könnte. Denn die Spätfolgen seien nicht übersehbar und niemand könne sagen, welche Wirkungen letztlich dominieren werden. Ihre Gefahr liege paradoxerweise mehr im Erfolg als im Versagen, da der angeborene Keim des Schädlichen durch das Vorantreiben des Nützlichen mitgeführt und zur Reife gebracht wird (vgl. Jonas 1979, 1984, 1987).

Einer unkritischen Handhabung vernetzten Denkens, welche die Gefahr noch größerer Systemzwänge herbeiführen könnte, ist auf dem Niveau heutiger Wissenschaftskultur nur durch ein interdisziplinäres Arbeiten wirksam zu begegnen. Innerhalb der Moraltheologie ist schon relativ früh erkannt worden, daß solch interdisziplinäres Arbeiten einen neuen Typus von integrierender Wissenschaft erfordert und daß solche integrierende Wissenschaft nur in ethischer Orientierung, im Horizont von Ethik möglich ist.

Integrierende Wissenschaft im Horizont von Ethik

Ethik hat nach einem Wort von Böckle den Blick auf das Ganze zu lenken. Denn das Sittliche, die Sittlichkeit ist kein Teilbereich des Menschen, sondern umfaßt seine ganze Wirklichkeit. Zu dieser Wirklichkeit gehört nicht bloß die Innerlichkeit, eine rein geistige Welt von Werten, oder nur das Persönliche und Private, sondern die Gesamtheit der Lebensbezüge, in denen der Mensch in seiner Welt existent ist. Wenn also nur im Horizont von Ethik der Blick auf die Gesamtheit von Lebensbezügen in Wechselwirkung möglich ist, müßte dies auch für den Typ integrierender Wissenschaft gelten. Als einer der ersten hat der Moraltheologe Schöllgen (1961) die Idee integrierender Wissenschaften als eines neuen Typs von Wissenschaft formuliert. Integrierende Wissenschaften findet Schöllgen vor zum einen als neu entstandene Disziplinen wie etwa die Verkehrswissenschaft, zum anderen aber auch als traditionelle Disziplinen wie etwa die Geographie, die ihren Gesamtcharakter durch Erweiterung des Gesichtsfeldes zu verändern beginnen. „Sie gehorchen so einer Erkenntnis, die der französische Mathematiker Poincaré in die ironische Formel faßte, mit einem Mikroskop könne man keinen Elefanten entdecken" (Schöllgen 1961, S. 31). Dementsprechend genügt bei der Verkehrswissenschaft auch nicht die Kenntnis des physikalischen Trägheitsgesetzes, um Fragen der Geschwindigkeitsbeschränkung zu erörtern. Dazu gilt es, das Verkehrsbedürfnis des heutigen Menschen zu kennen und von der Medizin und der Psychologie aus die Unfallgefährdung, die Grenzen menschlicher Aufmerksamkeit, die Reaktionsfähigkeit oder den stimulierenden Einfluß von Konkurrenz- und Geltungsbedürfnissen zu berücksichtigen u. a.m.

Integrierende Wissenschaft benötigt ein integrierendes Bezugssystem. Für Schöllgen ist dies die Anthropologie, genauer: der Mensch nicht als abstraktes animal rationale, sondern in seinen Interessenbereichen, die mit bestimmten Wert- und Güterkreisen korrespondieren, z. B. „der Interessenbereich der Gesundheit und körperlichen Leistungs- und Erlebenskraft oder der Interessenbereich der Information über alles Neue von vitaler Wichtigkeit" (Schöllgen 1961, S. 40).

Es liegt nahe, in Weiterführung des Ansatzes von Schöllgen, solche mit Wert- und Güterkreisen gekoppelten Interessenbereiche als elementare Raumstrukturen zu begreifen, in denen der Mensch in Wechselwirkung mit sich und seiner Umwelt steht. Daß dies nicht reine Spekulation ist, zeigt ein kurzer Blick auf die Sozialgeographie, deren Entwicklung selbst schon die Merkmale und Probleme einer integrierenden Wissenschaft gleichermaßen erkennen läßt (vgl. Maier et al. 1977; Werlen 1987). Die „Münchener Konzeption der Sozialgeographie" von Maier et al. (1977) geht davon aus, „daß jedes Individuum eine bestimmte Anzahl von Bedürfnissen zu befriedigen sucht und dafür entsprechende Leistungen hervorbringt. Als derartige bedürfnisbefriedigende Leistungen (Funktionen) werden unterschieden: Wohnen, Arbeiten, Sich-versorgen, Sich-bilden, Sich-erholen, Verkehrsteilnahme, In-Gemeinschaften-Leben" (Werlen 1987, S. 231). Diese Interessenbereiche sind mit spezifischen Raumanforderungen verknüpft und bewirken auch entsprechende Raumstrukturen. Von daher läßt sich „die Kulturlandschaft als ein erdräumliches Strukturmuster der Daseinsfunktionen" (Werlen 1987, S. 232), bezogen auf die Bevölkerung eines bestimmten Gebietes, verstehen. Die Bedeutung der erdräumlichen Anordnung einer bestimmten Landschaft oder Region inclusive der durch den Menschen bewirkten Veränderungen bestimmt sich nach diesem Konzept von den Daseinsgrundfunktionen her. Nun ist diese Münchener Konzeption der Sozialgeographie noch recht einseitig und unzulänglich, da sie zu sehr am Individuum und am Funktionsbegriff orientiert ist und zu wenig am sozialen Handeln und am Daseinsverständnis. Sie ist ja auch eher von den Prinzipien der Stadtplanung her konzipiert. Der dadurch vermittelte Raumbegriff reicht zur Integration urban-industrieller Ökosystemforschung nicht aus. Aber er liefert vielleicht eine Verstehenshilfe für das gesuchte Ziel. Denn es besteht kein Zweifel, daß die Ordnungen des Lebens differenzierte Raumstrukturen schaffen (vgl. Hambloch 1983, S. 28ff.). Hat man aber einmal erfaßt, wie überhaupt ein für die Ökosystemforschung relevanter Raumbegriff zu verstehen ist, so lassen sich auch die weiteren Bemühungen innerhalb der theologischen Ethik, die auf dem Ansatz von Schöllgen aufbauen, nutzbar machen.

Die erwähnten Daseinsgrundfunktionen erinnern den Moraltheologen an das, was Thomas von Aquin natürliche Neigungen nennt. Natürliche Neigungen sind grundlegende Dispositionsfelder menschlichen Seinkönnens. Mit ihnen gewinnen die erdräumlichen Anordnungsmuster auch bereits erste Tiefendimensionen. Thomas von Aquin denkt sich diese natürlichen Neigungen nämlich gewissermaßen in 3 Stufen: Die grundlegende Neigung ist die zur Selbsterhaltung, sie teilt der Mensch mit allem Seienden, die zweite ist die zur Arterhaltung, sie hat der Mensch mit allem Lebendigen gemeinsam, die dritte Stufe sind die spezifisch menschlichen Neigungen, die er alleine besitzt wie z. B. die Neigung zur Gemeinschaftsbildung, zur Erkenntnis, zum Leben gemäß der Vernunft, das Streben nach dem universalen Gut u. a. m. In der Weise, wie man innerhalb der Moraltheologie versucht, das Wesen der natürlichen Neigungen von der heutigen Verhaltensforschung her tiefer zu verstehen (vgl. Korff 1973), sucht man auch innerhalb der Kulturgeographie, das raumbezogene Verhalten mit Hilfe der Humanethologie besser zu erfassen. Der Mensch verfügt offensichtlich „über eine stammesgeschichtlich erworbene Territorialität" (Hambloch 1983, S. 107), er ist kollektiv und individuell „hochgradig territorial sensibel" (Moewes 1980, S. 55). Nun existieren diese Neigungen beim Menschen von Anfang an – also auch in den ersten beiden Stufen – nur in der Natur-Kultur-Verschränkung menschlichen Handelns und sind nur von daher in ihrer Bedeutung richtig erfaßbar. Sie begegnen daher konkret stets nur als das, was man in moraltheologischer Fachterminologie als „existentielle Zwecke" oder als „ethische Notwendigkeiten" bezeichnet.

In der Naturrechtsethik von Messner stellen die „existentiellen Zwecke" einen Grundbegriff materialer Vernunft dar. Messner versteht darunter die

> Selbsterhaltung einschließlich der körperlichen Unversehrtheit und der gesellschaftlichen Achtung (persönliche Ehre); die Selbstvervollkommnung in physischer und geistiger Hinsicht, einschließlich der Ausbildung seiner Fähigkeiten zur Verbesserung seiner Lebensbedingungen sowie der Vorsorge für seine wirtschaftliche Wohlfahrt und Sicherung des notwendigen Eigentums und Einkommens, die Ausweitung der Erfahrung und des Wissens und Lebenserfüllung durch die Welt der geistigen Werte; die Fortpflanzung durch Paarung und die Erziehung der daraus entspringenden Kinder; die wohlwollende Anteilnahme an der geistigen und materiellen Wohlfahrt der Mitmenschen als gleichwertiger menschlicher Wesen; gesellschaftliche Verbindung zwecks Förderung des allgemeinen Nutzens, der vor allem in der Sicherung von Frieden und Ordnung, in der Ermöglichung der materiellen und kulturellen Wohlfahrt der Gemeinschaft sowie in der Förderung der Kenntnis und Beherrschung der Kräfte der Natur für diesen Zweck besteht; die Gewinnung gesicherter Erkenntnis seiner Stellung in der Welt als Ganzes und seiner endgültigen Bestimmung und in Verbindung damit die Kenntnis und Verehrung des Schöpfers (Messner 1954, S. 157; vgl. auch Messner 1966).

Wie man sieht, handelt es sich um einen sehr allgemeinen Katalog fundamentaler Bedingungen, die das Leben des Menschen sinnerfüllt machen. Zu einem großen Teil sind es offensichtlich die grundlegenden Rechtsgüter, wie sie in den Grundrechts- und Menschenrechtskatalogen kodifiziert sind. Für sich betrachtet erscheinen sie als relativ allgemeine Prinzipien. Anders aber sieht es aus, wenn man sie auch, natürlich nicht ausschließlich, als kultur- und sozialgeographisch relevante Faktoren begreifen lernt. Sie vermitteln dann nämlich einen ethisch bestimmten Raumbegriff, der es ermöglicht, physisch-weltliche und sozial-weltliche Dimensionen miteinander in Beziehung zu bringen sowie die Wechselwirkungen zwischen Gesellschaft, Kultur und Natur zu strukturieren und lokalisieren. Nur ein im Horizont von Ethik vermittelter Raumbegriff ist die Grundlage dafür, falsche Notwendigkeiten zu erkennen und konkrete Verantwortung in komplexen Systemen zu begründen. Ein den Ökosystemen angemessener Raumbegriff ist ja die Voraussetzung dafür, auch das zeitliche Handlungsgefüge in seinen Bedingungen und Folgen in den Blick zu nehmen. Denn Verantwortung – auch Technikverantwortung – hat in den Worten von Ropohl (1987, S. 155) neben einem Weswegen im Sinne von Werten oder des guten Lebens aller immer zugleich auch ein Wofür, nämlich die beabsichtigten und unbeabsichtigten Folgen einer Handlung.

Ein solches Verständnis von Daseinsgrundfunktionen oder existentiellen Zwecken im Sinne elementarer Raumbegriffe oder Ordnungsmuster ist nun von der Theologie her nicht ganz so ungewöhnlich, wie es vielleicht den Anschein haben mag. Die Raummetapher spielt ja im Alten Testament, vor allem im Deuteronomium, eine besondere Rolle, um die neue von Gott gewährte Freiheit gewissermaßen zu verorten und in ihrer Bedeutung zu vermitteln (vgl. Sauter 1978, S. 556). Die Befreiungserfahrung erschöpft sich ja nicht einfach im Exodus, sondern findet im verheißenen Land ihre ethische Auslegung. Es ist der Dekalog, der in seiner Einheit von Erster und Zweiter Tafel den von Gott gewährten Ort der Freiheit repräsentiert. Von daher gesehen ist es nicht einmal so sehr das Problem, ob der Dekalog inhaltlich gesehen vollständig den Bereich der Sittlichkeit abdeckt, sondern entscheidend ist, daß hier gewissermaßen ein Merkmalsraum der Freiheit eröffnet wird (vgl. Schmitz 1985). Diesen Raum der Freiheit gibt es zu bewohnen, d. h. zu schonen und offenzuhalten. Es trifft zu, wenn Ruppert (1989, S. 285) aus der Perspektive der Sozialgeographie sagt: „In Anbetracht der zunehmenden Ansprüche an das Prozeßfeld Raum muß das Offenhalten von Handlungsspielräumen für die nachfolgende Generation als Ziel anvisiert werden. Die Erhaltung unserer Kulturlandschaft setzt eine raumorientierte Handlungsanleitung zu ihrer Gestaltung voraus". Das Prozeßfeld Raum ist der Ort, an dem unsere Verantwortung gegenüber Gott wirksam werden soll. Man kann sich vermutlich leicht vorstellen, daß gegenüber dem Gebot „Du sollst neben mir keine anderen Götter haben" ein Anbeten von Idolen oder falschen Idealen in alter oder moderner Form den Menschen nicht nur innerlich in Knechtschaft bringt, sondern *mittelbar* auch raumwirksam werden kann, daß Unrecht i.S. der Gebote der Zweiten Tafel *mittelbar* auch die Räume eng macht, Überwindung von Unrecht sie zu öffnen vermag.

Trifft es zu, daß der Mensch nicht in einem bloß reaktiven, sondern interaktiven Verhältnis zum Raum steht (vgl. Hambloch 1983, S. 174), so muß dies auch Konsequenzen für unser Verständnis sittlicher Verantwortung im Umweltschutz haben. Für Hambloch bedarf es daher „einer prinzipiell neuen Art Denkens, wenn die Menschheit überleben soll" (1983, S. 174). Er betont aber ebenso, daß die Lösung für die Fragen nach den Maßstäben des Handelns nicht von wissenschaftlicher Theoriebildung im Sinne von Poppers Falsifikationsprinzip zu finden sein wird, sondern nach Papst Johannes Paul II „in der erneuten Verbindung des wissenschaftlichen Denkens mit der wahrheitssuchenden Glaubenskraft des Menschen", im Zusammenhang also von Wissen und Glauben, der „durch die moderne Wissenschaft nicht überholt ist" (Papst Johannes Paul II 1980, S. 26–34).

Die Überlegungen zum Verhalten des Menschen im Raum, zur Eigenart raumwirksamer Tätigkeit sind nur Ansatzpunkte zu einer an der Eigengesetzlichkeit des Geosystems orientierten Ethik. Sie beseitigen in keiner Weise etwa die außerordentlich schwierigen Fragen der Ökonomie im Umweltschutz. Sie wollen aber vor dem Rückfall in den Pessimismus und dem Rückzug in die Idylle bewahren. Sie setzen auf Hoffnung, weil nicht alles vom raumwirksamen Handeln des Menschen abhängt, sondern weil Gott selbst, wenn man so sagen darf, raumwirksam tätig geworden und je schon tätig ist.

Literatur

Barthelmess A (1988) Landschaft – Lebensraum des Menschen. Freiburg i.Br.
Böckle F (1985) Anthropologie und Sachgesetzlichkeit im Dialog zwischen Moraltheologie und Wirtschaftsethik. – Forschungsstelle für Wirtschaftsethik an der Hochschule St. Gallen für Wirtschafts- und Sozialwissenschaft 10
Böckle F (1986) Artikel Geburtenregelung II-III. In: Staatslexikon Bd. 2. Freiburg i.Br (7. Auflage), S 789-794
Bollnow OF (1971) Mensch und Raum. Stuttgart
Bollnow OF (o.J.) Das Verhältnis des Menschen zur Zeit. o.O.
Fliedner D (1980) Zum Problem des vierdimensionalen Raums. Eine theoretische Betrachtung aus historisch-geographischer Sicht. In: Philosophia naturalis 18:388-412
Fliedner D (1981) Society in Space and Time. An Attempt to Provide a Theoretical Foundation from a Historical Geographic Point of View. Saarbrücken
Hambloch H (1983) Kulturgeographische Elemente im Ökosystem Mensch – Erde. Eine Einführung unter anthropologischen Aspekten. Darmstadt
Hambloch H (1986) Der Mensch als Störfaktor im Geosystem. Opladen
Hambloch H (1987) Erkenntnistheoretische Probleme in der Geographie. In: Köhler E, Wein N (Hrsg) Natur- und Kulturräume. Paderborn, S 19-28
Handke P (1984) Langsame Heimkehr. Erzählung. Frankfurt/Main
Heidegger M (1954) Bauen Wohnen Denken. In: Heidegger M (Hrsg) Vorträge und Aufsätze. Pfullingen, S 145-162
Höver G (1988) Sittlich handeln im Medium der Zeit. Ansätze zur handlungstheoretischen Neuorientierung der Moraltheologie. Würzburg
Jonas H (1979) Das Prinzip Verantwortung. Versuch einer Ethik für die technologische Zivilisation. Frankfurt/Main
Jonas H (1984) Technik, Ethik und Biogenetische Kunst. Betrachtung zur neuen Schöpferrolle des Menschen. IKaZ 13:501-517
Jonas H (1987) Warum die Technik ein Gegenstand für die Ethik ist: Fünf Gründe. In: Lenk H, Ropohl G (Hrsg) Technik und Ethik. Stuttgart, S 81-91
Kant I (1968) Kritik der reinen Vernunft – Bd. III, hrsg. von W. Weinschedel, Darmstadt
Kariel HG, Kariel PE (1972) Explorations in Social Geography. Massachusetts
Kluge F (1963) Etymologisches Wörterbuch der deutschen Sprache; bearb. von M. Mitzka. Berlin (19. Auflage)
Klüter H (1986) Raum als Element sozialer Kommunikation. Gießen
Kluxen W (1988) Landschaftsgestaltung als Dialog mit der Natur. In: Zimmerli W Ch (Hrsg) Technologisches Zeitalter oder Postmoderne? München, S 73-87
Konferenz europäischer Kirchen und Rat der Europäischen Bischofskonferenzen (Hrsg) (1989) Frieden in Gerechtigkeit. Dokumente der Europäischen Ökumenischen Versammlung. Basel Zürich
Koeff W (1973) Norm und Sittlichkeit. Untersuchungen zur Logik der normativen Vernunft. Mainz
Maier J, Paesler R, Ruppert K, Schaffer F (1977) Sozialgeographie. Braunschweig

Messner J (1954) Kulturethik mit Grundlegung von Prinzipienethik und Persönlichkeitsethik. Innsbruck

Messner J (1966) Das Naturrecht. Handbuch der Gesellschaftsethik, Staatsethik und Wirtschaftsethik. Innsbruck

Moewes W (1980) Grundfragen der Lebensraumgestaltung. Raum und Mensch. Prognose ‚offene' Planung und Leitbild. Berlin

Papst Johannes Paul II (1980) Ansprache an Wissenschaftler und Studenten im Kölner Dom am 15. November 1980. Verlautbarungen des Apostolischen Stuhls 25:26–34

Pastoralkonstitution „Gaudium et spes" Nr. 36

Ropohl G (1987) Neue Wege, die Technik zu verantworten. In: Lenk H, Ropohl G (Hrsg) Technik und Ethik. Stuttgart, S 149–176

Ruppert K (1989) Der Raum als Prozeßfeld – Gedanken zum Raumverständnis der Sozialgeographie. In: Unger F, Kard. König F (Hrsg) Und wir haben doch eine Zukunft. Mensch und Natur an der Schwelle zum 3. Jahrtausend. Freiburg i.Br., S 275–285

Sauter G (1978) „Exodus" und „Befreiung" als theologische Metaphern. In: EvTh 38:538–559

Schmitz Ph (1985) Ist die Schöpfung noch zu retten? Umweltkrise und christliche Verantwortung. Würzburg

Schöllgen W (1961) Konkrete Ethik. Düsseldorf

Sedlacek P (Hrsg) (1982) Kultur-/Sozialgeographie. Paderborn

Trepl L (1988) Gibt es Ökosysteme?. In: Landschaft und Stadt 20:176–185

Vester F (1976) Ballungsgebiete in der Krise. Stuttgart

Vester F (1980) Neuland des Denkens. Vom technokratischen zum kybernetischen Zeitalter. Stuttgart

Vester F (1983) Unsere Welt – ein vernetztes System. Stuttgart

Vester F (1985) Homo technicus. „Ein Faustischer Pakt?" innovation 2/85, S 163–168; 3/85: 282–287

Vester F, von Hesler A (1980) Sensitivitätsmodell. Frankfurt/Main

Walletschek H (1980) Mensch und Umwelt. In: Walletschek H, Graw J (Hrsg) Öko-Lexikon, Stichworte und Zusammenhänge. München, S 13–22

Werlen B (1987) Gesellschaft, Handlung und Raum. Grundlagen einer handlungstheoretischen Sozialgeographie. Stuttgart

Zentrum für Umweltforschung der Universität des Saarlandes – Koordinationsausschuß (Hrsg) (1989) Integrative Zielkonzeption für den Forschungsschwerpunkt Urban-Industrielle Ökosysteme. Saarbrücken

Herrschaft über die Natur und Bewahrung der Schöpfung

Martin Honecker (Bonn)

Das Thema „Herrschaft über die Natur und Bewahrung der Schöpfung" hat derzeit in Kirche und Öffentlichkeit Konjunktur. Im konziliaren Prozeß „Gerechtigkeit, Frieden und Bewahrung der Schöpfung" ist der Umgang mit Natur und Umwelt neben der Erhaltung des *Weltfriedens* und dem Ringen um weltweite soziale und wirtschaftliche *Gerechtigkeit* eines der 3 großen Themen. Die Bedrohungen des Friedens, der Gerechtigkeit und der natürlichen Umwelt fordern Christen und Kirchen ökumenisch heraus. Das haben die Europäische Ökumenische Versammlung in Basel vom 15.-21. Mai 1989 und das Forum der Arbeitsgemeinschaft christlicher Kirchen in der Bundesrepublik in Stuttgart vom 20.-22. Oktober 1988 in ihren Erklärungen ausführlich formuliert (vgl. Evangelische Kirche in Deutschland 1989). Neben Stuttgart und Basel wäre auch die Ökumenische Versammlung in Dresden in der DDR zu nennen. Das Thema des Umgangs des Menschen mit der Natur und die Erhaltung der Schöpfung steht also auf der Tagesordnung.

In der Theologie wird die Thematik ebenfalls seit geraumer Zeit intensiv erörtert. Ich nenne nur die gemeinsame Erklärung des Rates der Evangelischen Kirche Deutschlands (EKD) und der Bischofskonferenz „Verantwortung wahrnehmen für die Schöpfung" 1985. Ebenfalls 1985 hat die Vereinigte Evangelische Kirche Deutschlands (VELKD) eine Studienarbeit „Schöpfungsglaube und Umweltverantwortung" veröffentlicht (Knuth u. Lohff 1985). Zu erwähnen ist auch ein „Manifest zur Versöhnung mit der Natur. Die Pflicht der Kirchen in der Umweltkrise" (Altner et al. 1984). Der katholische Moraltheologe Auer (1984) hat als einen „theologischen Beitrag zur ökologischen Diskussion" eine umfangreiche „Umweltethik" vorgelegt (1984).

Inzwischen gibt es eine „Ökologische Theologie". Unter diesem Titel hat Altner (1989) vor kurzem 20 Beiträge gesammelt und veröffentlicht. „Ökologische Theologie" ist freilich, wie man im Englischen sagt, ein „umbrella term", ein Sammelbegriff, unter dessen Schirm sich ganz verschiedene Anschauungen sammeln. In der Tat finden sich unter dem Stichwort „ökologische Theologie" die unterschiedlichsten Ansätze zusammen: eine Theologie der Natur, tiefenpsychologische Symboldeutung der Erfahrung der Naturverbundenheit, mystische Liebe zur Erde, Evolutionsideen, feministische Wirklichkeitsdeutung, naturphilosophische Überlegungen, rechtstheoretische Erwägungen zum Eigenrecht der natürlichen Mitwelt, Organismuskonzepte sammeln sich unter dem einen Schirm Ökologie.

Das Thema ist also weit verbreitet und recht weiträumig. Der Aktualität entspricht freilich nicht immer die Klarheit. Ich möchte im folgenden, zentriert auf das Leitmotiv der Verantwortung des Menschen für die Natur, 5 kontroverse Sachverhalte ansprechen. Dabei gehe ich nicht auf die Verantwortung des Menschen für die eigene Natur, sondern auf seine Verantwortung für die nichtmenschliche Natur, also für Tiere und Pflanzen, ein. Ich beginne mit dem biblischen Schöpfungsauftrag, dem dominium terrae.

1 Der biblische Schöpfungsauftrag

Man kann zunächst einmal grundsätzlich fragen: Trägt der Mensch überhaupt Verantwortung für Tiere und Pflanzen? Ist nicht wie in primitiven Kulturen die allbeseelte Natur ein eigenes System, für das der Mensch nicht zuständig ist? Diese Frage ist nach dem Zeugnis der Bibel und der Überzeugung jüdisch-christlichen Glaubens mit einem eindeutigen und uneingeschränkten „Ja" zu beantworten. Im 1. Kap. der Bibel lesen wir: „Und Gott schuf den Menschen zu seinem Bilde, zum Bilde Gottes schuf er ihn; und er schuf sie als Mann und Frau. Und Gott segnete sie und sprach zu ihnen: Seid fruchtbar und mehret euch und füllet die Erde und machet sie euch untertan und herrschet über die Fische im Meer und über die Vögel unter dem Himmel und über das Vieh und über alles Getier, das auf Erden kriecht" (1. Mose 1, 27 f.).

Diese vielzitierten, auch oftmals mißbrauchten Sätze verbinden die Gottebenbildlichkeit, die „imago dei" des Menschen – und zwar jeder Frau und jedes Mannes, also eine demokratische Formel – mit dem Auftrag der „Herrschaft" über die nichtmenschliche Natur, mit dem „dominium terrae". Dieser Auftrag ist zwar vielfach mißdeutet worden, denn er erlaubt nach dem biblischen Wortlaut dem Menschen gerade nicht eine gnadenlose Ausbeutung der Natur. Er verpflichtet ihn statt dessen dazu, Gottes Verwalter auf Erden zu sein. Ein Verwalter ist jedoch rechenschaftspflichtig. Im nächsten Kapitel der Bibel wird dieser Auftrag sehr einprägsam umschrieben, daß Gott den Menschen in den Garten Eden, in das Paradies gesetzt habe, damit der Mensch den Garten bebaue und bewahre (1. Mose 2,15). Kultivierung der Natur und Schutz der Lebewesen – das ist die Zielsetzung und die Absicht des biblischen Schöpfungsauftrages.

Nun werden vielleicht gegen diese Berufung auf die Bibel Einwände laut. Ist das vielleicht nicht nur ein Tribut an fromme Traditionen der Vergangenheit? Es wäre sicherlich ein Mißverständnis, wollte man diese Aussagen nur so verstehen, als lade erst und allein die Bibel dem Menschen die Verantwortung für Tiere und Pflanzen auf. Aber die Bibel öffnet sehr wohl die Augen für den *Ort* des Menschen in der Schöpfung. Lassen Sie mich dies kurz verdeutlichen.

In der Evangelischen Kirche in Deutschland gibt es seit einigen Jahren einen Ratsbeauftragten für Umweltfragen. Dieser läßt sich von einem wissenschaftlichen Beirat informieren. Und dieser Beirat hat 1988 einen Bericht „Zu den gegenwärtigen Bedingungen und Aufgaben von Schöpfungsverantwortung" (Kirchenamt der EKD) vorgelegt. Dieser Bericht setzt ein mit „Anzeichen für die vitale Bedrohung der Erde als Lebensraum". Die Fortdauer der Vielfalt des Lebens auf der Erde ist gefährdet, oder präziser geredet: Die Biosphäre als der belebte Raum der Erde, als Ökosystem, ist bedroht. Der Bericht schildert diese Bedrohung in seinem Aufriß genau entsprechend der Ordnung, wie sie der erste Schöpfungsbericht der Bibel vorgenommen hat. Noch heute erweist sich also trotz oder sogar gerade in Übereinstimmung mit wissenschaftlicher Weltbetrachtung und Welterforschung die hier vorgenommene Ordnung und Strukturierung des Lebens auf dem Planeten Erde als sinnvoll. Die Reihenfolge befaßt sich zunächst mit der Erschaffung des Lebensraumes (Zeit, Raum, Wasser, trockenes Land); dann folgt die Erschaffung der Hauptgruppen von Lebewesen (Pflanzen, Tiere, Mensch). In der Tat kann man heute die Bedrohung des Lebensgefüges „Erde" sinnvoll beschreiben anhand der Elemente der Biosphäre, also Wasser, Boden, Luft, – also dessen, was die Umweltpolitik „Medien" nennt – und anhand der Lebewesen oder Lebensgemeinschaften, wie Tier- und Pflanzenarten, des Waldes, des Menschen.

Diese Bedrohungen des Lebensgefüges Erde kann jetzt nicht im einzelnen entfaltet werden. Es geht lediglich um das Grundsätzliche. Deutlich ist jedenfalls, daß die biblische und christliche Sicht eine *Gemeinschaft aller Lebewesen* voraussetzt. Die theologische Perspektive bezieht die ganze Welt ein. Die Welt insgesamt ist Schöpfung. Sie beschränkt sich nicht auf den Menschen als Geschöpf Gottes. Auch Tiere haben nach biblischer Auffassung einen belebenden Atem, eine „Seele". Die Behauptung von Descartes, Tiere hätten keine Seele, kein Empfinden und die konkrete Folgerung mancher Kartesianer, man dürfe deshalb unbedenklich Tiere foltern, in Tierversuchen quälen, weil deren Schreien bloß eine rein mechanische Reaktion sei wie das Quietschen einer Maschine, entspringt keineswegs der biblischen Auffassung. Die Bibel macht es sehr deutlich, was im Buch der Sprüche (12,10) in Luthers Übersetzung lautet: „Der Gerechte erbarmt sich seines Viehs" oder, wie es Buber verdeutscht hat: „Es kennt der Bewährte die Seele seines Viehs, aber das Gefühl der Frevler ist grausam".

2 Christentum und Schöpfungsbewahrung

Damit komme ich nun zur 2. Frage: Hat das Christentum bei der Wahrnehmung dieses Auftrags zur Schöpfungsbewahrung in seiner Geschichte dann aber nicht versagt? Ist der christliche Glaube womöglich gar die Ursache der ökologischen Krise, der Zerstörung der Natur, der Vernichtung der Artenvielfalt, der Mißhandlung und des Quälens von Tieren in Tierversuchen, die Legitimation von nichtartgerechter Tierhaltung? Es gibt heute ja Empfehlungen, zur Naturmystik der Indianer, zu östlichen Heilslehren Zuflucht zu nehmen, um die Erde zu schützen und zu bewahren. Jeder von uns kennt schon solche Anklagen gegen das Christentum. Sind sie berechtigt oder sind sie falsch? Eine einfache und undifferenzierte Antwort darauf ist nicht möglich. Man kann nämlich dem Christentum zweifellos nicht die Alleinschuld an der ökologischen Krise aufladen; man kann es aber auch nicht von jeder Mitschuld freisprechen.

Der amerikanische Historiker White jr. hat 1966 die Debatte um das Verhältnis von Christentum und Natur eröffnet und die Ursachen der gerade ins Bewußtsein tretenden ökologischen Krise im biblischen Auftrag der Herrschaft über die Natur gesucht (White 1973). Bacons Glaubensbekenntnis, daß naturwissenschaftliches Wissen technische Macht über die Natur bedeute, sei nur die praktische und konsequente Anwendung des biblischen Auftrags zum dominium terrae. In der Tat beruft sich Bacon auf 1. Mose 1,27f. Der Sieg des christlichen Glaubens über das antike und das germanische Heidentum habe, so die Argumentation, nämlich die Welt entgöttert. Die Natur wird dadurch dem Menschen verfügbar. Man darf und kann sie sich in Experimenten unterwerfen. Mit einem Baum, in dem ein „Gott" wohne, gehe man anders um als mit bloßem Nutzholz. Dasselbe gelte für eine Quelle, ob man sie nun als Heimat einer Wassernymphe betrachte oder nur noch als Wasserreservoir benutze. Marxismus und Islam seien beides jüdisch-christliche Irrlehren. Sie teilten nur die Schöpfungsvergessenheit der christlichen Tradition. Daher, so White, verfange der Hinweis gar nicht, auch im Bereich des realen Sozialismus gebe es ebenfalls und noch mehr gravierende Umweltprobleme. Denn Marxismus und Islam hätten gerade vom Christentum die anthropozentrische, d. h. die allein auf den Menschen bezogene Sicht der Welt übernommen. Der außer Kontrolle geratene Schöpfungsauftrag, die Behauptung der rechtmäßigen Überlegenheit des Menschen über die Natur, sei Ursache der ökologischen Katastrophe. „In diesem Falle trifft das Christentum eine schwere Schuld" (White 1973, S. 26).

Einen alternativen christlichen Standpunkt findet er nur bei Franz von Assisi, dem „bedeutendsten Radikalen in der christlichen Geschichte nach Christus". Franz von Assisi habe als größter geistiger Revolutionär in der abendländischen Geschichte statt der Idee der unbegrenzten Herrschaft des Menschen über die Geschöpfe vielmehr die Vorstellung von der Gleichheit, einer Demokratie aller Geschöpfe Gottes, entwickelt. Deshalb schlägt er ihn als „Schutzpatron der Ökologen" vor (White 1973, S. 27). Man kann noch andere denselben Vorwurf erhebende Autoren nennen. Amery (1972) hat diesen Gedanken popularisiert. Zugespitzt formuliert: Wenn es keine Christen und keine säkularen, atheistischen Erben des Christentums wie Kommunisten oder die nur noch am wirtschaftlichen Gewinn interessierten Kapitalisten gäbe, also verweltlichte Post-Christen, gäbe es gar keine ökologische Krise, wäre es mit der Natur noch in Ordnung.

Ganz so einfach ist es freilich nicht. Richtig ist sicherlich, daß die Säkularisierung, die Entgötterung der Welt, schon zu biblischen Zeiten deren Kultivierung ermöglicht hat. Das dominium terrae gibt dem Menschen einen Kulturauftrag. Die Welt ist nach biblisch-christlicher Überzeugung nicht numinos, also etwas völlig Unantastbares. Sie ist nicht Tabu. Der Schöpfungsglaube lehnt außerdem den Pantheismus ab. Gott ist vielmehr transzendent. Die Welt ist sein Werk. Die Sterne sind zwar Himmelskörper, aber nicht „Himmelsmächte", die der Mensch zu verehren hat, sondern „Lampen", die den Weg des Menschen auf Erden erhellen. In diesem Sinne hat der christliche Glaube den Menschen zur Arbeit angehalten, ihm die Bearbeitung der Natur, die Kultivierung und Domestizierung von Pflanzen und Tieren erlaubt.

Aber – warum beginnt der maßlose Umgang mit Natur, Pflanzen und Tieren dennoch erst mit der Neuzeit? Erwähnt wurden schon die Namen von Bacon und Descartes. Beide lebten im 17. Jahrhundert. Seit dieser Zeit wird die Natur mechanistisch betrachtet, werden Pflanzen und Tiere wie Maschinen behandelt, analysiert, seziert. Das östliche, eher kontemplativ, d. h. beschaulich ausgerichtete Christentum kennt einen derartigen Umgang mit der Natur bis heute nicht. In der Neuzeit ändert sich generell die Einstellung des Menschen zur Natur und zu den nicht-menschlichen Lebewesen. Dieser Wandel in der Einstellung – man kann hier durchaus von einem Wertewandel oder von einem Wandel des Naturverständnisses sprechen – hat mannigfache Ursachen. Er hängt aber u. a. zusammen mit dem

Entschwinden Gottes aus der Welt. Gott wird gerade in der säkularisierten Kultur und Philosophie der Ferne, der Transzendente, oder der Gottesgedanke wird vom Atheismus überhaupt verneint. Auch der Schöpfungsgedanke tritt darüber zurück. Der Fortschrittsglaube einer zunehmenden, an keine Kriterien gebundenen Herrschaft des Menschen über die Natur gewinnt statt dessen an Boden. Der Mensch versteht sich als Schöpfer der Welt, nicht mehr selbst als Kreatur.

Die *Wirkungs*geschichte und Auslegungsgeschichte des dominium terrae, der Herrschaft des Menschen über die Natur, ist außerordentlich verwickelt und vielschichtig (vgl. Liedke 1972, S. 36ff.; Krolzik 1974, 1988). Die Alte Kirche legte die Stelle – im Anschluß an den jüdischen Theologen Philon von Alexandrien – rein allegorisch, symbolisch aus. Die Ebenbildlichkeit des Menschen besteht in der reinen Vernunftseele (Liedke 1972, S. 47). Die Herrschaft des Menschen vollzieht sich darum in der Beherrschung der eigenen Natur, des Körpers, und vor allem der Affekte. Bei Luther wird aus dem Schöpfungsauftrag der generelle Auftrag der Mitarbeit des Menschen an Gottes weltgestaltendem Handeln abgeleitet. Der Mensch ist berufen, im Blick auf die Welt Mitarbeiter Gottes, cooperator dei, zu sein. Auf den Umgang mit der natürlichen Umwelt wird diese Bibelstelle aber noch nicht eigens bezogen. Erst Bacon leitet aus dieser Stelle den Auftrag an den Menschen zur technischen Beherrschung über die Natur ab. Die Aufgabe der Erkenntnis der Natur ist die Wiederherstellung des Paradieses. Das Instrument der Technik erst setzt den Menschen instand, die Natur total, vollständig zu beherrschen. Das Experiment gibt den Menschen die Macht über die Natur. „Experimentieren heißt Macht über die Natur auszuüben" (Liedke 1972, S. 50). Dieser Wille zur technischen Beherrschung der Natur verbindet sich mit Descartes Scheidung von res extensa und res cogitans. Die Menschen sollen Herren und Besitzer der Natur sein (maitres et possesseurs de la nature – Discours de la méthode). Diese Herrschaft muß vom Menschen jedoch erkämpft werden. Damit kommt eine aggressive Komponente in den Umgang mit der Natur. Genau diese aggressive Haltung wird heute wiederum bekämpft und abgelehnt. Die Herrschaft über die Natur, die der christliche Glaube und die Bibel legitimieren, führen zur Umweltzerstörung. So lautet nun der Vorwurf.

Krolzik (1974) hat in subtiler Untersuchung gezeigt, wie viele Ursachen dabei zusammenwirken. Eine monokausale Herleitung des ökologischen Problems aus dem biblischen dominium terrae ist unzulässig und verfehlt. Geistige Anschauungen, technische Erfindungen, wirtschaftliche Interessen wirkten vielmehr zusammen.

Die Entwicklung setzte bereits im hohen Mittelalter ein. Technische Fortschritte in der Landwirtschaft wie die Einführung des schweren zweirädrigen Pfluges, die Nutzung der Naturkräfte in Wind- und Wassermühlen, die Vorstellung von der Aufgabe der Weltveränderung, der renovatio mundi, finden sich bereits seit dem Mittelalter. Das westliche Christentum ist zudem seinem Wesen nach aktivistisch, voluntaristisch. Das gilt sogar für das Mönchtum, das mit dem Grundsatz „ora et labora" – d.h.: bete und arbeite, einer benediktinischen Formel – Vorbild der Kultivierung und Gestaltung der Natur wurde. Das benediktinische und zisterziensische Arbeitsethos ist berühmt geworden.

Es waren also so gesehen durchaus christliche Einflüsse, die hier am *Anfang* stehen mögen. Aber mit dem Verlust des Gottesgedankens in der Neuzeit treten überhaupt ganz andere Maßstäbe an die Stelle der im Mittelalter noch bewußten Verantwortung vor Gott und der Achtung von Schöpfung. Technisches Können und Industrialisierung werden Selbstzweck und sie werden in den Dienst rein ökonomischer Interessen gestellt. Der ökonomische Gewinn wird oberstes Motiv. Die Natur wird verwertet, ausgebeutet. Es ist sicher kein Zufall, daß in Ländern, in denen die marxistische Ideologie Staatsdoktrin ist, die Umweltschäden besonders ausgeprägt und schwerwiegend sind. Industrielle Revolution und die Ökonomisierung des Denkens, die ausschließliche Orientierung an wirtschaftlicher Verwertbarkeit, stammen jedenfalls nicht aus dem Christentum, sondern sind eine Folge der Säkularisierung und der damit verbundenen isolierten, dominierenden Stellung des Menschen in der Natur.

Hugo von St. Viktor (1097-1141) rückt die technischen Künste unter die Perspektive einer eschatologischen Vollendungshoffnung. Aus der rein transzendenten Jenseitshoffnung wird der immanente Fortschrittsglaube. Der technische Fortschritt führt zur Erschöpfung der Natur. Technischer Fortschritt und Zeit- und Geschichtsverständnis, Wille zur Naturbeherrschung und Reformideen, der Prozeß der removatio mundi, Naturanschauung und Geschichtsbild bildeten ein Konglomerat von theoretischem Naturverständnis und praktischer Ausbeutung der Umwelt (vgl. Krolzik 1989).

In der Alten Kirche bei Origenes und Laktanz empfängt der Mensch den Dienst der Natur, ohne sie zu verändern (Krolzik 1989, S. 150f.). Der Auftrag zur Herrschaft über die Natur wird noch nicht als Aufruf zu aktiver Gestaltung verstanden.

Erst in der 2. Phase, seit dem hohen Mittelalter, beispielsweise bei Hugo von St. Viktor, herrscht der Mensch dann über die Natur und sorgt für sie, indem er sie kultiviert (Krolzik 1989, S. 153 ff.). Neu ist hier – im Vergleich zum östlichen kontemplativen Christentum – ein aktivistisches Arbeitsethos.

Mit dem Beginn der Neuzeit beginnt die 3. Phase: Der Mensch sieht in der Herrschaft über die Natur das Kennzeichen seiner Freiheit. Der Mensch ist frei, die Natur zu verändern und Fortschritt zu bewirken. Er kann in den Kreislauf der Natur eingreifen und ihn verbessern. Das 18./19. Jahrhundert durchzieht ein grenzenloser Optimismus: Gen. 1,28 wird zur „magna charta" allen Kulturstrebens. Nun werden Naturwissenschaft und Technik als Mittel für diesen Prozeß verwendet (Krolzik 1989, S. 162).

Genau diese Naturauffassung und der Fortschrittsglaube werden infolge der Schäden durch Umweltzerstörung zweifelhaft. Die ökologische Krise führt dazu, die unbeschränkte Herrschaft des Menschen über die Natur haftbar zu machen für die Umweltschädigung und zu fragen, ob diese Auslegung von Genesis 1,28 nicht ein Mißverständnis war und ist, weil es den Menschen zur Hybris und Unverantwortlichkeit verführt. Im Gegenzug dazu wird der Eigenwert der Natur erneut entdeckt und eine Biozentrik, Biophilie postuliert.

Damit habe ich eine Entwicklung historisch umrißhaft skizziert und versucht, eine Standortbestimmung seit dem Mittelalter vorzunehmen. Der Entwicklung zur anthropozentrischen Betrachtung der Natur wird damit nachdrücklich und entschieden widersprochen.

3 Der Mensch als Lebewesen und die anderen Lebewesen

Damit bin ich bei der 3. Frage: Gilt der Schöpfungsauftrag an den Menschen angesichts dieser Entwicklung und des faktischen Zustandes der Welt heute noch, oder hat nicht vielmehr die Entwicklung uns in eine Lage versetzt, in der der Mensch nicht mehr der Verwalter, sondern bloß noch der Störenfried ist, weil er das Gleichgewicht ökologischer Systeme zerstört?

Man kann heute einen Wertewandel beobachten. Schweitzers Prinzip der „Ehrfurcht vor dem Leben" wird von radikalen Tierschützern prinzipiell aufgenommen. Sie kämpfen gegen Tierversuche und gegen nicht artgerechte Tierhaltung mit allen Mitteln. Die unübersehbare Bedrohung der Tierwelt erlaubt ihnen zufolge sogar Angriffe auf Einrichtungen und Menschen, die diese strikte Anschauung von der absoluten Unantastbarkeit von Tieren nicht teilen. Die Auseinandersetzung nimmt teilweise Formen eines Glaubenskrieges an. Es gibt in Großbritannien eine „Animal Liberation Front", eine Tierbefreiungsfront. Der ins Universale geweitete Grundsatz von Schweitzer – „Ich bin Leben inmitten von Leben, das leben will" – führt gelegentlich dazu, daß ein Unterschied zwischen Menschen und Tieren überhaupt geleugnet und bestritten wird.

Zweifellos ist Schweitzers Kritik darin berechtigt, daß er die mangelnde Berücksichtigung von Tieren in der philosophischen Ethik beklagt und in einem Bild diese Kritik anschaulich verdeutlicht: So wie die Hausfrau die Tür zur frisch gewischten Stube schließe, damit nicht der Hund hineinläuft und seine Spuren hinterläßt, würden die Philosophen streng darauf achten, daß nicht die Tiere in der Ethik herumlaufen. Tiere sind ethische Themen. Insofern kann man von einer Tierethik sprechen.

Jedoch: Tiere sind zwar zweifellos empfindende, vor allem schmerzempfindende Lebewesen. Man darf sie nicht quälen. Man kann Tieren einen Eigenwert nicht absprechen. Ihr Leben ist ein Wert. Aber haben Tiere dieselbe Würde wie der Mensch?

Die Bibel bestreitet diese Annahme, wenn sie allein den Menschen mit der Gottebenbildlichkeit auszeichnet. Diese prinzipielle Unterscheidung zwischen Mensch und Tier wird neuerdings in Frage gestellt. Nun ist sicherlich die Beobachtung zutreffend, daß der eigentliche „Störfaktor" im ökosystemaren Zusammenhang der Mensch ist. Es gibt vermutlich kein Wirbeltier, das auf Erden in so vielen Exemplaren auftritt wie der Mensch. Das Bevölkerungswachstum führt zum Ressourcenverbrauch wie zur Umweltbelastung. Der Bevölkerungsdruck ist eine Hauptursache der rücksichtslosen Konkurrenz des Menschen gegenüber seiner natürlichen Umwelt. Es genügt, an die Zerstörung der tropischen Regenwälder, etwa im Amazonasgebiet, zu erinnern. Das gedanklich ungeklärte Verhältnis des Menschen zur Natur, die kontrovers erörterte Frage, ob ein Zustand vollkommener Harmonie von Mensch und Natur, also ein „Friede mit der Natur" erreichbar ist oder ob der Mensch bei Eingriffen in die Natur immer auch zerstörend wirken muß, trägt zur Verunsicherung bei (Meyer-Abich 1984). Die Beanspruchung von Pflanzen und Tieren ist zunächst einmal wesentlich ein quantitatives Problem. Regional eingegrenzt stören nämlich auch andere Lebewesen durch ein übersteigertes Wachstum das natürliche Gleichgewicht. Global ist es jedoch nur der Mensch, der durch seine Zahl und durch die Entwicklungsgeschwindigkeit der von ihm hervorgebrachten technischen Veränderungen die gesamte Welt bedroht. Aber es ist nicht nur eine quantitative, sondern vor allem eine qualitative, geistige Frage.

Der australische Philosoph Singer, der durch die Debatte um Sterbehilfe und Euthanasie im Sommer 1989 bekannt wurde, spricht die Problematik mit radikaler Offenheit an, wenn er einerseits den Status der Tiere erhöhen, aufwerten will, also das Prinzip der Gleichheit auf alle Lebewesen ausdehnt, andererseits fragt, warum menschliches Leben einen besonderen Wert haben soll (Singer 1984). Diesen besonderen Wert menschlichen Lebens läßt Singer nur für die Spezies „homo sapiens" gelten, also für den Schutz bewußten, vernunftbegabten, mit personalen Qualitäten ausgestatteten menschlichen Lebens. Person ist der Mensch nur als handlungsfähiges Vernunftwesen (Singer 1984, S. 122). Er hält es für eine anthropozentrische oder gar, wie er es nennt, eine speziesistische Auffassung, den Wert verschiedener Lebewesen hierarchisch ordnen zu wollen. Dabei würden die Menschen unausweichlich sich selbst an die Spitze stellen und die anderen Wesen, je nach ihrer Ähnlichkeit mit sich, mehr oder weniger von sich wegrücken. Für ihn ist die Idee eines besonderen „Wertes" *menschlichen* Lebens, der Heiligkeit des menschlichen Lebens, ein christliches Erbe, von dem man sich heute zu lösen habe (Singer 1984, S. 108, 161, 172, 174).

Die Folgerungen für Abtreibung, Kindstötung, Euthanasie liegen auf der Hand. Singer plädiert folgerichtig für die weitgehende Freigabe der Abtreibung und der Euthanasie. Seine Begründung lautet: „Wir sollten Kindstötung sicherlich nur unter sehr strengen Bedingungen erlauben; aber diese Beschränkungen würden sich eher den Wirkungen der Kindstötung auf andere verdanken als der Verwerflichkeit an sich, Säuglinge zu töten" (1984, S. 173). Denn einige nichtmenschliche Lebewesen (wie Hunde, Pferde) sind für Singer eben „Person", weil sie schmerzempfindlich und bewußter Reaktionen fähig sind, wohingegen z. B. behinderte Menschen, die solcher Reaktionen nicht fähig sind, für ihn nicht Person sind. Ich zitiere: „Daher sollten wir die Lehre, die das Leben von den Angehörigen unserer Gattung über das Leben der Angehörigen anderer Gattung erhebt, ablehnen. Manche Angehörige anderer Gattungen sind Personen: manche Angehörigen unserer eigenen Gattung sind es nicht" (1984, S. 134; S. 107 ff., 129 f., 135 f.).

Es ist dies sicher derzeit noch eine extreme und vereinzelte Stimme und Sicht. Das Beispiel sollte uns aber die Augen öffnen für eine Bedrohung durch extreme Positionen auf beiden Seiten. Wir haben uns heute vor einer doppelten Versuchung des Extremismus zu hüten. Die eine Gefahr ist, daß wir gedankenlos, unverantwortlich mit Pflanzen und Tieren umgehen, sie nur nach ihrem ökonomischen Nutzwert einschätzen und daß der Mensch der Ausbeuter, Vernichter der Natur ist. Der Mensch sieht dann die Schöpfung lediglich als Verfügungsmasse für menschliche Eingriffe an. Dagegen wird mit Recht auf den Eigenwert von Pflanzen und Tieren hingewiesen. „Mitkreatürlichkeit", Mitgeschöpflichkeit ist hier die richtige Formel. Tiere sind auch Geschöpfe. Aber sie sind deswegen noch keine Mitmenschen. Die Übersteigerung des Lebensschutzes von anderen Lebewesen kann zur Minderung des Lebensschutzes beim Menschen führen. Es liegt nahe zu sagen: Wenn der Tierschutz so wichtig ist, warum soll man dann nicht notfalls den Embryonenschutz herabsetzen und etwa verbrauchende Forschung mit menschlichen Embryonen erlauben? Die Unsicherheit über das Verhältnis des Menschen zu Pflanzen und Tieren wirkt sich hier dann sehr konkret aus.

4 Grund und Grenze menschlicher Verantwortung

Eine weitere Unsicherheit zeigt sich in der Frage, *worin* denn Aufgaben und Grenzen der Verantwortung des Menschen für Pflanzen und Tiere im einzelnen bestehen.

In der Formel von der „Bewahrung der Schöpfung" wird diese Aufgabe programmatisch formuliert. Die Bewahrung der Schöpfung ist, wie gesagt, auch eine der Zielangaben im „konziliaren Prozeß", neben Gerechtigkeit und Frieden. Die Formulierung ist allerdings nicht eindeutig: Denn was heißt bewahren, Bewahrung? Die englische Übersetzung für Bewahrung der Schöpfung „integrity of creation" ist gleichfalls nicht eindeutig. Versteht man nämlich unter Integrität das Ganzsein der natürlichen Umwelt, so sind letztlich alle Eingriffe des Menschen in Tierwelt und Pflanzenwelt unzulässig. Versteht man unter Integrität hingegen das Wohlbefinden, so ist nach konkreten Kriterien des Wohlbefindens und nach Rechtfertigungsgründen für Eingriffe des Menschen in die Natur zu fragen.

Die „Formel" Bewahrung der Schöpfung scheint also zwar eine klare Anweisung zu geben. Aber worin besteht die Bewahrung (vgl. Rendtorff 1989)? Ich halte es aus theologischer Perspektive nicht für sinnvoll, diese Aufgabe – „Bewahrung der Schöpfung" – direkt zur Zielbestimmung politischen Handelns zu erklären und deshalb sogar die Formel womöglich als Staatszielbestimmung ins Grundgesetz aufzunehmen. Politisches Ziel kann allein der Schutz der natürlichen Umwelt sein. Zwei Überlegungen veranlassen mich zu solcher Zurückhaltung:

(a) Von „Schöpfung" reden kann nur ein Mensch, der selbst an den Schöpfer, an Gott glaubt und darum sich selbst als Kreatur, als Geschöpf Gottes, und d. h. eben gerade nicht selbst als Schöpfer begreift. Die natürliche Welt ist nach theologischer Sicht dem Menschen anvertraut, weil wir die Schöpfung nicht selbst konstruieren und produzieren. Alles Reden von Schöpfung als Werk Gottes ist freilich Glaubensaussage. Mit Glaubensaussagen soll man aber in der Verfassung sparsam umgehen; und

(b) christlicher Glaube war bislang der Überzeugung, daß es überhaupt nicht in der Macht und Zuständigkeit des Menschen steht, die Schöpfung im Ganzen zu bewahren. Die Schöpfung insgesamt wird vom Schöpfer allein bewahrt. Es ist nach christlicher Lehre Sache der providentia dei, der Vorsorge, der Vorsehung Gottes, die Welt zu erhalten; die conservatio mundi, die Bewahrung der Schöpfung, verdankt sich allein Gottes Fürsorge. Wenn der Mensch meint, die Schöpfung als solche bewahren zu können, dann übernimmt er sich in Hybris. Ein solches Vorhaben wäre Zeichen der Vermessenheit, der Gottlosigkeit. Der Mensch kann vermutlich die Schöpfung weitgehend zerstören; insgesamt bewahren kann er sie jedoch gerade nicht. Die notwendige Aufgabe begrenzter, realistisch eingeschätzter Verantwortung des Menschen ist daher die Wahrnehmung, die Achtung von ökosystemaren Zusammenhängen, also das, was man „Hegen und Pflegen" der natürlichen Umwelt nennt.

Daß das 1. Umweltprogramm der Bundesregierung 1971 neben dem Schutz des Menschen schon Pflanzenschutz und den Schutz der Tierwelt als eigenständige Schutzgüter nannte, ist deswegen positiv zu nennen und anzuerkennen. Eine solche Sicht der Umwelt aus der Perspektive des Schöpfungsgedankens relativiert schließlich auch die Alternative von Anthropozentrik oder Physiozentrik, bzw. „Biozentrik". Anthropozentrik oder Physiozentrik (Biozentrik) sind Interpretamente, Optionen (Auer 1988; Daecke 1989). In ihrer radikalen Zuspitzung schließen sich diese Optionen aus. Anthropozentrik läßt dann nur menschliche Interessen gelten. Physiozentrik leugnet dagegen jede Verschiedenheit von menschlichem und nichtmenschlichem Leben, nivelliert jeden Unterschied weg.

Auer hat die Alternative der Optionen von Anthropozentrik und Physiozentrik bzw. Biozentrik untersucht.

Versteht man beide Optionen in ihren letzten Konsequenzen und Prämissen idealtypisch, d. h. radikal, so sind sie in der Tat unvereinbar. Anthroponzentrik begreift dann den Menschen als absoluten, d. h. uneingeschränkten Herrn und Beherrscher der Natur. Die physiozentrische Option hingegen bestreitet jeglichen Unterschied zwischen dem Menschen, der von Natur doch *Person* ist, und der nichtmenschlichen Natur. Alles Leben ist dann unterschiedslos gleichwertig und gleichrangig. Freilich: Beachtet man die Einsicht „Die Optima sind inkompossibel" (Auer 1988, S. 49), dann läßt sich der Gegensatz praktisch entschärfen.

Eine gemäßigte Anthroponzentrik wird dann zwar den Menschen als Mitte der Natur und Herrn der Welt bezeichnen – das ist die klassische theologische Sicht (etwa bei Thomas von Aquin) –, aber nicht behaupten, deshalb sei alles übrige in der Natur dem Menschen grenzenlos verfügbar. Für eine gemäßigte Anthropozentrik schließt Humanität, die besondere Stellung des Menschen im Kosmos, Mitgeschöpflichkeit mit anderen Lebewesen nicht aus, sondern ein. Eine Physiozentrik, die wie Herder überzeugt ist: „Natur ist gut, nur der Mensch ist böse", bildet in der Tat den Gegenpol zur Anthropozentrik. Eine gemäßigte Physiozentrik wird freilich einmal nicht bestreiten, daß die Erkenntnis der Natur immer aus der Perspektive des Menschen erfolgt und wird darum folgerichtig auch nicht die Eigenart, die Besonderheit des Menschen bestreiten. Diese Eigenart des Menschen ist seine Befähigung zur Verantwortung, ist die Möglichkeit der Freiheit, auch der Selbstbegrenzung aus Freiheit. Die Physiozentrik betont die Einbindung des Menschen in die Natur; für die Anthropozentrik steht die Freiheit im Vordergrund. Beide Interpretamente betonen also verschiedene Aspekte *eines* Sachverhaltes. Eine scharfe Alternative verkennt die Teilwahrheit, die jeweils in beiden Sichtweisen enthalten ist, und verabsolutiert statt dessen *einen* Aspekt. Die Alternative von Anthropozentrik und Physiozentrik kann zu einem unfruchtbaren Grundsatzstreit werden, wenn nicht die Kompetenz des Menschen für die Erhaltung der Natur bewußt reflektiert wird.

Für den Theologen ergibt sich daraus eine uneingelöste ethische Aufgabe: Er wird darüber nachzudenken haben, welche Bedeutung der Schöpfungsgedanke überhaupt für die Weltdeutung hat, welcher Schutz Pflanzen und Tieren als unersetzbaren Teilen, Gliedern der Schöpfung zukommt und was denn natürlich, naturgemäß ist, Natur heißt und bedeutet. Eine solche „Theologie der Natur", die sich von einer Theologie der Geschichte oder einer Theologie des glaubenden Menschen durchaus thematisch abheben läßt, ist eine noch weithin erst in Anfängen methodisch erfaßte Aufgabe. Aber die Fragen des Tierschutzes, des Verlustes der Artenvielfalt, der Zerstörung des komplexen Ökosystems Wald lassen sich nicht vertagen, bis die Gesamtsicht aus theologischer Perspektive klar ist.

5 Bedingungen und Verantwortung

Daher sei als letztes die Frage nach den Voraussetzungen, den Grundbedingungen der Verantwortung, gestellt. Von *wessen* Verantwortung reden wir denn überhaupt, wenn wir von der Erhaltung der natürlichen Umwelt sprechen?

Verantwortung ist von Menschen wahrzunehmen und vollzieht sich ferner in Institutionen. Es geht um Träger, Subjekte von Verantwortung. Verantwortung wird sodann *stellvertretend* für eine Person oder eine Sache wahrgenommen. Man kann weiterhin Gegenstände, Objekte der Verantwortung benennen. Und schließlich gibt es eine *Instanz*, der man Verantwortung, Rechenschaft schuldet. Die Ausübung von Verantwortung hat es zudem immer mit *Macht* zu tun.

In der Tat verleiht der Herrschaftsauftrag im biblischen Schöpfungsbericht dem Menschen Macht über Pflanzen und Tiere. Wir alle wissen aber ebenfalls, daß Macht mißbraucht werden kann. Tierquälerei ist Machtmißbrauch durch den Menschen. Solchem Mißbrauch von Macht kann man nur durch Kontrolle von Macht wehren. Die gemeinsame evangelisch-katholische Erklärung „Verantwortung wahrnehmen für die Schöpfung", 1985, hat daher nicht nur auf weltanschauliche und moralische Ursachen der Umweltkrise hingewiesen, so wichtig dieser Hinweis ist, sondern auch auf strukturelle und konzeptionelle Unzulänglichkeiten in Politik und Verwaltung, beispielsweise auf fehlende Koordination. Alle in der Gesellschaft sind folglich angesprochen, wenn auch mit unterschiedlicher Kompetenz und mit verschiedenen Zuständigkeiten.

Jeder ist zunächst auf seinen eigenen Lebensstil hin anzusprechen. Umweltverantwortung ist zunächst Sache jedes Einzelnen und nicht nur Aufgabe der gesamten Gesellschaft, von Wirtschaft und Staat. Rahmendaten setzen, Förderungsmaßnahmen einzuführen, Kompetenzen zu regeln ist sodann Aufgabe der Politik.

Was wir alle zu tun haben, bleibt allerdings oft ebenso strittig, wie die Frage, *wer* im Einzelfall verantwortlich ist, weil er zuständig ist oder auch schuldig wird am Mißbrauch, an der Vernichtung von Pflanzen und Tieren. Zur Verantwortung für Pflanzen und Tiere gehört jedenfalls als erstes ein bewußtes Umgehen mit Pflanzen und Tieren, ein rechtes Maß und eine Absage an die Maßlosigkeit. Die Maßlosigkeit der Menschen ist der entscheidende Störfaktor des natürlichen Gleichgewichts in der Umwelt. Wir haben uns daher auf *Werte* und *Tugenden* zurückzubesinnen, die unserem Leben Maß und Orientierung geben. Man kann fragen: Was ist das menschliche, schöpfungsgerechte Maß? Eine solche Besinnung ist freilich nur möglich, wenn wir uns dessen bewußt werden, daß Tiere und Pflanzen nicht allein für unseren egoistischen Nutzen da sind. Sie haben einen eigenen Wert, und sei es nur oder gerade der Wert ihrer Schönheit. Es gibt ästhetische Werte, die auch moralisch bedeutsam sind.

Der Christ wird sich ferner dessen bewußt sein, daß er *vor Gott* Verantwortung trägt für die ihm vom Schöpfer anvertraute Umwelt. Ein Nichtchrist wird sich jedenfalls zumindest verantwortlich wissen vor seinem *Mitmenschen*, nicht nur vor der jetzt lebenden, sondern auch vor *künftigen Generationen*. In jedem Fall fordert die rationale Einsicht in die Aufgabe der Verantwortung von den heute Lebenden die Bereitschaft zur Selbstwahrnehmung und Selbstbeschränkung. Kein Mensch kann zwar für die Schöpfung insgesamt verantwortlich sein. Aber jeder von uns trägt für einen größeren oder kleineren Bereich der Lebenswelt Verantwortung.

Der Philosoph und Zeitgenosse Kants, Hamann, hielt schon vor 200 Jahren seinen Zeitgenossen vor: „Jede Kreatur wird wechselweise euer Schlachtopfer oder euer Götze" (Hamann 1950, S. 206). Die Folgen solcher Kreaturverachtung wie der Kreaturvergötterung sind heute evident. Wie wir mit Pflanzen und Tieren umgehen, ist auch eine Bewährungsprobe für unsere Menschlichkeit.

Eingriffe in die Schöpfung sind folglich nicht schon deswegen zulässig, weil der Mensch dazu die Fähigkeit und Macht hat. Mit welchen Absichten und auf welche Weise wir Menschen Tiere und Pflanzen nutzen, bedarf einer vernünftigen *Begründung*. Menschliches Handeln, welches Pflanzen und Tiere nicht hegt, sondern verbraucht und sogar tötet, ist in besonderer Weise begründungspflichtig, so wie alles Handeln, das zu Lasten Anderer geht, begründungspflichtig ist.

Die biblische Sicht weiß freilich um die Unvermeidlichkeit solcher Eingriffe in die nichtmenschliche Schöpfung. Solche Eingriffe sind nach biblischer Deutung eine Folge des Sündenfalls. Das macht der biblische Schöpfungsbericht an einer Einzelheit deutlich: Im 1. Schöpfungsbericht wird Tieren und Menschen das grüne Kraut zur Nahrung überlassen (1. Mose 1,29). Die Pflanzen, die Samen bringen, und die Früchte der Bäume darf der Mensch von Anfang an als Lebensmittel nutzen. Erst nach dem Sündenfall ist der Mensch nicht mehr Vegetarier; er wird zum Fleischesser (1. Mose 9,3).

Daraus zeigt sich, daß in der Tat zwischen Lebensinteressen des Menschen und Lebensinteressen anderer Lebewesen in der realen Welt ein Konflikt besteht. Verantwortung für Pflanzen und Tiere erkennen, heißt darum für den Menschen, im Konflikt die Solidarität mit allem Leben nicht vergessen (Liedke 1979, S. 165 ff.; Teutsch 1985, 1987). Denn „gut" ist in Gottes Augen, so die biblische Aussage im Schöpfungsbericht, nicht allein der Mensch, sondern die ganze Schöpfung; denn die Schöpfung ist nicht Produkt, Erzeugnis des Menschen, sondern Werk Gottes und fordert daher von uns Achtung der Natur als Mitwelt. Die Reflexion der Schöpfungsbewahrung aus theologischer Perspektive nötigt nicht bloß zu ethischen Überlegungen, sondern enthält eine Gesamtsicht der Wirklichkeit, eine Welt-Anschauung im strengen Wortsinn, nämlich eine Anschauung der natürlichen Umwelt und Mitwelt des Menschen. Die Umwelt, die Natur ist das theatrum gloriae dei, der Raum, den Gott den Menschen zur Verantwortung anvertraut hat.

Das Thema „Herrschaft über die Natur und Bewahrung der Schöpfung" ist also unter vielfältigen historischen, philosophischen, theologischen und weltanschaulichen Aspekten zu erörtern. Wer sich nicht mit Schlagworten begnügen will, hat genug Anlaß zur Nachdenklichkeit. Und nicht zuletzt zwingt die Umweltthematik zum interdisziplinären und interfakultativen Gespräch. Daher konnte ich auch keine abschließenden Antworten geben, sondern nur Fragestellungen benennen und einen Anstoß zum Dialog geben. Zusammen mit der Sicherung und Förderung des Weltfriedens und der Achtung der Menschenrechte und Grundfreiheiten der Person ist in der Tat der menschliche Umgang mit der Natur eines der drei die

Zukunft der Menschheit bestimmenden Themen. Wir sind dabei auf dem Weg, auch noch auf einem Weg der Erkenntnis, wie das Verhältnis von Mensch und nichtmenschlicher Natur sachgerecht zu bestimmen ist. Aber zum Beschreiten dieses Weges sind wir aufgrund der Erfahrungen der ökologischen Krise unaufhaltsam gezwungen. Mögen wir den Weg vorsichtig und bedachtsam, aber entschlossen gehen!

6 Zusammenfassende Thesen

1. „Bewahrung der Schöpfung" ist, neben „Gerechtigkeit" und „Frieden", eines der drei Leitworte im konziliaren Prozeß. Daneben gibt es das vielfältig entfaltete und begründete Konzept einer „ökologischen Theologie". Begründung und Zielsetzung der Programmformel „Bewahrung der Schöpfung" und der „ökologischen Theologie" sind freilich nach wie vor strittig. Die Frage ist zu erörtern, in welchem Sinne der Mensch Verantwortung für die natürliche Umwelt trägt.
2. Die Verantwortung des Menschen für die natürliche Umwelt wird auf das biblische Gebot der Herrschaft über die Natur (dominium terrae) zurückgeführt. „Machet euch die Erde untertan und füllet sie und herrschet über die Tiere auf Erden, die Fische im Meer" (1. Mose 1,28). Der Mensch soll den Garten Eden „bebauen und bewahren" (1. Mose 2,15). Die Bibel erteilt an den Menschen als Gottes Ebenbild (imago dei) in der Tat einen Kulturauftrag. Die Welt wird entgöttert.
Dieser Auftrag der „Herrschaft" über die Natur ist vielfach im Sinne einer Ermächtigung zu schrankenloser Ausbeutung verstanden worden. Der Herrschaftsauftrag gilt als Wurzel und Ursache der heutigen ökologischen Krise. Solche Kritik ist nur zum Teil berechtigt und begründet.
Die Bibel gewährt dem Menschen zwar die Freiheit zur Gestaltung der Natur. Aber sie beansprucht den Menschen selbst als Geschöpf Gottes. Der Mensch ist Verwalter, Mandatar. Die Natur ist belebt, beseelt, Schöpfung Gottes.
3. Die ökologische Krise und die Mißachtung der Natur haben vielerlei Wurzeln. Die Entgötterung, Säkularisierung der Natur in der Bibel und durch den christlichen Glauben kann dazu benutzt werden, die nichtmenschliche Natur nur noch als Material für das Wirken des Menschen zu betrachten. Descartes hat mit der Unterscheidung von Materie und Denken, von res extensa und res cogitans die Natur entseelt. Eine solche Entseelung führt zu einer materialistischen Naturauffassung. Verbunden mit Ökonomisierung und Industrialisierung führt sie zur Zerstörung der Umwelt, wenn Natur nur noch nach ihrem ökonomischen Nutzwert bewertet wird, aber keinerlei Eigenwert mehr hat. Eine Mitschuld des Christentums an dieser Entwicklung ist wegen der Schöpfungsvergessenheit der Theologie nicht zu leugnen. Islam und Marxismus werden in diesem Zusammenhang als Säkularisate des Christentums beurteilt. Besonders bedeutsam für die Entstehung der ökologischen Krise ist ferner der Fortschrittsglaube.
4. Mit der Frage Anthropozentrik oder Physiozentrik/Biozentrik wird eine prinzipielle Alternative für die Sicht der Natur aufgestellt. Anthropozentrik

bedeutet: Die Natur wird allein vom Standpunkt des Menschen her bewertet. Als Vertreter einer nicht-anthropozentrischen Sicht gilt in der Geschichte des Christentums allein Franz von Assisi, der eine „Demokratie aller Geschöpfe" vertrat. Biozentrik oder Physiozentrik bestreitet jeden prinzipiellen Unterschied zwischen menschlichem und nichtmenschlichem Leben. Als idealtypische Positionen oder Interpretationen sind Anthropozentrik und Biozentrik unvereinbar. Nur eine gemäßigte Anthropozentrik, die einen Eigenwert der anderen Geschöpfe anerkennt, und eine gemäßigte Biozentrik, die anerkennt, daß die nicht-menschliche Natur nur aus der Perspektive des Menschen betrachtet werden kann, sind miteinander vereinbar.

5. Eine radikale Position der Physiozentrik beruft sich auf Schweitzers Grundsatz „Ehrfurcht vor dem Leben" und auf die Formulierung Schweitzers „Ich bin Leben inmitten von Leben, das leben will". In einem Wertewandel wird dann zwischen Mensch und Tier überhaupt nicht mehr unterschieden. Eine Nichtgleichstellung von fühlendem, beseeltem Tier und Mensch wird als „Speziesismus" (Singer 1984) abgelehnt und bekämpft.

    Dagegen betont eine christliche Sicht die Sonderstellung des Menschen als Person und fordert Mitkreatürlichkeit, Mitgeschöpflichkeit für Tiere und Pflanzen, nicht aber Mitmenschlichkeit. Die Personalität des Menschen ist freilich nicht allein durch Freiheit, Vernunft und Bewußtsein zu definieren, sondern beruht auf seiner leiblichen Herkunft und ist gebunden an die körperliche Natur, das Leibapriori.

6. Eine christliche Sicht wird daher beide Extrempositionen ablehnen: Sie erkennt den ethischen Wert von Natur, Tieren und Pflanzen und fordert deren Schutz. Sie hält jedoch an dem Unterschied von menschlichem und nichtmenschlichem Leben fest, der auch ethisch bedeutsam ist. Humanität ist etwas anderes als die bloße Berufung auf die Natürlichkeit, die Unverfügbarkeit der Natur.

7. Die Programmformel „Bewahrung der Schöpfung" ist zweideutig: Nicht gemeint sein kann damit, daß es Aufgabe des Menschen ist, die Schöpfung im Ganzen zu erhalten. Nach theologischer Tradition ist die „conservatio mundi" allein Gottes Werk, nämlich Vollzug seiner Vorsehung. Ebenso kann die englische Formulierung „integrity of creation" nicht besagen, der Mensch dürfe überhaupt nicht verändernd in die Natur eingreifen.

    Gemeint sein kann mit der Aufforderung allein die Achtung der ökosystemaren Zusammenhänge und damit vermeidbare Schäden an der natürlichen Umwelt zu unterlassen. Eingriffe in die Umwelt sind in besonderer Weise begründungspflichtig.

8. „Die Schöpfung bewahren" heißt: Verantwortlich mit der Umwelt umgehen. Verantwortung ist ein mehrstelliger Begriff. Verantwortung setzt Zuständigkeit, Macht, Kompetenz voraus (Wer ist verantwortlich?). Die Verantwortungsträger, die Subjekte der Verantwortung sind zu identifizieren: Was kann jeder einzelne tun? Was ist Aufgabe staatlicher Regelungen? Wer hat für welche Aufgaben stellvertretend Verantwortung wahrzunehmen?

    Verantwortung entsteht ferner an Aufgaben: Für was ist wer verantwortlich? Verantwortung, Rechenschaft schuldet man einer anderen Instanz: Verantwortlich vor wem? Vor wem trägt der Mensch Verantwortung für den

Umgang mit der Umwelt? Vor sich selbst, vor den Mitmenschen, vor künftigen Generationen, vor Gott? Verantwortung hat es auch mit Zukunft zu tun.

9. Voraussetzung für den richtigen Umgang mit der Umwelt sind nicht allein technisch-wissenschaftliches Können und Wissen, sondern auch Werthaltungen, Einstellungen, Tugenden. Es geht um die sachgemäße Wahrnehmung von Natur und um die angemessene Einstellung des Menschen zur nichtmenschlichen Natur. Die Natur hat einen Eigenwert, sei es auch nur der ästhetische Wert der Schönheit.

10. Die Einstellung zur Umwelt ist von Religion und Glaube abhängig. Hamann sagte vor 200 Jahren seinen Zeitgenossen: „Jede Kreatur wird wechselweise euer Schlachtopfer oder euer Götze". Die Formel „Bewahrung der Schöpfung" schärft den Blick für die Abhängigkeit des Menschen von der natürlichen Umwelt und für die eigene Geschöpflichkeit. Sie verpflichtet zur „Solidarität im Konflikt" in der Nutzung von Tieren und Pflanzen, zur Sorgfalt, Selbstbegrenzung und Vorsicht. Sie hält dazu an, über Herkunft und Ziel alles Lebens nachzudenken, so wie der christliche Glaube von jeher Gott als Schöpfer und Herren der ganzen Welt bekennt.

Literatur

Altner G (1989) (Hrsg) Ökologische Theologie. Perspektiven zur Orientierung. Stuttgart
Altner G, Liedke G, Meyer-Abich KM, Müller AMK, Simonis UE (1984) Manifest zur Versöhnung mit der Natur. Die Pflicht der Kirchen in der Umweltkrise. Neukirchen-Vluyn
Amery C (1972) Das Ende der Vorsehung. Die gnadenlosen Folgen des Christentums. Reinbek bei Hamburg
Auer A (1984) Umweltethik. Ein theologischer Beitrag zur ökologischen Diskussion. Düsseldorf
Auer A (1988) Anthropozentrik oder Physiozentrik? Vom Wert eines Interpretaments. In: Bayertz K (Hrsg) Ökologische Ethik. München 1988, S 31–54
Daecke S (1989) Anthropozentrik oder Eigenwert der Natur. In: Altner G (Hrsg) Ökologische Theologie. Stuttgart, S 277–298
Evangelische Kirche in Deutschland (1989) (Hrsg) Frieden in Gerechtigkeit für die ganze Schöpfung. EKD-Texte 27. Hannover
Hamann JG (1950) Werke. In: Nadler J (Hrsg) Schriften über Philosophie, Philologie, Kritik, Bd. II. Wien
Kirchenamt der EKD (Hrsg) (1988) Zu den gegenwärtigen Bedingungen und Aufgaben von Schöpfungsverantwortung. Bericht des wissenschaftlichen Beirates des Ratsbeauftragten für Umweltfragen an den Rat der EKD. Hannover (als Manuskript herausgegeben)
Knuth HC, Lohff W (1985) (Hrsg) Schöpfungsglaube und Umweltverantwortung. Eine Studie des Theologischen Ausschusses der VELKD. Hannover
Krolzik U (1974) Umweltkrise – Folge des Christentums? Stuttgart
Krolzik U (1988) Säkularisierung der Natur. Providentia-Dei-Lehre und Naturverständnis der Frühaufklärung. Neukirchen-Vluyn
Krolzik U (1989) Die Wirkungsgeschichte von Genesis 1,28. In: Altner G (Hrsg) Ökologische Theologie. Perspektiven zur Orientierung. Stuttgart, S 149–163
Liedke G (1972) Von der Ausbeutung zur Kooperation. In: von Weizsäcker E (Hrsg) Studien zur Friedensforschung 8 (Humanökologie und Umweltschutz). Stuttgart, S 36–65

Liedke G (1979) Im Bauch des Fisches. Stuttgart Berlin
Meyer-Abich KM (1984) Wege zum Frieden mit der Natur. Praktische Naturphilosophie für die Umweltpolitik. München
Rat der Evangelischen Kirche in Deutschland und Katholische Bischofskonferenz (1985) Verantwortung wahrnehmen für die Schöpfung. Gemeinsame Erklärung. Gütersloh
Rendtorff T (1989) Theologische Anmerkungen zu der Redeweise von der „Bewahrung der Schöpfung". In: Max-Planck-Institut für Plasmaphysik (Hrsg) Naturwissenschaft und Technik in einer Akzeptanzkrise? Problemanzeige Fragen-Hinweise. Garching, S 26-36
Singer P (1984) Praktische Ethik. Stuttgart
Teutsch GM (1985) Lexikon der Umweltethik. Göttingen
Teutsch GM (1987) Lexikon der Tierschutzethik. Göttingen
White Jr L (1973) Die historischen Ursachen unserer ökologischen Krise. In: Lohmann M (Hrsg) Gefährdete Zukunft. München, S 20-28

Schöpferglaube und Schöpfungsverantwortung

Umrisse einer schöpfungsorientierten Ethik

Wolfgang Höhne (Berchtesgaden)

1 Annäherung

„Ich glaube an Gott ... den Schöpfer", so beginnt das Apostolische Glaubensbekenntnis. Millionen von Christen in aller Welt bekennen sich zu der biblischen Tradition, daß Gott die Welt erschaffen hat. Der Glaube an den Welt- und Naturschöpfer ist für sie – wie für viele Juden und Moslems – ein selbstverständlicher Glaubenssatz. Trotzdem ist diese Grundüberzeugung seit Beginn des 19. Jahrhunderts merkwürdig erstarrt und hat immer mehr an Überzeugungskraft eingebüßt.

Parallel dazu degenerierte die Naturbeziehung des modernen Menschen. Bereitwillig und bedenkenlos wurde die Natur zur Ausbeutung freigegeben. So groß war die Entdeckerfreude, so faszinierend der Reiz des Machbaren – der Mensch im Taumel seines Überlegenheitsgefühls und Allmachtswahns! Von religiösen Bedenken oder gar von christlichen Protesten kaum eine Spur!

Im Gegenteil, das neuzeitliche Herrschaftsbewußtsein fühlte sich von der Bibel massiv unterstützt. Bereits im 1. Kapitel der Bibel konnte jedermann lesen: „Macht euch die Erde untertan und herrscht über die Tiere ...!" (Genesis 1,28). Klang dieses Wort aus der Schöpfungsgeschichte nicht wie eine Einladung an den Menschen der Neuzeit, sich im Kampf gegen Elefanten oder Leoparden, gegen Eisbären oder Wale zu bewähren oder sonstige Triumphe über die Natur zu feiern?

Was für ein Mißverständnis! Die moderne Forscherleidenschaft und eine unbezähmbare Abenteurerlust hatten ihre eigenen Interessen „in die Bibel hineingelesen" und dabei übersehen, daß Genesis 1 – vor rund 2.500 Jahren geschrieben – eine *andere Botschaft* vermitteln wollte.

Die Menschen jener Zeit lebten in einem Zustand, in dem sie Tag für Tag einer überwältigenden Bedrohung durch die Natur ausgesetzt waren. Der göttliche Auftrag gab ihnen die Würde, *Ebenbilder Gottes* (Genesis 1,27) zu sein, und verpflichtete sie zur *Mitverantwortung für diese Erde*. Der Mensch sollte sich im Blick auf die Natur nicht mehr als Opfer verstehen, sondern als freier Herr, der die Geschicke dieser Erde mitverantwortet.[1]

In Genesis 2 – einem Text, der einige Jahrhunderte älter ist als Genesis 1 – werden die ersten Menschen aufgerufen, die ihnen anvertraute „Erde zu bebauen

---

[1] Mit dem Auftrag des Menschen, über die Tiere zu herrschen, ist primär „Fürsorge" gemeint, also die „Weise, wie ein Hirt die Herde leitet" (vgl. Jeremias 1989, S 57)

und zu bewahren" (Genesis 2,15). Die altertümliche Erzählung von Genesis 2 nennt den ersten Menschen „Adam". Dieser Name ist Eigenname und Gattungsbegriff (= Mensch) zugleich. Demnach erzählt der Verfasser von Genesis 2 nicht nur eine Episode aus der Urzeit, sondern er betont gleichzeitig die *Bestimmung aller Menschen*: den göttlichen Auftrag zur Weltverantwortung wahrzunehmen.

2 Der verkümmerte Schöpferglaube

In der Neuzeit drängten mächtige philosophische Strömungen das Christentum in die Enge. Spektakuläre Forschungsergebnisse schnürten dem Christenglauben die Luft ab. Viele Christen sahen keinen anderen Weg, als ins Ghetto einer frommen Innerlichkeit auszuweichen.

Die Christen in der Neuzeit waren – bis in die Gegenwart hinein – nicht in der Lage, den tieferen Sinn der biblischen Schöpfungsgeschichte zu entschlüsseln. Und so blieb auch der Schöpferglaube ohne Tiefe und ohne praktische Konsequenzen. Die Schändung der Erde nahm ihren Lauf und die Ausbeuter ließen sich feiern – innerhalb und außerhalb des Christentums.

Einige besondere *Belastungen für den christlichen Schöpferglauben* in der Neuzeit seien hier aufgezählt:

a) Seit dem Beginn des 19. Jahrhunderts wurden nach und nach viele altorientalische Texte entdeckt und entziffert. Man fand dort verschiedene *Weltentstehungsmythen*. Der Vergleich mit der biblischen Schöpfungsgeschichte zeigte überraschende Parallelen. Das führte bei vielen Christen zu einem starken Schock und gleichzeitig zu kurzschlüssigen Reaktionen: Die einen verteidigten mit Verbissenheit den dokumentarischen Tatsachencharakter der biblischen Urgeschichte, während die anderen die biblischen Schöpfungsberichte als wertlose Kindermärchen ablehnten. Aus heutiger Sicht erscheinen derartige Interpretationsversuche als unsachgemäß und übertrieben. Die Zeit war wohl noch nicht reif für ein tieferes Verständnis der biblischen Texte. Tatsächlich stecken in der biblischen Urgeschichte zahlreiche mythische Elemente. Doch die Einsicht in den mythischen Charakter vieler Texte macht sie keinesfalls wertlos. Im Gegenteil, in der dort verwendeten mythischen Denk- und Sprechweise begegnet uns der bedeutsame Versuch, aus einer starken *existentiellen Betroffenheit* heraus zu sprechen und auf einem *vorwissenschaftlichen Weg die Wahrheit aufzudecken*. Und diese Wahrheit artikulierte sich in der Gestalt elementarer Erfahrungen, die der Mensch mit Gott, mit seiner Welt und mit sich selbst machte.

b) Die neuzeitliche Geschichte ist als ein *Triumph des Denkens* gefeiert worden. Bereits der französische Mathematiker und Philosoph Descartes (1596–1650) hebt die überragende Rolle des Denkens für die menschliche Existenz hervor und gelangt zu der berühmten Definition: „Ich denke – also bin ich." Es ist bestechend, wie der Mathematiker im Philosophenmantel nach einem unbestreitbaren, letztgültigen philosophischen Grund-Satz sucht. Doch im gleichen Maß, wie sich bei Descartes das *denkende Subjekt* seiner selbst vergewissert, verkümmert die gesamte übrige Welt – also auch Menschen und alle übrigen Lebewesen – einfach zum *Objekt des Denkens* des jeweils denkenden Subjekts. „Ich" und „Nicht-Ich" stehen sich in scharfer Abgrenzung gegenüber. Der Jesuitenschüler und Kenner der mittelalterlichen christlichen Philosophie verzichtet darauf, die radikalen Konsequenzen seiner Philosophie zu ziehen. Es gibt in seinem philosophischen Gebäude ein höchstes, vollkommenes Wesen, das er *Gott* nennt und in dem er den Ermöglichungsgrund von beidem sieht: sowohl des denkenden Subjekts als auch der vielgestaltigen Objekt-Welt (vgl. Specht 1966, S. 92). Descartes' metaphysische Abstützung seines Systems erscheint eher künstlich und hat auch seine philosophischen Nachfahren immer weniger überzeugt. Immer stärker driftet die jahrtausendalte Lebensgemeinschaft, in der Geschöpf und Mitgeschöpf, Ich und Du samt der ganzen Welt miteinander verbunden waren, auseinander. Der Tag kündigt sich bereits an, wo das denkende Subjekt weder einen göttlichen Auftrag noch von irgendwoher sonst eine Legitimation benötigt. Es ist sich selbst das Maß aller Dinge und damit „absolut". Wissenschaft und Wirtschaft, Kultur und Erziehung, Gesellschaft und Religion und – nicht zuletzt auch – der Schöpferglaube tragen schwere Wunden, die eine sich absolut setzende Vernunft geschlagen hat. Gewiß, die Welt der Gegenwart müßte im Chaos versinken, wenn sie nicht überall die Hilfe der analysierenden und strukturierenden, der korrigierenden und projektierenden Vernunft in Anspruch nehmen könnte. Aber wir erleben die Vernunft auch im Allmachtsrausch, im Dienst der Zerstörung und der Inhumanität. Und wir entdecken *selbstkritisch*, daß sie nicht nur in praktischen Handlungsvollzügen, sondern auch in praxisorientierten Reflexionen niemals als reine Vernunft zur Verfügung steht, sondern immer schon durch unsere Bedürfnisse und Interessen beeinflußt ist.

c) Charles Darwin (1809–1882) entwickelte seine *Selektions- und Evolutionstheorie* auf der Grundlage wissenschaftlicher Forschungsergebnisse und eines konsequent angewandten Kausalprinzips. Ein Aufschrei des Entsetzens ging durch die abendländische Christenheit. Die Sonderrolle des Menschen schien geleugnet, die Schöpferrolle Gottes beseitigt zu sein. Immer zaghafter verlief der Versuch, im Weltentstehungsprozeß für Gott die Rolle der Erst-Initiative zu reservieren. Für eine immer größer werdende Zahl von Menschen wurde „Schöpfung" zum Fremdwort. Verständlicherweise war die Theologie von dieser naturwissenschaftlichen Entdeckung und der daraus entwickelten Theorie schwer getroffen. Sie konzentrierte sich seither zunehmend auf die historisch-kritische Forschung – die sich vor allem mit dem alttestamentlichen und neutestamentlichen Bibeltext befaßt – auf soziale Aktivitäten oder auf die Pflege der Innerlichkeit. Es sieht so aus, als ob sich die Theologie bis heute noch nicht völlig von dieser Frustation erholt hat.

Doch Fluchtstrategien sind unnötig. Das Mysterium des Christentums liegt in der *Inkarnation* Gottes. Der außerweltliche Gott lebt und wirkt in seinen Geschöpfen. Seit Jesus von Nazareth ist dieses Mysterium entschlüsselt und in seinem innerweltlichen Sinn erkennbar. Er leidet mit den Leidenden und sorgt für die Rechtlosen – er heilt die Verwundeten und belebt die Leblosen – er versöhnt die Entzweiten und befreit die Gebundenen. In ihm erschließt sich die leidenschaftliche Liebe des Schöpfers zu seinen Geschöpfen. Gott sehnt sich danach, daß alles, was lebt, zu seiner Erfüllung kommt, und daß das Geschöpf Mensch seine Bestimmung erkennt, anderen Lebewesen zu einem erfüllten Leben zu helfen.

Das Christentum war auf dem besten Weg, seinen Schöpferglauben und seine Schöpfungsverantwortung verkümmern zu lassen. Theologie und Kirche haben lange Zeit übersehen, daß die Treue zur christlichen Botschaft nicht darin besteht, alte Glaubensformeln wortgetreu nachzusprechen. Es ist vielmehr die Aufgabe gestellt, alte Erfahrungen mit dem Glauben und mit dem Leben so zu „übersetzen", daß unter den Bedingungen der jeweiligen Zeit und der jeweiligen Gesellschaft *neue Glaubens- und Lebensmöglichkeiten* erfahrbar werden. Wer den alten Glauben in einer bestimmten historischen Form konserviert, macht ihn belanglos. Wer ihn glaubwürdig in die Gegenwart hinein und in die Zukunft hinaus öffnet, setzt seine Lebendigkeit und seine Chancen frei.

3 Ein beachtlicher Übersetzungsversuch

Viel früher als seine theologischen Fachkollegen hat Schweitzer diese besondere Übersetzungsaufgabe wahrgenommen und ist dabei – erstaunlicherweise! – auf die ökologische Problematik gestoßen. Der Theologe und Orgelvirtuose, der Urwaldarzt und Friedensnobelpreisträger beschreibt in seinen Lebenserinnerungen, wie er kurz nach Ausbruch des 1. Weltkrieges neben seiner anstrengenden ärztlichen Tätigkeit im Urwaldkrankenhaus Lambarene von der Frage umgetrieben wurde: Welche Zukunft hat unsere Kultur? Welches moralische Fundament können wir unserer modernen Kultur verleihen, nachdem die alten Moralvorstellungen morsch geworden sind? (1955, S. 131)

Schweitzer schreibt in seiner Autobiographie: Im Sommer 1915 wollte ich im Landesinneren einen Krankenbesuch machen.

> Langsam krochen wir den Strom hinauf, uns mühsam zwischen den Sandbänken – es war trockene Jahreszeit – hindurchtastend. Geistesabwesend saß ich auf dem Deck des Schleppkahnes, um den elementaren und universellen Begriff des Ethischen ringend, den ich in keiner Philosophie gefunden hatte. Blatt um Blatt beschrieb ich mit unzusammenhängenden Sätzen, nur um auf das Problem konzentriert zu bleiben. Am Abend des dritten Tages, als wir bei Sonnenuntergang gerade durch eine Herde Nilpferde hindurchfuhren, stand urplötzlich, von mir nicht geahnt und nicht gesucht das Wort *Ehrfurcht vor dem Leben* vor mir (1955, S. 132).

Der Urwalddoktor jubelt: „Das eiserne Tor hatte nachgegeben. Der Pfad im Dickicht war sichtbar geworden." Ausgangspunkt für Schweitzer ist „die unmittelbarste Tatsache des Bewußtseins: Ich bin Leben, das leben will – inmitten von Leben, das leben will." Die neuentdeckte „Ehrfurcht vor dem Leben" verleiht diesem Bewußtsein eine ethische Verbindlichkeit und verknüpft die Verantwortung für das eigene mit der Verantwortung für fremdes Leben.[2] Schweitzer setzt

---

[2] vgl. 1955, S. 132, 134. – In ähnlichem Zusammenhang kommt ihm auch das cartesianische „cogito, ergo sum" in den Sinn, das er mit Nachdruck ablehnt: „Mit diesem armseligen, willkürlich gewählten Anfang kommt es unrettbar in die Bahn des Abstrakten. Es findet den Zugang zur Ethik nicht und bleibt in toter Welt- und Lebensanschauung gefangen. Wahre Philosophie muß von der unmittelbarsten und umfassendsten Tatsache des Bewußtseins ausgehen" (vgl. 1953, S. 229).

sich ausdrücklich von der gesamten bisherigen Ethik ab, deren Fehler es gewesen sei, eine rein zwischen-menschliche Ethik zu sein. Er kommt zu dem Ergebnis: Wahrhaft ethisch ist der Mensch nur, wenn ihm *alles Leben*, also auch das Leben von Pflanze und Tier heilig ist, und wenn er sich jedem Leben, das in Not ist, helfend hingibt. Als gut gilt ihm: „Leben erhalten, Leben fördern, entwickelbares Leben auf seinen höchsten Wert bringen; als böse: Leben vernichten, Leben schädigen, entwickelbares Leben niederhalten" (vgl. 1955, S. 134 und 1953, S. XV). Schweitzer ist überzeugt, eine universelle und zwingend „denknotwendige" Ethik entdeckt zu haben, und er steigert sich zuletzt zu der Hoffnung: Früher oder später muß die wahre endgültige Renaissance anbrechen, die der Welt den Frieden bringt" (1953, S. XX; 1955, S. 135).

Kaum ist der 1. Weltkrieg vorüber, da baut Albert Schweitzer sein persönliches Erlebnis am Ogoveflluß zu einem kulturphilosophischen Werk aus. Aus den Bruchstücken einer erlebten Einsicht wird ein großes geschlossenes System. Im Zentrum steht noch immer die leuchtende Idee von der *Ehrfurcht vor dem Leben*, die sich ableitet aus dem überall in der Natur erkennbaren Willen zum Leben und die überleitet zur tätigen Hingebung ans Leben. Es ist bewegend, mit welcher *Sensibilität* der Vorausdenker im afrikanischen Urwald die Leiden und Schmerzen der Tiere nachempfindet und mit welcher *Leidenschaft* er für die Schonung und Bewahrung aller Lebewesen im größtmöglichen Umfang eintritt.[3]

Am wenigsten überzeugend ist Schweitzer dort, wo er die *„Denknotwendigkeit"* (1953, S. 230; 1955, S. 134) seiner neuen Ethik behauptet. Die Einsicht in den Lebenswillen aller Lebewesen führt ja keineswegs zwingend zu einer „Ehrfurcht vor dem Leben". Genausowenig gelangt der ehrfurchtsvolle Mensch zwangsläufig zu einer verantwortungsvollen Hingabe an andere Lebewesen.

Die Unklarheit beginnt sich aufzulösen, wenn man erkennt, daß für den „Arzt aus Leidenschaft" das Leben nicht nur ein empirischer Tatbestand ist, sondern zugleich eine *religiöse Würde* besitzt. „Das Leben ist heilig" (vgl. 1953, S. 230), sagt er und macht dadurch verständlich, warum für ihn die angemessene Antwort „Ehrfurcht vor dem Leben" heißt. Und deshalb sieht er vom Leben eine „Nötigung" ausgehen, „allem Willen zum Leben die gleiche Ehrfurcht vor dem Leben entgegenzubringen wie dem eigenen" (1953, S. 229).

Zweifellos hat sich Schweitzer seit den Tagen seiner neutestamentlichen Studien ein weites Stück von der Botschaft Jesu entfernt. Trotzdem ist bei ihm eine starke *religiöse Tönung* seines Denkens zurückgeblieben. Und ähnlich scheint der für ihn mühelose Übergang von „Ehrfurcht vor dem Leben" zur „Hingebung (Hingabe) an hilfsbedürftiges Leben" von dem *jesuanischen Doppelgebot der Liebe*:

„Du sollst Gott lieben von ganzem Herzen ...
und deinen Nächsten wie dich selbst." (Luk. 10,27)

---

[3] vgl. 1953, S. 238 ff. – Der wahrhaft ethische Mensch „reißt kein Blatt vom Baume ab, bricht keine Blume und hat acht, daß er kein Insekt zertritt. Wenn er im Sommer nachts bei der Lampe arbeitet, hält er lieber das Fenster geschlossen und atmet dumpfe Luft, als daß er Insekt um Insekt mit versengten Flügeln auf seinen Tisch fallen sieht" (1953, S. 230) und „Ethik ist ins Grenzenlose erweiterte Verantwortung gegen alles, was lebt" (1953, S 231).

beeinflußt zu sein, in dem Gottes-Anbetung und Welt-Verantwortung eng miteinander verbunden sind.

Schweitzer's Grundthese: „Ich bin Leben, das leben will, inmitten von Leben, das leben will", orientiert sich an empirischen Tatsachen. Doch die weltanschauliche Konsequenz – nämlich Ehrfurcht – oder die ethische Folgerung – nämlich Hingabe – entstammen *nicht* der Realität selbst, sondern einem *Bewertungssystem*, das der Philosoph an anderer Stelle vorgefunden oder von anderen Voraussetzungen her entwickelt hat. Dieselbe Grundthese könnte bei einem anderen Betrachter zu ganz andersartigen Konsequenzen führen – wie z. B.:

– Unterstützung der biologisch Starken auf Kosten der biologisch Schwachen im Interesse der Evolution – oder:
– Rückzug vom Leben aus Resignation oder zur Verminderung von Frustation und Schmerz.

Schweitzer ist sich durchaus im Klaren, daß die von ihm festgestellte Denknotwendigkeit nicht einfach an der Wirklichkeit abgelesen werden kann, sondern die „innere Nötigung" benennt, wie das individuelle Leben dem universellen Leben sinnvoll und kreativ entsprechen kann.[4]

Schweitzers philosophische Bemühungen verdienen Hochachtung, nicht nur weil sie abseits der berühmten Katheder und vollen Hörsäle im afrikanischen Urwald entwickelt wurden, sondern auch deshalb, weil sie in der kompromißlosen Sprache eines prophetischen Humanisten einhergehen. Trotzdem ist der Versuch des Urwaldphilosophen *gescheitert*, mit seinem Programm „Ehrfurcht vor dem Leben" – auf der Basis der Entdeckung: „ich bin Leben, das leben will, inmitten von Leben, das leben will" – eine Art modernen „kategorischen Imperativ" oder eine „ethische Weltformel" gefunden zu haben. Ehrfurcht vor dem Leben ist kein universelles biologisches Programm, das der suchende Mensch in der Natur vorfindet, sondern eine *humane Entscheidung*, mit der sich jeder, der will, identifizieren kann. Somit steht auch Schweitzer in jenem Strom der Menschheit, die seit Urzeiten empirische Tatsachen und menschliche Bewertungen miteinander verknüpft und dadurch das Entstehen von Tradition und Kultur, von Recht und Moral erst möglich gemacht hat. Allerdings ist Schweitzer's Entdeckung ein Beispiel für eine *hohe Adäquatheit* in diesem Verknüpfungsprozeß und für eine bewunderswerte Stimmigkeit von ethischer Forderung und persönlicher Biographie. Deshalb verdient es diese Formel auch, in der ethischen Diskussion der Gegenwart ein Heimatrecht zu bekommen.

Darüber hinaus lohnt es sich, die *innere Struktur* jener Entdeckung nochmals ins Auge zu fassen:

a) Schweitzer suchte im Stimmengewirr seiner Zeit und inmitten der Orientierungslosigkeit der Gesellschaft nach einer überzeugenden *ethischen Verbindlichkeit*. Er ahnte, daß es für die bedrohlichen Weltprobleme nicht ausreicht,

---

[4] „Aus innerer Nötigung, ohne den Sinn der Welt zu verstehen, wirke ich Werte schaffend und Ethik übend in der Welt und auf die Welt ein. Denn in Welt- und Lebensbejahung ... erfülle ich den Willen des universellen Willens zum Leben, der sich in mir offenbart" (1953, S. XV).

jeweils nur nach pragmatischen Lösungen zu suchen, anstatt eine außerordentliche humane Anstrengung zu wagen (vgl. 1955, S. 134).
b) Schweitzer war begeistert, daß ihm ein Durchbruch im Denken gelungen war. In Wirklichkeit hatte seine Entdeckung – im Anblick einer Nilpferdherde – den Charakter einer *ganzheitlichen Betroffenheit*. Die „Ehrfurcht vor dem Leben" war für ihn keine bloße Papierweisheit, sondern eine *lebendige Erfahrung* voll von Emotion und voll von urtümlicher Religiosität – und damit von einer Überzeugungskraft, die dann auch das Denken in ihren Bann zog (vgl. 1953, S. XVII).
c) Schweitzer war auf der Suche nach einer *universellen Lösung*. Für ihn war die Zeit der kleinen Reformen vorbei und der Tag einer globalen Erneuerung gekommen (1953, S. XX).

Diese Strukturelemente von Schweitzer's Lebensethik sind bedeutsam und hilfreich. Es sieht so aus, daß eine verantwortliche ökologische Ethik nicht ohne vergleichbare *Grundelemente* auskommt. Sie benötigt in ähnlicher Weise:

- ethische Verbindlichkeit
- existentielle Betroffenheit
- universelle Gültigkeit.

4 Auf dem Weg zu einer ökologischen Ethik

„Verantwortung wahrnehmen für die Schöpfung", so lautet das Thema einer „Gemeinsamen Erklärung des Rates der Evangelischen Kirche in Deutschland und der Katholischen Bischofskonferenz" aus dem Jahr 1985. Auf 45 Seiten Text versuchen die beiden Kirchen in einer gemeinsamen Schrift die Grundlinien einer ökologischen Ethik zu entwerfen.

Das evangelisch-katholische Kirchenpapier kennt die Gefahren, die heute unserer Umwelt drohen; es benennt wichtige Gründe, die zu dieser äußerst kritischen Situation geführt haben. Es warnt davor, sich auf „technische Lösungen" zu verlassen, ohne zuvor das Verhältnis „Mensch und Natur" kritisch zu überprüfen und zu revidieren. „Wir müssen einsehen lernen, daß hinter der Umweltkrise letztlich unsere eigene Krise und unsere Unfähigkeit steht ... die Natur als Haushalter Gottes zu verwalten" (1985, S. 16). Die „Gemeinsame Erklärung" möchte dazu beitragen, daß der Schöpfungsglaube keine blasse Theorie bleibt, sondern Klarheit und Kraft gewinnt, sich neu zu artikulieren. Christen sollten verstehen, daß die ihnen aufgetragene Weltverantwortung über die Menschenwelt hinaus auf die ganze leidende, gequälte und bedrohte Schöpfung zielt. Deshalb fordert das ökumenische Kirchenpapier, ein neues Denken und Handeln einzuüben und einen *neuen ökologischen Lebensstil* zu wagen. Die Verfasser empfehlen ein ganzes Bündel von Maßnahmen, die bis in den Lebens- und Konsumbereich hineingreifen und mit Begriffen wie: „grundlegendes Umdenken" – „Verzicht" – und „Einfallsreichtum" beschrieben werden können (vgl. 1985, S. 42ff.). Jeder, der sich als Geschöpf Gottes versteht, weiß: Ich bin in das große Lebensgeflecht der Schöpfung eingebunden. Die anderen Geschöpfe haben ihre eigene Würde und ihren eigenen Wert – unabhängig von dem Nutzwert, den wir Menschen ihnen zuschreiben (vgl. 1985, S. 37 und 42).

Das gemeinsame Kirchenpapier fordert Christen und Gemeinden auf, einen *selbständigen* Beitrag zur Bewahrung der Schöpfung und zur Entlastung der Umwelt zu leisten. Die Verfasser appellieren an den *Pioniergeist* der Christen, der sich in vielen vergleichbaren Engagements der Vergangenheit – bei karitativen Aktivitäten und Einrichtungen oder in der Entwicklungshilfe – als erstaunlich lebendig und kreativ dargestellt hat (vgl. 1985, S. 53).

Mit Recht spricht die „Gemeinsame Erklärung" zuerst die Einzelpersonen an und fordert sie auf, ihre Schöpfungsverantwortung im persönlichen Bereich wahrzunehmen (Stichwort: „neuer ökologischer Lebensstil"). Doch sogleich drängt die Verantwortung für die bedrohte Schöpfung über den engen privaten Rahmen hinaus und provoziert die großen gesellschaftlichen Gebilde – wie Wirtschaft und Politik – zu umweltverträglichen Lösungen (vgl. 1985, S. 45 ff.). Zuletzt sind die Kirchen und Gemeinden angesprochen (vgl. 1985, S. 52 ff.). Sie sollten sich die kritische Frage gefallen lassen, ob sie die Botschaft vom Schöpfergott, von der anvertrauten Schöpfung und von dem zur Verantwortung gerufenen Geschöpf Mensch klar und überzeugend weitergegeben haben. Die Möglichkeiten der Gemeinden, diese Botschaft zu vermitteln, zu verlebendigen, einzuüben und schließlich exemplarisch und glaubwürdig zu leben, sind groß.

Das gemeinsame Papier der beiden Kirchen ist ein erfreuliches Dokument. Es zeigt die Chancen des ökumenischen Dialogs, wenn er nur ernsthaft von beiden Seiten gewollt wird. Es trägt dazu bei, eine theologische Lücke zu schließen, die jahrhundertelang Mißverständnisse geduldet und katastrophale Fehlplanungen begünstigt hat. Und schließlich läßt es die Fülle von Problemen ahnen, die in einer ökologischen Ethik zu berücksichtigen sind.

An dieser Stelle seien einige Fragestellungen herausgestellt, die in der „Gemeinsamen Erklärung" zu kurz gekommen sind oder einer besonderen Betonung bedürfen:

a) Eine Ethik, die sich am Schöpfer und der Welt als Schöpfung orientiert, kommt nicht um die Erkenntnis herum, daß der Mensch als „Krone der Schöpfung" zugleich ihr größter *Risikofaktor* ist. Eingespannt in soziale Zwänge und dirigiert durch individuelle Bedürfnisse und Interessen versäumt der Mensch die Hinwendung zu seinem Schöpfer und verfehlt die verantwortliche Sorge für die anvertraute Schöpfung. Er lebt ein Leben im Widerspruch, den vor knapp 2.000 Jahren der Apostel Paulus so beschrieb: Der Mensch behauptet, Gott zu kennen, aber er zieht keine Konsequenz daraus. Er denkt nicht daran, ihn als den Schöpfer zu preisen oder ihm zu danken, sondern er entscheidet sich lieber dafür, sich selbst zu verherrlichen (vgl. Römerbrief 1,21-25). In Jesus Christus begegnet uns das Geschöpf Gottes, das die menschlichen Fehleinschätzungen kontinuierlich erlebt und darunter schwer gelitten hat. Wie das Neue Testament berichtet, ist ihm die Versuchung, die Grenzen des geschöpflichen Daseins zu überschreiten, sogar selbst begegnet. Aber leidenschaftlich wehrt er sich gegen die teuflische Anmaßung des Menschen, allmächtig sein zu wollen und sich an die Stelle Gottes zu setzen (Matthäus 4,1-11). Trotzdem zieht sich Jesus von seinen gefährdeten Mitmenschen, die zwischen Allmachtsphantasien und

Ohnmachtserlebnissen hin- und hergerissen werden, nicht zurück. Er befreit sie aus ihren schuldhaften Verstrickungen und gewährt ihnen die Chance eines neuen Anfangs.

b) Im gemeinsamen Papier der beiden Kirchen ist nur ansatzweise zu erkennen, was *Jesus* für eine ökologische Ethik bedeutet. Mit Recht wird er als „Ebenbild Gottes" bezeichnet (vgl. 1985, S. 41), aber es bleibt unscharf und ohne das nötige Gewicht, daß sich gerade in dieser Bezeichnung, die aus der Schöpfungsgeschichte des Alten Testamentes stammt[5], die Bestimmung des Menschen – Gottes Stellvertreter in seiner Schöpfung zu sein – widerspiegelt. Kein anderer Mensch hat – so wie er – sich die Sorge Gottes um seine Schöpfung zu eigen gemacht und keiner hat sich so entschlossen auf die Seite der Beschädigten und Gefährdeten gestellt – als ein *Anwalt der Schwachen und Schwächsten*. Der Nazarener lebte sein Leben als eine *Antwort*. Er antwortete mit seiner Existenz auf einen göttlichen Ruf. Es spielt nur eine geringe Rolle, daß Jesus in seinem Lebensvollzug auf die ökologische Frage noch nicht eingegangen ist. Er hat unbesorgt und angstfrei immer neue Erfahrungsbereiche durchschritten. Dabei löste er die menschlichen Verhaltensnormen aus ihrem erstarrten Aggregatzustand. Er zeigte seinen Jüngern, daß sich Reden und Handeln, Denken und Fühlen nicht in neutrale Räume zurückziehen darf, sondern daß sich alle Lebensbereiche auf eine Verantwortung – also ein *Antwort-geben* gegenüber dem Schöpfer – beziehen müssen, die an ihm selbst ihr Maß nimmt.

c) Es taucht die Frage auf: Ist der Mensch überhaupt in der Lage, immer neue ethische Anforderungen zu verkraften? Ist das hohe ethische Anspruchsniveau, das durch die ökologische Ethik noch weiter gesteigert wird, überhaupt zu halten? Oder ist zu befürchten, daß viele abstumpfen oder sich durch Abwehrmechanismen der ökologischen Verantwortung entziehen. Solche Fragen sind berechtigt. Doch für den Christen steht die ethische Forderung nicht isoliert im Raum. Durch sein Leben zieht sich eine Spur der *göttlichen Befreiung*. Belastungen lösen sich auf und der Zwang schwindet. Neue Wege werden sichtbar und neue Freiräume entstehen. Freigelassene erleben ihr Leben im Glanz der Freiheit und der neuen Möglichkeiten.

d) Immer mehr Menschen kommen heute zu der Einsicht, daß der Schutz der Umwelt einen hohen Stellenwert hat. Sie sehen mit Erschrecken die bedrohlichen Schäden und kalkulieren für die Zukunft Schäden von katastrophalem Ausmaß. Diese Folgenabschätzung macht eine ökologische Ethik sinnvoll und notwendig. Auch die christliche Ethik ist von solchen Überlegungen beeindruckt. Aber sie ist in ihrem Kern keine „*risiko*orientierte" Ethik[6], die sich auf Schadensverhinderung und Schadensbegrenzung beschränkt, sondern um eine

---

[5] Genesis 1,27: „Gott schuf den Menschen sich zum Bild, zum Bild Gottes schuf er ihn. Und er schuf sie als Mann und Frau".

[6] vgl. Ruh (1990, S. 198); auch wenn der Verfasser bei konkreten Großrisiken Verbote postuliert, die sich an biologischen Strukturen orientieren, so bleibt doch unbestritten, daß das Risiko selbst keine sichere Norm beinhaltet, sondern jeweils auf menschliche Beurteilung und Bewertung angewiesen ist.

„*verantwortungs*orientierte" Ethik[7], die den göttlichen Auftrag an den Menschen ernstnimmt: Er soll als Gottes Ebenbild und Stellvertreter zugunsten der ihm anvertrauten Schöpfung beides besorgen: *Schaden* von Schöpfung und Geschöpfen *abwehren* und ihr *Wohlergehen fördern*.

5 Der Lobpreis des Schöpfers als Sprache der Betroffenheit

Wer von der Welt als Schöpfung spricht, darf von Gott als dem Schöpfer nicht schweigen. Die Schöpfungsberichte des Alten Testaments, die so wuchtig am Anfang der Bibel stehen, fördern das Mißverständnis, daß sich Gottes Schöpfungshandeln auf die Erstinitiative bei der Weltentstehung beschränkt. Doch der Schöpferglaube der biblischen Menschen lebt von der schöpferischen Nähe und schöpferischen Aktivität Gottes. Adam empfängt den göttlichen Atem zum Leben[8]. Nicht anders sind die übrigen Geschöpfe auf Gottes Lebensatem angewiesen und zerfallen ohne ihn zu Staub (Psalm 104,29f. – vgl. auch Müller-Fahrenholz 1988, S. 411ff.).

Gott durchwaltet und durchströmt diese Welt, er beseelt und belebt alles Lebendige. Schweitzer's „Ehrfurcht vor dem Leben" und die indianische Naturmystik erhalten von daher einen neuen Sinn. Wer hier auf der Suche ist, stößt auf immer neue Geheimnisse, angesichts derer die kühle Sprache der Argumentation immer sprachloser wird. Die Bescheidenheit wächst und ein Staunen überfällt den Menschen, wie einst den Beter im Alten Testament: „Wenn ich den Himmel betrachte, deiner Finger Werk, den Mond und die Sterne, die du geschaffen hast: Was ist der Mensch, daß du seiner gedenkst?" (Psalm 8,4f.)

Er bleibt nicht stehen, sondern geht weiter, bis er Ruhe findet in der Anbetung und im Lobpreis: „Herr, unser Herrscher, wie herrlich ist dein Name in allen Landen!" (Psalm 8,10) Wenn Jesus von Gott redet, vermeidet er theoretische Überlegungen. Genausowenig kommt es ihm in den Sinn, den Schöpfergott kühl und distanziert in eine grandiose Weltentstehungs-Hypothese einzubauen und ihn damit aus der Gegenwart hinauszusperren. Im *Vertrauen* und in der Anbetung erfährt er die Nähe des ewigen Vaters, der ihm Leben und Freiheit schenkt. Das persönliche Gebet, das er seinen Jüngern übergibt, ist voll von Vertrauen und Anbetung und holt Mensch und Welt in diesen Glaubensvollzug mit herein: „Vater unser im Himmel, geheiligt werde dein Name, dein Reich komme, dein Wille geschehe – wie im Himmel so auf Erden ... Denn dein ist das Reich und die Kraft und die Herrlichkeit in Ewigkeit."

Was ist das für ein *Mensch*, der – wie Jesus – so stark im Vertrauen und in der Anbetung wurzelt? Jesus von Nazareth spricht nicht wie einer, der sich auf die

---

[7] Hier ist an das Programm von Jonas zu erinnern, das am ausführlichsten in seinem 1979 erschienenen Werk: „Das Prinzip Verantwortung. Versuch einer Ethik für die technologische Zivilisation" zur Sprache kommt. Die Leitidee von der Verantwortung ist allerdings dadurch beeinträchtigt, daß die „Verantwortung vor ..." zugunsten der „Verantwortung für ..." preisgegeben wurde.

[8] vgl. Genesis 2,7: „Und Gott der Herr machte den Menschen aus einem Erdklumpen, und er blies ihm den Lebensatem in seine Nase. Und also ward der Mensch eine lebendige Seele."

Kraft des analysierenden Denkens verläßt, genauso wenig wie einer, der sich in das geborgene Haus einer frommen Innerlichkeit zurückzieht. Bei ihm fügen sich die Bruchstücke einer allzu leicht auseinanderfallenden Existenz zu einer Einheit zusammen. Hier stammt alles aus einer *ganzheitlichen Lebensweise*, die in der Bergpredigt ihren Ausdruck gefunden hat: „Seid das, was ihr seid, ganz – genauso wie auch euer himmlischer Vater das, was er ist, ganz ist!" (Matth. 5,48)

Aus dieser Ganzheitlichkeit stammen bereits die Dank- und Loblieder des Alten Testaments. Der alttestamentliche Mensch bleibt nicht im engen Horizont seines Tätigseins oder Erleidens, sondern schwingt sich immer wieder auf zu einem *Dankgebet*: „Danket dem Herrn, denn er ist freundlich und seine Güte währt ewig!" (Psalm 107,1) Genausowenig verschließt er seine Freude in seinem Inneren und übt sich in vornehmer Zurückhaltung, sondern sein Bewußtsein weitet sich, und er singt den Lobpreis des Schöpfers: „Alles, was ist, soll einstimmen in ein Lied der Freude über Gott ... Singt mit, ihr Berge und Hügel, ihr Fruchtbäume und Zedern, ihr wilden Tiere und ihr Tiere im Haus, singt mit, Würmer und gefiederte Vögel..." (Psalm 148,1 ff.; nach Zink 1963).

Unvergeßlich bleibt jedem Freund des Schöpferlobes der Sonnengesang des Franziscus von Assisi: „Du höchster, mächtiger, guter Herr, dein ist der Lobpreis, Ruhm und Ehre und jeglicher Dank ... Gelobt seist du, Herr, mit allen deinen Kreaturen, der edlen Herrin vor allem, der Schwester Sonne ... Gelobt seist du, Herr, durch unsere Schwester, die Mutter Erde, die stark und gütig uns trägt und zeitigt mancherlei Frucht mit farbigen Blumen und Gras ... Lobet und preiset den Herrn und danket und dienet ihm in großer Demut" (vgl. Nigg 1960, S. 55).

Kindliche Naivität? Frommes Rankenwerk, das sich im Licht der kritischen Vernunft rasch auflöst? Solche Bedenken sind verständlich, aber sie treffen nicht den Kern der Sache. Die Sprache des Gotteslobes mag naiv erscheinen, aber sie stammt aus einer tieferen Schicht unserer Existenz, die sich der Reflexion zunächst entzieht, aber unser Lebensgefühl umso echter ausspricht. Hier bewegen wir uns in einem Existenzbereich, in dem Lebendigkeit und Betroffenheit, Mitfreude und Mitgefühl zuhause sind. Im Lobpreis des Schöpfers verbirgt sich unausgesprochen ein persönliches Bekenntnis – etwa mit folgendem Inhalt:

– Ich bin ein Geschöpf Gottes und akzeptiere für mich diese Bestimmung meiner Existenz – und:
– Ich stehe in der großen Solidarität aller Geschöpfe und übernehme für mich die Verantwortung, die sich daraus ergibt.

Wir entdecken hier den gleichen *ganzheitlichen Lebensvollzug*, der die Existenz des Jesus von Nazareth geprägt hat, und bei dem die drei Relationen: Gottesbeziehung, Selbstverständnis, Weltverantwortung untrennbar miteinander verbunden waren. Hier liegen die Wurzeln für eine verantwortungsorientierte ökologische Ethik.

6 Allgemeingültigkeit einer ökologischen Ethik?

Unsere Umwelt ist schwer gefährdet. Außergewöhnliche Anstrengungen sind nötig, um unseren Kindern und Enkeln eine wohnliche Erde zu hinterlassen. Jeder einzelne und die gesellschaftlichen Gruppen als ganze sind herausgefordert, sich zu verständigen und *gemeinsam* der Umweltgefährdung zu begegnen.

Doch wie ist eine Einigung möglich, wenn wir in einer pluralistischen Gesellschaft leben, die bislang keine allgemein verbindliche Ethik kennt, sondern eine Vielzahl von Ethiken toleriert? Leistet sich beispielsweise nicht auch die christliche Ethik – wie oben dargestellt – den „Luxus" einer speziellen Begründung? Führt nicht der Hinweis darauf, daß Mensch und Umwelt als *Gottes Schöpfung* zu verstehen sind, eher zu einer Meinungsverschiedenheit als zu einem Konsens? Solche Anfragen sind verständlich. Es stimmt, daß für Menschen, die sich an Gottes Schöpfung orientieren, ihr eigenes Leben und ihre Umwelt eine spezifische, unverwechselbare Erfahrungsqualität besitzen: Sie erleben sich als Geschöpfe und sie respektieren andere Lebewesen als Mit-Geschöpfe.

Allerdings sollte eine demokratische Gesellschaft tolerieren, wenn es in ihrer Mitte *unterschiedliche Motivationen* zum Handeln gibt. Deutlicher gesagt: Die gesellschaftliche Kommunikation wird nicht zerstört, sondern im Gegenteil gefördert, wenn sich das ökologische Handeln aus verschiedenen Quellen speist. Doch wo findet sich die *gemeinsame Sprache*, wo ist Verständigung möglich?

Viele umweltbewußte Zeitgenossen kommen heute zu *ähnlichen praktischen Konsequenzen*. Die Kirche ist Gesprächspartnerin in einem umfassenden ökologischen Dialog. Ihre Mitglieder lassen sich Anregungen geben für den Alltag. Sie selbst bieten praktische Empfehlungen für andere an, wie z. B. der Kirchenredakteur Brockert, der 1987 ein Sachbuch herausgebracht – unter dem Titel „1000 ganz konkrete Umwelt-Tips" – und damit eine breite Öffentlichkeit erreicht hat. Die Kommunikation ist hergestellt – das Gespräch läuft – die konkrete, gemeinsam zu gestaltende Wirklichkeit verbindet.

Viele Menschen werden mit diesem Ergebnis schon zufrieden sein: „Hauptsache, man ist sich einig in dem, was praktisch geplant und konkret durchgeführt wird!" Trotzdem sollte eine schöpfungsorientierte ökologische Ethik darüber Auskunft geben, wie sie von der fundamentalen Glaubenserfahrung zu einer konkreten Handlungsanweisung gelangt. Die Glaubensgewißheit „Ich bin Gottes Geschöpf" führt ja *nicht unmittelbar* und geradlinig zu dem Entschluß, bestimmte ökologische Maßnahmen zu ergreifen – z.B. den eigenen Hausmüll künftig zu reduzieren.

Fundamentale Glaubenserfahrungen sind außerstande, alle denkbaren Lebenssituationen im Vorgriff zu erfassen und dafür überzeugende Handlungsmuster anzubieten. Genausowenig enthalten die konkreten Einzelsituationen selbst schon die Rezepte ihrer Behandlung. Mit Recht hat sich deshalb die ethische Diskussion in den letzten Jahren immer stärker dem Übergangsfeld zwischen den fundamentalen Glaubenserfahrungen und den konkreten Lebenssituationen zugewendet und dabei versucht, diesen Bereich zu durchleuchten und zu strukturieren (vgl. Tödt 1977, S. 81 ff.). Es klingt überzeugend, in diesem Übergangsfeld einerseits „prinzipielle Kriterien" und andererseits „praktische Maximen" am Werk zu sehen, mit deren Hilfe eine Vermittlung von Glaube und Situation als möglich erscheint (vgl. Rich 1987, S. 170).

In Abbildung 1 wird etwas schematisiert, was sich im Denkvollzug und im gelebten Leben teils einfacher, teils komplizierter abspielt: ein differenzierter Regelprozeß, der hier eine gewisse Durchsichtigkeit erhalten soll. Die *prinzipiellen*

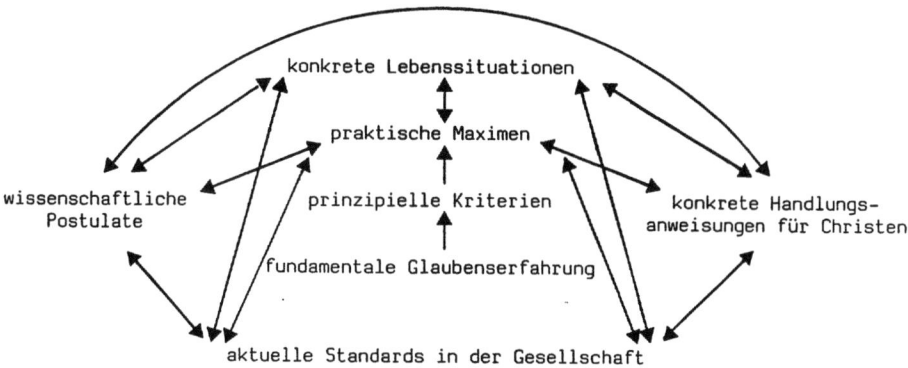

Abb. 1. Schema für die Vermittlung von Glaubenserfahrung und Lebenssituation

Kriterien entstammen der fundamentalen Glaubenserfahrung und umfassen eine Reihe von humanen Grundentscheidungen, die durch Reflexion und Abstraktion gewonnen wurden – wie z. B.:

- Mitmenschlichkeit
- Mitgeschöpflichkeit
- Solidarität mit den Schwachen
- kritische Distanz zur Welt (vgl. Rich 1987, S. 173 ff.).

Wer hier nach einer einprägsamen Formel sucht, für den empfiehlt es sich, das jesuanische Liebesgebot – „Du sollst deinen Nächsten lieben wie dich selbst!" (Lukas 10,27) – in der erweiterten Fassung: „Du sollst deine Mitgeschöpfe lieben wie dich selbst!" als ein leitendes Kriterium zu betrachten.

Die prinzipiellen Kriterien tendieren, auch wenn sie aus dem Bereich der fundamentalen Glaubenserfahrung stammen, hin zu einer *gewissen Überzeugungskraft* und *Allgemeingültigkeit* – auch über den Kreis der Gläubigen hinaus.

Wer sich den *praktischen Maximen* nähert, der entdeckt einerseits den Hintergrund lebendiger Glaubenserfahrung und ethischer Glaubensreflexion, andererseits aber auch die Realität des gelebten Lebens.

Folgende Beispiele praktischer Maximen seien herausgegriffen:

- Verändere deinen Lebensstil, indem du Verzichtleistungen auf dich nimmst und mehr Disziplin einübst!
- Vermindere Umweltbelastungen und fördere alles, was die Überlebenschancen deiner Mitgeschöpfe fördert!
- Richte deine Lebensführung so ein, daß du den umfassenden Lebenszusammenhang alles Lebendigen wahrnimmst und berücksichtigst!
- Erkenne deine Verantwortung, ökologische Schäden zu beheben, die du verursacht hast!
- Kontrolliere deinen Energiekonsum und drößle ihn!

Hier sind praktische Maximen aufgezählt, die vor allem an die Einsicht und Verantwortung des *Einzelnen* appellieren. Daneben gibt es eine andere Gruppe von

Maximen, die auf die *Gesellschaft als ganze* zielen und dazu beitragen könnten, die politischen Rahmenbedingungen zu verbessern – z. B. die folgenden:

- Wichtige ökologische Anliegen verdienen Gesetzesqualität und zu ihrer Absicherung staatliche Sanktionen (Rat der Evangelischen Kirche in Deutschland und Katholische Bischofskonferenz 1985, S. 47).
- Die in manchen Ländern (etwa in der Bundesrepublik Deutschland) geltende „soziale Marktwirtschaft" bedarf einer Ergänzung durch eine „ökologische Komponente" (1985, S. 45).
- Der Zielkatalog der Wirtschaftspolitik – Vollbeschäftigung, Geldwertstabilität, außenwirtschaftliches Gleichgewicht und angemessenes Wirtschaftswachstum – ist durch das Ziel der „ökologischen Verträglichkeit" zu vervollständigen (1985, S. 46).
- Ökologisch verträgliches Wirtschaften ist durch steuerliche und finanzielle Anreize zu fördern (1985, S. 45f.).

Die Aufzählung praktischer Maximen ist nicht vollständig, sondern *exemplarisch*. Ihre Formulierung durch eine schöpfungsorientierte Ethik vollzieht sich nicht willkürlich, sondern in einem kontinuierlichen Kommunikationsprozeß zwischen Glaubensreflexion und konkreter Lebenssituation. Wenn man die einzelnen Phasen der Maximenbildung untersucht, dann erkennt man etwa folgende Phasen ihrer Entstehung: Problemfeststellung, Situationsanalyse, Musterung der Verhaltensalternativen, Prüfung der prinzipiellen Kriterien, Urteilsentscheid, und schließlich: Adäquanzkontrolle (vgl. Tödt 1977, S. 83).

Wer die hier vorgestellten praktischen Maximen überprüft, wird rasch zu dem Ergebnis kommen, daß sie „gar nicht typisch christlich" erscheinen, sondern „genausogut in anderen ethischen Konzeptionen vorkommen könnten". Dieses Ergebnis ist nicht überraschend. Der Kommunikationsprozeß, der die schöpfungsorientierte Ethik zu ihrer Maximenbildung führt, nimmt selbstverständlich teil am *Kommunikationsgeschehen in Gesellschaft und Wissenschaft*. So liegt es in der Natur der Sache, daß die Maximen einer schöpfungs-orientierten Ethik *kommunikations- und konsensfähig* sind.

An dieser Stelle darf an den sog. *konziliaren Prozeß* erinnert werden, in dessen Rahmen die evangelischen und orthodoxen Kirchen – teilweise auch die Katholische Kirche – in den letzten Jahren versuchten, zu den Weltproblemen „Gerechtigkeit, Frieden und Bewahrung der Schöpfung" ein gemeinsames und überzeugendes Wort zu sprechen. Leider ist dieses hochgesteckte Ziel bei der Weltkonferenz der Kirchen in Seoul (Mai 1990) nicht erreicht worden. Trotzdem ist schon der Versuch und die gemeinsame Leidenschaft von Bedeutung: in der ökologischen Frage zu einem *gesamtkirchlichen* Konsens zu kommen und die Weltgemeinschaft der Völker zu diesem Konsens miteinzuladen.

So findet die ökologische Diskussion der Christen nicht im selbstgesuchten Ghetto, sondern im Rahmen einer ökumenischen und weltweiten Meinungsbildung statt und ist voll und ganz auf den Dialog mit der Öffentlichkeit und mit der Gesellschaft angelegt. Für einen überschwenglichen Optimismus ist es allerdings noch zu früh. Aber es gibt die Hoffnung, daß in dieser Frage die Weltchristenheit – ähnlich wie die Katholische und Evangelische Kirche in Deutschland – eines Tages mit *einer* Stimme sprechen und sich zur Anwältin der höchst gefährdeten Schöpfung machen wird. Es ist ebenfalls zu hoffen, daß dann der Einmütigkeit in Worten auch eine *Eindeutigkeit in Taten* folgen wird.

Literatur

Brockert H (1987) 1000 ganz konkrete Umwelt-Tips. München
Jeremias J (1989) Die Schöpfung bewahren. In: Schneider-Grube S (Hrsg) Bewahrung der Schöpfung. Kirche unterwegs in die 90er Jahre. München, S 39–62
Jonas H (1979) Das Prinzip Verantwortung. Versuch einer Ethik für die technologische Zivilisation. Frankfurt/Main
Müller-Fahrenholz G (1988) Das Gotteslob wieder lernen. Versuch einer Berichtigung der Schöpfungstheologie. In: Lutherische Monatshefte 27:410–414
Nigg W (Hrsg) (1960) Gebete der Christenheit. Hamburg
Rat der Evangelischen Kirche in Deutschland und Katholische Bischofskonferenz (1985) Verantwortung wahrnehmen für die Schöpfung. Gemeinsame Erklärung. Gütersloh
Rich A (1987) Wirtschaftsethik. Grundlagen in theologischer Perspektive. (3. Auflage) Gütersloh
Ruh H (1990) Ethik und Risiko. In: Zeitschrift für Evang Ethik 34:198–205
Schweitzer A (1953) Kultur und Ethik. Kulturphilosophie II. Teil. (9. Auflage) München
Schweitzer A (1955) Aus meinem Leben und Denken. München
Specht R (1966) René Descartes. Hamburg
Tödt HE (1977) Versuch zu einer Theorie ethischer Urteilsfindung. In: Zeitschrift für Evang Ethik 21:81–93
Zink J (1963) Womit wir leben können. Das Wichtigste aus der Bibel in der Sprache unserer Zeit. Stuttgart

Die Bedeutung eines wissenschaftlich fundierten Menschenbildes für die Förderung umweltverantwortlichen Handelns

Hans G. Kastenholz (Zürich)

1 Einleitung

Die ökologischen Probleme am Ende dieses Jahrhunderts haben nach Art und Umfang eine Größenordnung erreicht, die Umwelt- und Naturschutz zu einer Überlebensaufgabe machen. Es ist heute unumstritten, daß die natürlichen Lebensgrundlagen der Menschen nur erhalten werden können, wenn Umwelt- und Naturschutz auf allen gesellschaftlichen Ebenen aktiv betrieben werden. Um dieses Anliegen zu verwirklichen, sind von allen umweltrelevanten wissenschaftlichen Disziplinen Forschungsprogramme initiiert worden, Politik und Verwaltung werben für umweltverantwortliches Handeln, und in den Medien nimmt das Thema „Umwelt" einen immer breiteren Raum ein. Trotz dieser Bemühungen und einer daraus in den letzten 20 Jahren wachsenden Bereitschaft, Umwelt zu schützen – Umfragen und wissenschaftliche Studien bestätigen dies –, ist auch weiterhin eine große Diskrepanz zwischen Umweltbewußtsein und umweltverantwortlichem Handeln zu beklagen (vgl. Dierkes u. Fietkau 1988).

So gewinnt die Frage, wie umweltverantwortliches Handeln gesamtgesellschaftlich verankert werden kann, immer stärkeres Gewicht. Der Erziehung, insbesondere der Umwelterziehung, fällt hierbei eine wichtige Aufgabe zu. Gerade unter dem Gesichtspunkt langfristiger, prophylaktischer Maßnahmen ist das Ziel von Umwelterziehung, umweltverantwortliches Handeln in der Bevölkerung zu fördern, eine wichtige, unerlässliche Voraussetzung für eine umweltgerechtere und menschenwürdigere Zukunft.

Um dieses Ziel zu erreichen, muß neben der Wissensvermittlung von wissenschaftlichen Fakten und Zusammenhängen gleichberechtigt die ethisch-emotionale Entwicklung im Sinne eines „aktiven sozialen Handelns" (Deutsche UNESCO-Kommission 1990, S. 19) gefördert werden.

Dieser Anspruch stellt allerdings sehr hohe Anforderungen an alle im pädagogischen Bereich tätigen Menschen. Damit es zu einer Umorientierung im Denken und Handeln, gerade auch bei Kindern und Jugendlichen als Träger der Zukunft, kommen kann, bedarf es einer systematischen, langfristig angelegten pädagogischen Arbeit, die nicht nur für die Umweltproblematik, sondern ebenso für brennende soziale Zeitfragen wie z. B. Verwahrlosung, Zunahme von Gewalt, Drogenabusus etc., die Bestandteil und zugleich Ausdruck der heutigen Gesellschaft sind, Antworten und Lösungswege entwickelt. Wer z. B. in Familie, Kindergarten oder Schule erzieherisch tätig ist, weiß um die Schwierigkeiten, pädagogische

Bemühungen zum gewünschten Ziel zu führen. Da sich pädagogisches Handeln immer an bestimmten Wertvorstellungen orientiert, ist die Frage nach einer sachgerechten, am Menschen orientierten Ethik von zentraler Bedeutung. Sie kann, ohne die wissenschaftliche Erkenntnisgewinnung über die menschliche Natur sowie deren Wechselwirkungen mit den kulturellen Gegebenheiten zu berücksichtigen, nicht beantwortet werden.

Trotz der vielfach vertretenen Meinung, die heutige Umweltkrise sei eine notwendige Folge der naturwissenschaftlichen und technischen Entwicklung, ist festzuhalten, daß die in ihr jeweiliges soziales und kulturelles Umfeld eingebundenen Menschen selbst, ohne die Konsequenzen ihres Handelns genügend zu bedenken, diese umweltzerstörerischen Prozesse in Gang gesetzt haben. Aus diesem Grunde ist der heutige Zustand der Umwelt in erster Linie als ein menschliches und weniger als ein technisches Problem zu betrachten.

Soll dieses menschliche Problem genau erfaßt werden, ist – zur Prophylaxe weiterer Umweltkatastrophen aber auch zur Bekämpfung und Verringerung bereits eingetretener Umweltschäden – eine exakte Analyse des menschlichen Handelns in all seinen Dimensionen unerläßlich.

Eine solche Analyse zeigt unter anderem, daß die Grundlagen für aktives soziales und damit auch für umweltverantwortliches Handeln, in frühester Kindheit gelegt (Grossmann u. Spangler 1990) und in den weiteren Sozialisationsphasen vertieft werden müssen. Hierbei fällt der Familie, dem Kindergarten und der Schule eine besondere Aufgabe zu (von Weizsäcker 1988, S. 36). Neben der Frage, wie Kinder, Jugendliche und Erwachsene in ihren jeweiligen, spezifischen Lebenswirklichkeiten anzusprechen sind, damit sie ihren persönlichen Beitrag zum Schutz der Umwelt aktiv leisten können, ist es notwendig, darüber zu reflektieren, welche allgemeingültigen, kulturunabhängigen anthropologischen Voraussetzungen für einen erfolgreichen Lernprozeß grundlegend sind, um das angestrebte Ziel einer langfristigen Verbesserung der Umweltsituation zu erreichen. Um den Menschen in der heutigen komplexen, stark individualisierten, pluralistisch orientierten Gesellschaft zu verstehen, ist eine wissenschaftliche anthropologische Betrachtung unabdingbare Voraussetzung.

Menschliches Handeln kann unter 3 verschiedenen Gesichtspunkten betrachtet werden (vgl. Grossmann 1987, S. 200):

1. als Ergebnis der menschlichen Stammesgeschichte.
2. als Produkt der Kulturgeschichte.
3. als Ausdruck eines individuellen Lebenslaufes.

Jede dieser 3 Größen ist in eine Untersuchung menschlichen Handelns und dessen Auswirkungen miteinzubeziehen. Das Auslassen einer dieser Dimensionen führt unweigerlich zu einer einseitigen Analyse und damit letztlich auch zu falschen Schlußfolgerungen. Auch in jede ethische Diskussion, die über philosophische Reflexionen hinausgehen soll, müssen zukünftig die gesicherten Forschungsergebnisse der Evolutions- und Kulturgeschichte sowie der modernen Entwicklungspsychologie miteinbezogen werden. Bei derartigen Überlegungen spielt das Menschen- und Weltbild, welches in alle Betrachtungen über menschliche Handlungsmotivationen und Handlungsziele miteinfließt, eine entscheidende Rolle. In diesem Zusammenhang stellen sich die folgenden Fragen:

Gibt es ein Menschenbild, welches zur Lösung der Probleme der heutigen Zeit tragfähig ist? Gibt es eine menschliche Natur? Auf welche Grundannahmen kann und muß sich eine Ethik stützen, die auch Gewähr bietet für lebenswerte Optionen zukünftiger Generationen? Gibt es allgemeingültige Perspektiven menschlichen Handelns? Auf welche wissenschaftlichen Erkenntnisse über den Menschen können sich die mit Erziehungs- und Ausbildungsfragen befaßten Personen stützen?

Im folgenden soll versucht werden, diese grundsätzlichen Fragen der menschlichen Existenz zu beleuchten und daraus wegweisende Perspektiven abzuleiten.

2 Das Menschenbild

Jeder Mensch besitzt die Fähigkeit zur Reflexion. Angeregt und in Bewegung gesetzt werden kann diese durch zahlreiche Fragen und Inhalte. Die Auslöser für derartiges Nachdenken sind vielfältigster Natur und entspringen verschiedenen Situationen und Interessen.

Ein Gegenstand des Reflektierens ist der Mensch selbst. Jedes menschliche Individuum denkt von Zeit zu Zeit über sich selbst nach und stellt sich Fragen wie z. B.: Warum habe ich nicht so oder so gehandelt? oder: Wie konnte ich das tun? Oft sind es Hoffnungen, Sehnsüchte, persönliche Schwierigkeiten und Enttäuschungen, aber auch Ängste, die solche Fragen hervorrufen.

Der Mensch versucht, auf diese Antworten zu finden, indem er ein Bild von sich entwirft, welches eine grundlegende orientierende Funktion für seine Lebensbewältigung besitzt. Diese Fähigkeit, Bilder zu konstruieren, die ausschließlich dem Homo sapiens sapiens eigen ist, beschränkt sich nicht nur auf die eigene Person, sondern bezieht sich auch auf die nächsten Mitmenschen und auf die ganze Menschheit. In solchen psychischen Abbildern versucht jeder Mensch, sich selbst, sein soziales Umfeld sowie auch seine natürliche Umwelt zu deuten und zu verstehen.

Jedes Individuum verfügt über ein ihm eigenes Welt- und Menschenbild, welches sich im Laufe der Erziehung durch die aktive Auseinandersetzung mit seiner sozialen Umwelt entwickelt hat und das zur Grundlage jeder individuellen Lebensbetrachtung wird. Das Menschenbild und das über dieses vermittelte Weltbild (im folgenden wird daher nur noch vom Menschenbild gesprochen) sind für jeden Einzelnen von großer praktischer Bedeutung, da sie bewußt oder unbewußt eine orientierende Funktion für seine Wahrnehmung, seine Beurteilung wie auch für sein Handeln besitzen.

Vorstellungen über den Menschen, über sein Gewordensein, sein Handeln und sein soziales Zusammenleben hat es in der Geschichte der Menschheit schon immer gegeben. Historiker, Pädagogen, Philosophen, Ökonomen, Biologen etc. haben sich über Jahrhunderte hinweg eingehend mit dieser Problematik beschäftigt, und – bewußt oder unbewußt – sind die eigenen Vorstellungen über den Menschen in ihre Forschungsarbeiten, welche das Weltgeschehen bisweilen maßgeblich bestimmt haben, eingeflossen. Die unterschiedlichen Auffassungen und Ansatzpunkte über das Wesen Mensch wurden vom jeweiligen historischen Zeitalter, der wissenschaftlichen Disziplin sowie auch von der individuellen Lebensgeschichte der

Forscher geprägt. Die Auffassung Hobbes', daß „der Mensch dem Menschen ein Wolf sei", Rousseaus Idee des „Edlen Wilden" oder auch Marx' Auffassung, daß der Mensch das Produkt „eines Ensembles gesellschaftlicher Verhältnisse" sei, zeugen von bestimmten Vorstellungen über den Menschen, welche in das Denken vieler Einzug gehalten haben.

Wie zuvor schon angedeutet, basiert menschliches Handeln auf selbstkonstruierten Bildern, die für den Menschen einen existentiellen Wert haben. Dies läßt sich an folgendem Beispiel verdeutlichen:

Viele Menschen beklagen sich über unsaubere Luft, steigende Abfallberge, die Zerstörung der Regenwälder und Verschmutzung der Weltmeere. Ein gesundes, menschengerechtes Leben scheint immer weniger möglich zu sein. Das Schreckgespenst des „Toten Planeten Erde" geht um und führt in der Bevölkerung zu unterschiedlichen Einschätzungen:

- heftig kritisiert wird die Staatspolitik, oft verbunden mit einer Radikalisierung des Widerstandes;
- diskutiert wird der Einfluß von Technik und Ökonomie auf das Entstehen und die Lösung von Umweltproblemen;
- demgegenüber steht die Auffassung, dass es einen Zusammenhang zwischen Umweltkrise und soziokultureller Krise gibt, die ihren Ausdruck in fehlender Verantwortung, zunehmendem Sinnverlust, wachsender Gewalt und Verwahrlosung findet.

Anhand des Problems der Umweltzerstörung läßt sich zeigen, daß sich jede Beurteilung einer Situation immer an einem bestimmten Menschenbild orientiert, von dem sich jeder einzelne in seiner Kritik, Empörung oder auch Verharmlosung leiten läßt.

Wird z. B. der Staat für den Umgang des Menschen mit der Umwelt verantwortlich gemacht, kann darin u. U. die Vorstellung vom unterdrückten Individuum zum Ausdruck kommen, das nur dann in der Lage ist, autonom und verantwortlich zu handeln, wenn es von der angeblich repressiven Last des Systems befreit ist.

Die Kritik an der Wirklichkeit kann auch von der Befürchtung getragen sein, daß sich der Mensch durch Technik und Ökonomie zu einem zunehmend gefühllosen und entfremdeten Wesen entwickeln könnte oder im Gegenteil von der Vorstellung, daß sich menschliches Handeln v. a. über „ökonomische Mechanismen" regulieren läßt.

Andererseits wird häufig die in unserer Gesellschaft aufkeimende Verwahrlosung und fehlende Verantwortung den Menschen und der Umwelt gegenüber auf unzureichende Erziehungs- und Sozialisationsprozesse zurückgeführt.

Diese unterschiedlichen Menschenbilder führen zu mehr oder weniger sinnvollen Lösungsstrategien für die Umweltprobleme der heutigen Zeit und drücken sich in den jeweilig anzustrebenden Zielen aus wie: „Abschaffung des Staates", „Zurück zur Natur" oder „Erziehung zur Verantwortung".

Um sinnvolle Perspektiven menschlichen Handelns aufzuzeigen, ist daher, besonders in der heutigen, orientierungslosen Zeit, ein genaues, auf wissenschaftlichen Grundannahmen beruhendes Verständnis des Menschen, insbesondere für den pädagogischen Bereich, unerläßlich.

Das Menschenbild ist fester Bestandteil pädagogischen Handelns und bildet die Grundlage für die Entwicklung von Erziehungszielen sowie Erziehungspraktiken. Hinter jedem Erziehungsziel, das die in pädagogischer Verantwortung Stehenden anstreben, seien es z.B. Ziele wie Toleranz, Kooperation und Selbständigkeit, steht eine bestimmte Vorstellung vom Menschen, auf deren Grundlage dieses Ziel erst verständlich wird und dieses auch begründet. Ebenso ist jede praktische erzieherische Maßnahme, die ergriffen wird, um das angestrebte Erziehungsziel zu erreichen, von dem jeweiligen Menschenbild der Erziehungsperson geprägt. Ob ein Erzieher zur physischen Bestrafung greift oder darauf verzichtet, ob er lobt, ermutigt oder kritisiert, ob er anleitet oder das Kind sich selbst überläßt, hängt letztlich davon ab, nach welchem Bild er sich und andere beurteilt.

Obwohl anerkanntermaßen das Menschenbild für die pädagogische Theorie und Praxis von großer Relevanz ist und nach Bollnow (1983) sogar den Schlüssel zu jedem pädagogischen System darstellt, hat es bisher in der Erziehungswissenschaft nicht die nötige Beachtung gefunden. Nach Meinberg (1988, S. 8) „wimmelt es in der gesamten erziehungswissenschaftlichen Literatur quer durch ihre Teilgebiete geradezu von Modellen über den Menschen, aber eine ausgebaute Menschenbildforschung hat sich deshalb noch nicht eingestellt". Einzig die Pädagogische Anthropologie hat in den Erziehungswissenschaften explizit das Menschenbildproblem behandelt (vgl. u. a. Roth 1971; Loch 1976).

Ausgehend von der Auffassung Diltheys, daß der Mensch als geschichtliches Wesen nicht mit Hilfe der naturwissenschaftlichen, auf objektiven Gesetzmäßigkeiten beruhenden Methode „zu erklären", sondern nur mittels geisteswissenschaftlicher Kategorien intuitiv „zu verstehen" ist, entwickelte sich in der Vergangenheit eine geisteswissenschaftliche Pädagogik, die biologisch-anthropologische Erkenntnisse über den Menschen kaum in ihre Betrachtungen miteinbezieht. Des weiteren hat die Einbindung der modernen Erziehungswissenschaft in die Sozialwissenschaften den aktuellen pädagogischen Diskurs zunehmend auf das Feld wissenschaftstheoretischer und methodologischer Auseinandersetzungen geführt (vgl. Meinberg 1988, S. 17), welcher den anthropologischen Komponenten der Pädagogik nur geringe Beachtung schenkt.

Verbunden mit der für die heutige pluralistische Gesellschaft typischen expandierenden Vielfalt von Weltanschauungen, Lebensformen und Lebensstilen sowie einer zunehmenden Tendenz, sich von der Vorstellung eines normativen Weltbildes zu lösen und traditionell Gewachsenes, wissenschaftlich Bewährtes in Frage zu stellen, verfügen Bildung und Erziehung gesamtgesellschaftlich nur noch über einen geringen Stellenwert (vgl. Erdmann u. Kastenholz 1991). Es ist sogar eine weitverbreitete Bildungsfeindlichkeit zu konstatieren, die u. a. ihren Ausdruck darin findet, daß z. B. die Antipädagogik die Erziehungsbedürftigkeit von Kindern und Jugendlichen negiert und vehement die Abschaffung der Schulpflicht fordert (vgl. Oelkers u. Lehmann 1990).

Da sich die Erfordernisse der Erziehung nur aus der menschlichen Natur heraus verstehen lassen, sollte eine dem Menschen entsprechende Pädagogik, unter Ausschluß weltanschaulicher Überzeugungen, ideologischer Gefechte und Zeitgeistströmungen, auf empirisch gesicherten anthropologischen Forschungsergebnissen beruhen. Ganz im Sinne Derbolavs (1964) ist die Besinnung auf die anthropologischen Grundlagen der Pädagogik als Indikator für den Fortschritt dieser Wissenschaft anzusehen.

Ausgangspunkt jeder pädagogischen Arbeit muß ein anthropologisch begründetes, wissenschaftliches Menschenbild sein, welches auf kulturunabhängigen, für alle Menschen gültigen Dispositionen basiert. In den folgenden Ausführungen werden die Grundpfeiler eines solchen wissenschaftlich fundierten Menschenbildes definiert.

3 Die Natur des Menschen

Die Frage nach einer conditio humana, die für alle Menschen gleich ist, hat die Menschheit schon immer beschäftigt. Die meisten Denker des griechischen Altertums, des Mittelalters, bis hin zur Zeit Kants gingen trotz unterschiedlicher Ansichten darüber, was den Menschen zum Menschen macht, davon aus, daß es eine Natur des Menschen gibt. Allerdings beruhten diese Überlegungen weniger auf wissenschaftlichen Erkenntnissen als auf abstrakten, philosophischen Überlegungen. Erst Mitte des 19. Jahrhunderts erhielt die Auffassung über die Natur des Menschen, bedingt durch die Evolutionstheorie Darwins (vgl. Clark 1990), ein wissenschaftliches Fundament.

Auf dieser Grundlage und durch die zunehmende Ausdifferenzierung und Spezialisierung der Wissenschaften hätten im Laufe des 20. Jahrhunderts die Forschungsergebnisse verschiedenster Disziplinen wie z. B. der Biologie, der Psychologie und der Anthropologie zu einer ideologiefreien Aufklärung über die Natur des Menschen beitragen können, wenn nicht in den letzten Jahrzehnten das Wissen um die menschliche Natur so oft negiert worden wäre. So trüben und verhindern erkenntnistheoretische Einwände gegen die Objektivität anthropologischer Aussagen, aber auch Vorwürfe ahistorischen Denkens und ein Festhalten an bereits wissenschaftlich widerlegten Argumentationsweisen (vgl. Kamper 1973) eine konstruktive Fortsetzung der wissenschaftlichen Auseinandersetzung.

Zusätzlich werden wissenschaftliche Erkenntnisse durch den Einfluß von Zeitströmungen – wie z. B. den französischen Poststrukturalismus (vgl. Welsch 1988) – grundsätzlich in Frage gestellt. So hinterlassen wissenschaftlicher Relativismus, geschichtsfeindliches Denken, antihumanistische Tendenzen (vgl. u. a. Ferry u. Renaut 1987) und die Philosophie des „anything goes" (Feyerabend 1986, S. 32) mittlerweile ihre Spuren auf allen Stufen gesellschaftlicher und wissenschaftlicher Auseinandersetzung.

Trotzdem: Die Lösung der Frage, welche Art von Bindung der Mensch zur Welt, zu Personen und Dingen entwickeln muß – und auch entwickeln kann –, um mit seiner spezifischen Existenzform und seinen spezifischen menschlichen Qualitäten in der ihn umgebenden Welt physisch und psychisch überleben zu können, muß ihren Ausgangspunkt in der Grundbedingung menschlicher Existenz haben.

So wird auch eine langfristige Lösung der weltweit wachsenden Umweltkrise nur dann möglich sein, wenn eine Analyse menschlichen Handelns, sei es im ethischen, soziologischen, ökonomischen, pädagogischen oder psychologischen Bereich auf einem grundlegenden, interkulturellen, d. h. für alle Menschen gültigen Verständnis beruht.

Bei der wissenschaftlichen Auseinandersetzung mit der menschlichen Natur ist festzuhalten – ohne dabei in einen biologischen Determinismus zu verfallen –, daß der Homo sapiens sapiens immer noch als ein Produkt der Evolution anzusehen und nicht von seiner Biologie zu trennen ist (Lewontin et al. 1988). So versteht Malinowski (1975, S. 110) unter der Natur des Menschen „den biologischen Zwang, der jeder Kultur und jedem Individuum auferlegt ist". Hierzu zählt er Grundbedürfnisse, die erfüllt sein müssen, damit das Individuum und die Gruppe überleben kann. „Natur" beinhaltet für ihn nicht nur rein biologische Bedürfnisse, die der Mensch mit anderen tierischen Organismen teilt, sondern auch Erscheinungen, die für die menschliche Lebensweise typisch sind. Im Laufe seiner stammesgeschichtlichen Entwicklung hat sich der Mensch durch die kulturelle Evolution aus dem ausschließlichen Mutations-Selektionsprinzip der biologisch-evolutionären Entwicklung herausgelöst und ist heute ein in außerordentlich starkem Maße von seiner sozialen Umwelt und Kultur geprägtes Wesen, selbst in der Lage, Kultur zu schaffen und zu verändern. Dabei ist festzuhalten, daß er nicht, wie es der anthropologische Relativismus vertritt (vgl. Roithinger 1985, S.18; Fromm 1980, S. 240), ein reines Produkt kultureller Gegebenheiten, ein unbeschriebenes Blatt, eine tabula rasa ist (vgl. Dux 1982), auf dem die Kultur und die Gesellschaft ihren Text schreiben. Vielmehr muß er immer in der Gesamtheit seiner Lebensbezüge betrachtet werden: Der Mensch ist somit weder Marionette seiner Gene noch der gesellschaftlichen Zustände, sondern ein aktives, schöpferisches Wesen, das über kulturunabhängige, biologisch verankerte Grunddispositionen verfügt, die die Grundlage seiner Sozialisation darstellen.

Zur Klärung dieser Grunddispositionen und somit auch für ein wissenschaftliches Verständnis des Menschen steht seine ausgeprägte Sozialnatur im Mittelpunkt der weiteren Erörterungen. Das Wesensmerkmal der Sozialität ist so zentral in der Natur des Menschen festgelegt, daß viele menschliche Fähigkeiten sich im Laufe der Evolution nur in der gemeinsamen aktiven Zusammenarbeit entwickeln konnten. Die evolutionsgeschichtliche Verankerung des Menschen im Sozialen stellt die Grundlage aller spezifisch menschlichen Qualitäten wie z. B. Sprache, Vernunft, Logik und Moral sowie jeglicher kultureller Entwicklung dar (Eggers u. Steinbacher 1979). Alle Wissenschaften, die sich mit der Problematik menschlichen Zusammenlebens auseinandersetzen, müssen die wissenschaftlichen Erkenntnisse von der sozialen Natur des Menschen als Ausgangspunkt und Grundlage in ihre Überlegungen miteinbeziehen.

Die menschliche Sozialnatur konstituiert sich aus folgenden Grundelementen:

1. die natürliche Soziabilität.
2. die natürliche Lern- und Erziehungsfähigkeit/-bedürftigkeit.
3. die natürliche Beziehungsfähigkeit/-bedürftigkeit.

Um Mißverständnissen voreiliger Anthropologiekritik vorzubeugen, soll durch die genannten Dispositionen nicht angezweifelt werden, „daß die geschichtlichen Faktoren die treibenden Elemente sind" (Benedict 1955, S. 181). Vielmehr dienen sie als Grundlage eines wissenschaftlichen Verständnisses des Menschen und sind als reale Potentialitäten des menschlichen Seins, als Grunddimensionen des menschlichen Lebens, als biologische Voraussetzungen für das Entstehen von Kultur zu begreifen.

Diese kulturunabhängigen Dispositionen sind die Basiselemente eines wissenschaftlichen Menschenbildes und sollen nachfolgend erläutert werden.

3.1 Die natürliche Soziabilität

Die wichtigsten Voraussetzungen für die Menschwerdung und damit auch für die soziale Lebensweise entwickelten sich in der arborealen Evolution vor 40–50 Mio. Jahren. Durch Selektion konnten sich Eigenschaften durchsetzen, die eine bessere Anpassung an die Umwelt ermöglichten. Merkmale wie die Greifhand, verbesserte Sehfähigkeit durch räumliches Sehvermögen und Farbensehen, ein größeres Gehirn, höhere Intelligenz sowie schon relativ komplexe Strukturen sozialen Verhaltens können als Grundlage des beginnenden Hominisationsprozesses angesehen werden (vgl. Markl 1986).

Aufbauend auf den genannten Eigenschaften wurde vor ca. 4–6 Millionen Jahren im Zeitalter des Pliozäns die letzte Stufe der Entstehung des Menschen erreicht (Kull 1979). Die hervorstechendsten Merkmale dieses letzten Abschnitts der menschlichen Evolution sind neben der Entwicklung des aufrechten Gangs sowie des Gebrauchs und der Herstellung von Werkzeugen die enorme Vergrößerung des Gehirnvolumens (vgl. Pilbeam 1972).

Diese Merkmale brachten den Menschen wichtige Überlebensvorteile. So konnten sich durch das starke Wachstum des Gehirnvolumens, verbunden mit einer Erhöhung der Komplexität der Gehirnstrukturen, die Intelligenz weiterentwickeln und die Denkfähigkeit herausbilden.

Das Freiwerden der Hand durch den aufrechten Gang ermöglichte, diese für das Handhaben und Erforschen von Gegenständen zu verwenden. Nach Leakey u. Lewin (1985, S. 38) wurde dadurch „nicht nur der Weg zur Technologie frei – nämlich durch die Herstellung und Handhabung von Werkzeugen – sondern es bedeutete auch, daß sich die Sprachfähigkeit entwickeln konnte", da der Mund von der Tätigkeit des Tragens von Gegenständen und Nahrung befreit war; im Verlauf der weiteren Evolution konnte auf diese Weise eine Verbesserung der Artikulationsfähigkeit erreicht werden (vgl. Müller 1987).

Obwohl heute anzunehmen ist, daß sich zwischenhominides Sozialverhalten, Sprachentwicklung, Werkzeuggebrauch und Gehirnentwicklung in enger Wechselwirkung gegenseitig bedingt haben (vgl. Leakey u. Lewin 1977, S. 73; Kull 1979, S. 118), war die Herausbildung der sozialen Eigenschaften die entscheidende Antriebskraft und der wichtigste Faktor in der menschlichen Evolution; ohne sie hätte der Mensch als einzelner im „Kampf ums Dasein" nicht überleben können; ohne sie ergeben Fähigkeiten wie Sprache (vgl. Montagu 1978) oder Werkzeuggebrauch keinen Sinn.

Dies erkannte bereits im 19. Jahrhundert Darwin, der die Soziabilität als das bedeutendste Gattungsmerkmal des Menschen betrachtete: „Die geringe körperliche Kraft des Menschen, seine geringe Schnelligkeit, der Mangel natürlicher Waffen usw. werden mehr als ausgeglichen erstens durch seine intellectuellen Kräfte ... und zweitens durch seine socialen Eigenschaften, welche ihn dazu führen, seinen Mitmenschen Hülfe angedeien zu lassen und solche wiederum von ihnen zu empfangen" (1986, S. 70).

Darwin zeigte, daß die Entwicklung der sozialen Lebensweise einen großen Überlebensvorteil im Evolutionsprozeß bot. In seinem Werk „Die Abstammung des Menschen" wies er auf die Bedeutung der Soziabilität als Faktor der menschlichen und tierischen Entwicklung hin: „Bei denjenigen Tieren, die durch das Leben in Gesellschaft gewannen, konnten die geselligsten am leichtesten vielen Gefahren entgehen, während die anderen, die sich wenig kameradschaftlich zeigten und einsam lebten, in grosser Zahl umkamen" (1966, S. 132).

Aus den Ausführungen Darwins wird deutlich, daß er keineswegs, wie es Vertreter des Sozialdarwinismus (vgl. Clark 1990) gerne interpretieren, den „Kampf aller gegen alle" in der Evolution als entscheidenden Entwicklungsfaktor betrachtete, sondern im Gegenteil der Soziabilität und Kooperation entscheidende Bedeutung beimaß. Darwin betonte, daß es sich beim „Kampf ums Dasein" nicht um ein brutales Kräftemessen handelt, sondern um einen Sammelbegriff, eine bildhafte Übertragung für viele verschiedene Dinge, die mit „Kampf" im eigentlichen Sinne wenig oder gar nichts zu tun haben (1963, S. 84).

Er bezeichnete den Menschen als „sociales Tier" (1986, S. 119), der seine soziale Lebensweise einem von seinen Vorfahren ererbten „tief eingegrabenen sozialen Instinkt" (1966, S. 152) verdankt. Darwin verwendete den Begriff „Instinkt" nicht im Sinne eines Naturtriebes, einer angeborenen, keine Übung bedürfenden, festgelegten Verhaltensweise, sondern als soziale Grunddisposition, die im Verlauf der Ontogenese durch Erziehung und Gewöhnung gestärkt, ausgeweitet und vertieft werden kann (1986, S. 146).

Ohne über die Erkenntnisse der modernen Entwicklungspsychologie zu verfügen, ahnte Darwin bereits die Bedeutung der ausgedehnten Kindheitsperiode und der damit verbundenen langen Abhängigkeit von den Beziehungspersonen für die Entwicklung der sozialen Gefühle, als er betonte, daß „die elterliche und kindliche Zuneigung ... die augenscheinliche Basis der sozialen Instinkte" (1966, S. 132) bildet.

Typische menschliche Fähigkeiten wie Moral (Darwin 1986, S. 116), Sympathie, Mitgefühl und Gewissen haben nach Darwin (1966, S. 141 ff.) ihren Ursprung in der primären sozialen Disposition des Menschen. Der „soziale Instinkt", d. h. die soziale Ausrichtung, ist für ihn eine zentrale Motivation menschlichen Verhaltens und die Grundlage für das Zusammenleben der Menschen in Gesellschaft und Kultur.

Seine Annahmen über die starke soziale Ausrichtung des Menschen wurden durch neuere anthropologische Forschungen bestätigt. Leakey u. Lewin (1977) konnten nachweisen, daß schon die frühen Hominiden in sozialen Verbänden lebten und die soziale Gruppe brauchten, um die Kenntnisse zum Überleben vermitteln und erlernen zu können.

Um die Existenz der Gruppe langfristig zu sichern, mußte Sozialverhalten untereinander geübt und gelernt werden. Nach Montagu (1978) etablierten sich kooperative Verhaltensmuster und gegenseitige Hilfe bereits in der frühesten Menschheitsgeschichte und wurden zu den Hauptfaktoren menschlicher Entwicklung.

Mit dem Beginn der Jäger- und Sammlerperiode und der damit verbundenen Entstehung komplexerer Gruppengefüge, gewann die zwischenmenschliche Kooperation noch größere Bedeutung für die Selektion und wurde zur zentralen Voraussetzung für das Gemeinschaftsleben. Bedingt durch die Art, den Lebensunterhalt zu sichern, sowie durch die Nahrungs- und Arbeitsteilung „wurde die Notwendigkeit der Zusammenarbeit und gegenseitigen Rücksichtnahme immer größer, denn der Mensch war so abhängig von den Aktivitäten und auch von der Vertrauenswürdigkeit der anderen Gruppenmitglieder wie nie zuvor" (Leakey u. Lewin 1985, S. 148).

Gleichzeitig ermöglichte das durch Anpassungsvorteil entstandene dichte soziale Gruppengefüge, „Kinder eine wesentlich längere Zeit als vorher zu erziehen und ihnen die Grundkenntnisse zu vermitteln, die sie für das Leben in dieser neuen komplexen sozialen Umwelt brauchten" (Leakey u. Lewin 1985, S. 149). Da die Notwendigkeit der sozialen Interaktion für das Überleben immer bedeutsamer wurde, trugen alle Faktoren, die geeignet waren, die Beziehungen untereinander zu intensivieren, zu der sozialen Entwicklung des Menschen bei. Einer dieser Faktoren war die Verlängerung der Kindheitsphase, die verbunden mit der verlängerten Abhängigkeit von den Beziehungspersonen, dem heranwachsenden Lebewesen einen langen Lernprozeß ermöglichte, in dem es die sozialen Beziehungsmuster in der Gruppe und den Umgang mit der Umwelt erlernen konnte (vgl. Feustel 1986, S. 219).

Die von Darwin beschriebene und mittlerweile durch anthropologische Studien belegte biologisch tiefverwurzelte soziale Orientierungsfähigkeit des Menschen hat sich im Laufe der Evolution als eindeutiger Selektionsvorteil herausgestellt. Die Notwendigkeit der Gruppenorientierung, der Kooperation, der gegenseitigen Rücksichtnahme und Vertrauenswürdigkeit als Bestandteile eines „evolutionsbedingten Gemeinschaftsgefühl(s) und -verhalten(s)" (Leakey u. Lewin 1977, S. 223) bilden die Grundlage eines wissenschaftlichen Verständnisses menschlichen Handelns. Auch aus diesem Grunde gehören Annahmen über einen biologisch bedingten Aggressionstrieb in den Bereich der Spekulation und der Ideologie (vgl. Montagu 1974; Bandura 1979; Mummendy et al. 1984).

3.2 Die biologische Begründung von Lernen und Erziehung

Bestandteil der dargestellten menschlichen Sozialnatur ist die natürliche Lern- und Erziehungsbedürftigkeit sowie die natürliche Lern- und Erziehungsfähigkeit des Menschen. Im folgenden werden anhand biologischer und anthropologischer Forschungsergebnisse die Notwendigkeit des Lernens und der Erziehung für die menschliche Lebensgestaltung begründet. Aufgrund der gegenseitigen Bedingtheit von biologisch fundierten Lern- und Erziehungszusammenhängen wird auf eine getrennte Betrachtung der beiden Untersuchungsgegenstände verzichtet.

Im Laufe der Stammesgeschichte entwickelte die Menschheit die Fähigkeit, sich durch „Lernen" ihrer Umwelt anzupassen. So konnten sich diejenigen Hominidenarten gegenüber anderen durchsetzen, die durch genetische Mutation solche Merkmale ausbildeten, welche Ihnen ein effektiveres Lernverhalten und eine bessere Ausgestaltung der sozialen Erfahrungsgewinnung ermöglichten. Mit diesem stammesgeschichtlichen Prozeß war, bedingt auch durch die verlängerte Kindheit und Jugendzeit, die Herausbildung einer stetig wachsenden Erziehbarkeit verbunden. Nach dem Anthropologen Montagu (1984, S. 112) hat „die natürliche Selektion ... immer und überall solche genetischen Prozesse begünstigt, die eine fortschreitende größere Edukabilität und Veränderbarkeit der mentalen Merkmale unter dem Einfluß der so ausschließlich sozialen Umwelten gestatteten, denen die Menschen ständig ausgesetzt waren und sind".

Diese evolutionäre Entwicklung hin zum „sozialen Lernen" ermöglichte dem Menschen eine schnellere Vermittlung von überlebensnotwendigen Verhaltensweisen und somit eine bessere Anpassung an die Umwelt. Montagu stellt fest: „Das Bemerkenswerte am menschlichen Verhalten ist, daß es gelernt wird. Was ein Mensch auch tut, er muß es von anderen Menschen lernen" (1974, S. 15). Leakey u. Lewin beschreiben den Menschen als „ein Lebewesen mit einer Lernfähigkeit par excellence" (1977, S. 213), da sich die Entwicklung der vielfältigen Kulturen auf der Erde nur durch das menschliche Lernpotential erklären lassen. Plessner (1964) spricht von einer nur dem Menschen zur Verfügung stehenden äußerst variablen und nuancenreichen „Erwerbsmotorik", die ihn von der tierischen „Erbmotorik" unterscheidet. Diese „Erwerbsmotorik" befreit den Homo sapiens sapiens allerdings nicht davon, das eigentliche Lernen, beginnend auf einer fast ausschließlich gefühlsmäßigen Ebene in der frühen Kindheit (vgl. Grossmann 1977), lernen zu müssen.

Die grundlegenden biologischen Voraussetzungen für die Notwendigkeit des Lernens und damit natürlich auch der Erziehung liegen in der Sonderstellung des Menschen, in der er sich von anderen Lebewesen unterscheidet. Diese Unterschiede sind, basierend auf einem Verständnis des Menschen als Produkt der Evolution, selbstverständlich nicht prinzipieller, sondern nur gradueller Art und sollen im folgenden dargestellt werden:

Der Basler Anthropologe und Zoologe Portmann (1969) gelangte aufgrund vergleichender Untersuchungen zu dem Ergebnis, daß sich der Geburtszustand des Menschen tiefgreifend von dem aller anderen vergleichbaren Säugetiere unterscheidet. Während „Nesthocker" (niedere Säugetiere) nach kurzer Tragzeit, völlig hilflos, mit noch nicht funktionierenden Sinnesorganen und fortbewegungsunfähig zur Welt kommen, können sich „Nestflüchter" (höhere Säugetiere) bei Geburt direkt artspezifisch verhalten, da sie, aufgrund der längeren Entwicklungszeit im Mutterleib, bereits über leistungsfähige Sinnesorgane sowie ein funktionierendes Bewegungssystem verfügen.

Im Vergleich zu den übrigen höheren Säugern kommt der Mensch zwölf Monate „zu früh" zur Welt, da er das Stadium der artgemäßen Bewegungs- und Kommunikationsfähigkeit erst nach einem Jahr erreicht. Er befindet sich, biologisch betrachtet, noch in einem unfertigen, relativ unspezialisierten, durch natürliche Reifungsprozesse nicht ausdifferenzierten Zustand (vgl. Weber 1978). Portmann bezeichnet diesen Zustand als „normalisierte Frühgeburt" und charakterisiert den Menschen als „sekundären Nesthocker" oder „hilflosen Nestflüchter", dessen Sinnesorgane bereits funktionieren, der jedoch typisch menschliches Verhalten wie Sprache, aufrechten Gang und einsichtiges Handeln noch nicht beherrscht.

Durch den hilflosen Geburtszustand befindet sich der Säugling in „eine(r) intensive(n) Abhängigkeit von der Mutter und der Gruppe" (Portmann 1965, S.

10) und beginnt, die oben genannten Fähigkeiten erst nach der Geburt, in der Regel innerhalb des ersten Lebensjahres, zu erlernen. Aufgrund der „normalisierten Frühgeburt" werden so entscheidende Phasen der menschlichen Entwicklung aus dem mütterlichen Uterus in den „sozialen Uterus" (Portmann 1965, S. 267) verlegt. Dabei handelt es sich nicht um prägungsähnliche Lernprozesse, sondern das Menschenkind steht nach Spitz (1983) im aktiven Austausch mit seinen Beziehungspersonen und durch sie mit der menschlichen Kultur- und Sozialwelt.

Die „normalisierte Frühgeburt" macht den Menschen zu einem Lernwesen, das auf andere Mitmenschen angewiesen ist und bedingt seine soziale Lebensweise. Durch soziale Fürsorge, beidseitig aktive Beziehungsaufnahme und durch erzieherisch unterstütztes Lernen wird die Gefährdung, welcher der neugeborene Mensch ohne soziale Lebensweise ausgesetzt wäre, ausgeglichen sowie die Grundlage für ein artgemäßes Hineinwachsen in die menschliche Umwelt gelegt. Die unbegrenzte elterliche Fürsorge stellt hierbei nach Roth (1971) nicht nur eine Entwicklungshilfe dar, sondern ist conditio sine qua non für jede weitere Entwicklung eines Heranwachsenden.

Hassenstein (1970, 1972) hat die Portmannsche Einteilung der Säugetiere in nur 2 Typen kritisiert, da fliegende und baumlebende Säugetiere nicht in dieses Schema hineinpassen. So tragen z. B. Schuppentiere, Ameisenbären, aber auch Affen, einschließlich der Menschenaffen (vgl. Goodall 1971) ihre Jungen mit sich herum, wobei sich diese am Muttertier festklammern. Hassenstein bezeichnet die von der Mutter getragenen Jungen als „Traglinge". Aufgrund, v. a. bei Frühgeburten, zu beobachtenden starken Handgreifreflexen (Prechtl 1956; Peiper 1951) geht Hassenstein davon aus, daß „der menschliche Säugling ... biologisch kein ehemaliger Nesthocker oder Nestflüchter, sondern ein ehemaliger Tragling" ist (1970, S. 7).

Auch wenn die grundlegende These Portmanns, der Mensch sei ein sekundärer Nesthocker, in der heutigen Biologie als unzureichend kritisiert wird (Hassenstein 1970; vgl. auch Promp 1990), bleiben, ob „sekundärer Nestflüchter" oder „ehemaliger Tragling", die genannten Bedingungen als biologische Grundvoraussetzungen der menschlichen Lernfähigkeit und Lernbedürftigkeit unbestritten.

Während das Verhalten der Tiere weitgehend durch gattungsspezifische, genetische Steuerungsmechanismen festgelegt ist (Lorenz 1971), welche die Lebensweise regeln und ein Überleben garantieren, sind beim Menschen nur wenige Instinktreste (z. B. der Saugreflex; Handgreifreflex) nachweisbar. Deshalb muß der Mensch von Geburt an, aufbauend auf seiner sozialen Ausgerichtetheit, alles erlernen. Die Auflockerung der Instinktzusammenhänge ist somit eine Voraussetzung der ausgeprägten menschlichen Lernfähigkeit.

Der Mangel an spezifischen, schematisch festgelegten Verhaltensabläufen trägt gleichzeitig auch zur Weltoffenheit und Entscheidungsfreiheit des Menschen bei. Er kann sein Verhalten variabel den jeweiligen Umweltveränderungen anpassen und je nach Anforderung „umlernen", d. h. solche Verhaltensweisen entwickeln, die neuen Anforderungen gerecht werden.

Während das Tier in seinem biologischen Bau sowie in seinen organischen Fähigkeiten (z. B. in seiner Wahrnehmung) von Natur aus spezialisiert und streng „umweltgebunden" ist (von Uexküll 1956), zeichnet sich der Mensch durch „Weltoffenheit" aus, d. h. er ist weder organisch noch instinktiv an eine spezifische Umwelt gebunden. Im Unterschied zur nahezu konstanten arttypischen Umwelt des Tieres, ist die Welt des Menschen eine veränderbare, historisch-kulturelle. Um in die Lage zu kommen, die mit der weltoffenen Lebensform verbundenen Lernaufgaben zu lösen und ein freies, mündiges Handeln zu entwickeln, ist er auf die Gestaltung von Sozietät und auf genaue erzieherische Anleitung angewiesen.

Zum Erlernen der jeweiligen soziokulturellen Lebensform benötigt der Mensch eine lange Kindheit und Jugendzeit. Die Entwicklungsdauer einer Spezies allgemein ist umso länger, je weniger sie instinktspezialisiert ist. Dieser Tatbestand, verbunden mit der Angewiesenheit auf elterliche Fürsorge, konnte auch bei anderen Primaten nachgewiesen werden (vgl. Goodall 1971), hat aber bei der menschlichen Spezies eine einmalige Steigerung erfahren.

Ausgehend von der sich schon in den ersten Lebensjahren ausformenden Sprachorganisation, Denkfähigkeit und Bewegungskoordination sowie der Grundlegung sozialer Verhaltensweisen, erfolgt nach Portmann in der „Kindheit" und „Jugend" der Aufbau der eigenen individuellen Persönlichkeit sowie die Aufnahme des Traditionsgutes der Sozialgruppe. Die lange Kindheit ist für ihn „nicht zufälliger Glücksfall, der das gemächliche Erwerben von Sprache und Kultur ermöglicht; sie ist von vornehrein zugemessene Lebensperiode eines Wesens, dessen Lebensform Kultur als Wesenszug einbegreift" (1973, S. 63). Die ausgedehnte Entwicklungszeit des Menschen ist eine anthropologisch fundamentale, existentielle Grunddisposition der menschlichen Lebensweise.

Aus dieser Bedingung entwickeln sich im Sozialkontakt, d. h. durch die eigene Aktivität des Kindes und durch die erzieherische Anleitung, die eigentlichen menschlichen Fähigkeiten. In diesem Prozeß bilden die biologischen Grunddispositionen, die soziale Umwelt und deren geschichtliches Traditionsgut eine komplexe Einheit. Der Homo sapiens sapiens bedarf damit notwendigerweise Erziehender und Lehrender, die ihm Wissen und Fertigkeiten, aber auch Verhaltensweisen und Werthaltungen vermitteln.

Der Mensch ist vollkommen auf Erziehung, im weiteren Sinne auf Sozialisation, angewiesen. Er ist nicht nur ein homo sociologicus, ein animal sociale, sondern im viel stärkerem Maße ein homo paedagogicus, ein animal educandum. Wo Lernen und Erziehung ausbleiben, unzureichend sind oder mißlingen, kommt es nach Weber (1978, S. 20) „zur Gefährdung bzw. zur Verhinderung der Menschwerdung des Menschen". Formen abweichenden Verhaltens wie Vandalismus, Verwahrlosung und Kriminalität (vgl. Klockhaus u. Trapp-Michel 1988; Schneider 1991) lassen sich als typischen Ausdruck eines unzulänglichen Erziehungs- und Lernprozesses verstehen.

3.3 Die Bedeutung der Beziehung

Dem Beziehungsaspekt wird, trotz zahlreicher vorliegender Forschungsergebnisse, welche dessen Bedeutung für die menschliche Entwicklung unterstreichen, viel zu wenig Rechnung getragen. Beziehung beinhaltet die emotionelle Grundlage für einen erfolgreichen Lern- und Entwicklungsprozeß und ist für diesen notwendige Voraussetzung.

Forschungsergebnisse aus der Anthropologie, Biologie und der modernen Entwicklungspsychologie weisen nach, daß der Mensch von Natur aus ein Beziehungswesen ist. Er bringt einerseits schon enorme „beziehungsstiftende Fähigkeiten" (Stern 1979, S. 45) mit auf die Welt, um mit seiner sozialen Umwelt Kontakt aufzunehmen. Andererseits ist er auf eine bestimmte „Qualität" von Beziehung angewiesen, welche sich in der Fähigkeit der Bezugspersonen äußert, feinfühlig auf die Signale des Kindes einzugehen und diese adäquat zu beantworten (Ainsworth 1973; Ainsworth et al. 1978). Nur so kann der Mensch soziale Kompetenzen entwickeln (vgl. Waters 1982), die eine unabhängige, aber gleichzeitig mit den Artgenossen und der natürlichen Umwelt verbundene Persönlichkeit kennzeichnen.

Beziehungsfähigkeit als anthropologische Grunddisposition ist bereits in der neuropsychischen Grundausstattung des Menschen verankert (Bower 1979), kann sich jedoch nur in einem adäquaten Zusammenspiel zwischen Kind und Bezugspersonen voll entwickeln. Neben den schon im letzten Kapitel beschriebenen entwicklungsbiologischen Besonderheiten des Menschen bildete sich im Laufe der Stammesgeschichte eine natürliche Disposition zur Beziehungsfähigkeit, d. h. eine aktive Ausrichtung auf den Artgenossen, heraus. Da der Mensch aufgrund seiner natürlich bedingten Abhängigkeit vom Sozialverband auf den Aufbau von Beziehungsstrukturen angewiesen ist, wurde Bindungsverhalten, d. h. die Suche nach der Nähe eines vertrauten Artgenossen, zu einem notwendigen Überlebensvorteil.

Bindungsverhalten gehört somit zur Grundausstattung des Menschen und entwickelt sich im Laufe der ersten Lebensjahre von einfachen Verhaltensmustern zu immer komplexeren Verhaltenssystemen. Ziel dieses Verhaltens ist es, die Beziehung zur Pflegeperson zu sichern. Erfährt das Kind ein adäquates Eingehen, kann sich eine emotional verläßliche Beziehung, eine sichere „Bindung" aufbauen. „Bindung" kann als die besondere Beziehung eines Kleinkindes zu seinen Eltern oder ständigen Bezugspersonen bezeichnet werden und stellt eine „wesentliche Voraussetzung für die psychische Gesundheit dar" (Bowlby 1975, S. 9). Nach Bowlby (1982 S. 157) ist die „Neigung menschlicher Wesen, starke gefühlsmäßige Bindungen zu entwickeln", eine stabile biologische Größe, die im Laufe der Ontogenese, durch Umwelteinflüsse beeinflußt, in Form verschiedener Bindungsqualitäten variieren kann und während des ganzen Lebens erhalten bleibt. Hierbei handelt es sich nicht um ein Aufrechterhalten von Abhängigkeit, sondern um die Realisierung eines menschlichen Grundbedürfnisses, auf dessen Grundlage der Aufbau sozialer und sachlicher Kompetenz sowie die Entwicklung von Selbstbewußtsein, Verantwortlichkeit und sozial verbundener Eigenständigkeit erst möglich wird.

Bindungsverhalten ist nach Bowlby (1976) eine eigenständige Fähigkeit und kein Sekundärphänomen, welches erst aufgrund der Befriedigung eines primären Bedürfnisses wie z. B. nach Nahrung entsteht. Schon Harlow u. Harlow (1962) konnten in ihren Rhesusaffenexperimenten nachweisen, daß die Mutter-Kind-Bindung ein eigenes Verhaltenssystem beinhaltet, welches sich unabhängig von der Funktion der Mutter als Nahrungsspenderin entwickelt und als primäre Quelle emotioneller Sicherheit bedeutenden Einfluß auf die weitere Entwicklung des Affenjungtieres hat (vgl. Alcock 1984).

Die oben genannte Ausrichtung auf den Artgenossen zeigt sich im Kontaktbedürfnis des Neugeborenen (Hassenstein 1973) und in seinen aktiven Versuchen, mit seinen direkten Bezugspersonen Kontakt aufzunehmen, um durch seine Tätigkeiten auf sich und seine Bedürfnisse aufmerksam zu machen. Nach Stern (1979, S. 45) ist das Kleinkind aufgrund seiner beziehungsstiftenden Fähigkeiten „sofort ... als Partner an der Formung seiner ersten und bedeutendsten Beziehungen beteiligt". Zu den wichtigsten angeborenen Signalen, die es dem Kleinkind schon in den ersten Monaten ermöglichen, zwischenmenschliche Beziehungen herzustellen und in soziale Austauschprozesse einzutreten, zählen nach Stern (1979) das Blickverhalten, bestimmte Kopfbewegungen, mimische Veränderungen, aber auch Fähigkeiten wie z. B. Anklammern und Anschmiegen (Grossmann 1983). Diese Verhaltensweisen, ob simultan oder einzeln verwendet, müssen nicht erlernt werden, sondern sind von Geburt an organisiert. Sie unterliegen allerdings vom Beginn ihres Auftretens an dem formenden Prozeß des Lernens.

Für die Mutter sind die kindlichen Verhaltenssignale ausschlaggebender Reiz, in spezifischer Weise zu handeln. Es kann hierbei jedoch nicht von der Auslösung eines feststehenden Verhaltensmusters (AAM = Angeborener Auslösemechanismus) im Sinne des „Kindchenschemas" von Lorenz (vgl. Immelmann u. Keller 1988, S. 162) gesprochen werden, da sich einerseits die Auslösekraft des Kleinkindverhaltens nicht allein im „kindchenhaften" Aussehen erschöpft (vgl. Stern 1979, S. 36) und andererseits die Bereitschaft und das Ausmaß, die kindlichen Signale wahrzunehmen, richtig zu interpretieren und angemessen zu reagieren, einer großen Variationsbreite unterliegen. Wie die Mutter zum Kind in Beziehung tritt, hängt entscheidend von den Erlebnissen und Erfahrungen in ihrer eigenen Sozialisation ab und entspringt keinem „Mutterinstinkt", auch wenn Autoren wie Papousek u. Papousek (1979) noch die Rolle der Mutter als „biologischer Spiegel" für das Kleinkind betonen.

Wie zahlreiche Forschungsergebnisse bestätigen konnten, ist der Mensch von Natur aus ein beziehungsfähiges und beziehungsbedürftiges Wesen. Grundlegende Bedingung für den Erwerb von emotionalen und kognitiven Fähigkeiten ist dabei eine emotional sichere und tragfähige Bindung zwischen Kind und erster Bezugsperson. Ohne diese Bindung verkümmert der Mensch in organischer wie auch emotionaler Sicht (vgl. Schmalohr 1980; Rutter 1972) und kann sich nicht zu einer selbstbewußten, unabhängigen, mitfühlenden und verantwortlich handelnden Persönlichkeit entwickeln.

4 Der Mensch als Kulturwesen

In der Diskussion um die biologischen und anthropologischen Grundlagen der menschlichen Natur und der damit verbundenen Entstehung bzw. Entwicklung von Kultur sind die unterschiedlichsten Theorien darüber entstanden, in welchem Verhältnis Natur und Kultur zueinander stehen.

Neben neueren theoretischen Konzepten der Natur/Kultur-Beziehung wie z. B. der ökologischen und soziobiologischen Kulturtheorie, welche zwar evolutionsbiologisch argumentieren, jedoch in ihren Aussagen häufig unverbindlich bleiben oder stark „biologistisch" angelegt sind (vgl. Vogel u. Voland 1988), entwickelte sich in

Einklang mit der abendländischen Denktradition eine gegensätzliche Sichtweise von Natur und Kultur, die bis heute – trotz widerlegender biologischer und kulturanthropologischer Forschungsergebnisse – weit verbreitet ist. Kultur wird in dieser anti-evolutionären Theorie nicht als Manifestation der Natur verstanden, als Anpassung an selektive Bedingungen, sondern als etwas Freies, Unabhängiges und durch sich selbst Erklärbares. Eine Erscheinungsform dieser Auffassung ist die Theorie, daß zwischen Natur und Kultur ein unüberwindbarer Gegensatz besteht. Der Mensch wird als von Natur aus triebhaft, als animalisch-instinktiv verstanden, der erst durch Tabus, Riten, soziale Normen und Moral diszipliniert und gesellschaftsfähig gemacht werden müsse. So nahm Freud als Vertreter einer Natur/Kultur-Antinomie an, daß Kultur auf der Unterdrückung von Trieben aufbaue (vgl. Griese 1981, S. 118ff; Fromm 1981, S. 231ff.).

Auch wird der Mensch, aufgrund seiner – in den letzten Kapiteln erwähnten – Sonderstellung, häufig als unspezialisiertes, biologisches „Mängelwesen" (Gehlen 1961) gedeutet, der aus einer „natürlichen Not" heraus Kultur – als zweite Natur – entwickeln muß, um die biologischen Mängel der ersten Natur, wie z. B. Instinktarmut, Unspezialisiertheit und fehlende Umwelteingebundenheit, mit Hilfe einer lernabhängigen, weltoffenen, soziokulturellen Lebensführung zu kompensieren.

Die angeführte organische Mittellosigkeit bei Geburt, die den Menschen so schutz- und hilflos macht, wird jedoch bei weitem durch seine sozialen Eigenschaften und intellektuellen Kräfte ausgeglichen. Der Mensch produziert also nicht aus einem Mangel heraus Kultur, welche nach Gehlen nur das nackte Überleben gewährleistet, sondern, wie nachfolgend noch zu zeigen sein wird, als logische Konsequenz seiner evolutionär entstandenen tief verankerten sozialen Lebensweise. Die kulturelle, „zweite Natur" des Menschen ist Bestandteil seiner natürlichen Lebensform und beinhaltet weit über den reinen Überlebenszweck hinaus, so auch Portmann, schöpferische, innovative und lebensgestaltende Dimensionen (vgl. Müller 1988, S. 148).

Wie in den letzten Kapiteln gezeigt wurde, ist der Homo sapiens sapiens das Endprodukt eines biologischen Anpassungsprozesses, in dem sich die große Lernfähigkeit, verbunden mit den ausgeprägten sozialen Eigenschaften, als entscheidender Überlebensvorteil erwies. Das natürliche Bedürfnis im Sozialverband zu lernen sowie zu den Artgenossen in vertrauensvolle Beziehung zu treten, machen aus dem Menschen ein Kulturwesen par excellence.

Die beschriebenen entwicklungsbiologischen Besonderheiten dokumentieren ebenfalls die in selektiven Anpassungsprozessen entstandenen Bedingungen, welche die Möglichkeiten jedes einzelnen verbessern, sich in das jeweilige Kulturleben zu integrieren und selbst aktiv mitzugestalten, nicht aus einer Not oder „Triebsublimation" heraus, sondern unter schöpferischen und lebensgestaltenden Gesichtspunkten. Portmann (1973, S. 333) formulierte den engen Zusammenhang zwischen Biologie und Kultur folgendermaßen:

> In unserem Entwicklungsgang ist ja die lange dauernde und reichgegliederte Wachstumsphase unlösbar verbunden mit der Aufnahme des Traditionsgutes, das von Generation zu Generation wechselt und dessen Wechsel jeden von uns in eine einmalige, neue Situation versetzt vom Moment an, wo mit der Geburt der Einfluß dieser sozialen Ordnung wirksam

wird. Damit wird Geschichtlichkeit zu einem natürlichen Glied unserer Lebensform, zu einem bedeutsamen Teil unserer Natur, zu einem natürlichen Faktor unserer Entwicklung. Wenn so die Biologie das Kulturleben als unsere eigene Natur auffaßt, so stellt sie damit die Kultur mitten hinein in das weiteste Naturgeschehen und lehnt jede vorgefaßte Konstruktion ab, welche diese Kultur als etwas Widernatürliches darstellt.

Zur Schaffung von Kultur ist der Mensch, wie gezeigt wurde, in seiner ganzen biologischen Ausrüstung auf die Verbindung zum Mitmenschen angewiesen. Da das Zusammenleben immer in einem kulturellen Feld stattfindet und „beziehungstiftende Signale" des Säuglings vom sozialen Umfeld kulturell interpretiert und mit Bedeutung versehen werden, ist das Kleinkind bei dem Aufbau von Beziehungsstrukturen auf das kulturell vorhandene Bedeutungsnetz angewiesen und übernimmt dieses als natürliches Kulturwesen (vgl. Portmann 1960, S. 65).

So ist nach Grossmann (1983, S. 61) „die kulturelle Verleihung von Bedeutung, Wertungen und Handlungsperspektiven während der Ontogenese ... fest gebunden an Interaktionen des Kindes mit Bezugspersonen und mit solchen eigenständigen Ereignissen und Zusammenhängen, die von Bezugspersonen angeboten, toleriert oder auch vorenthalten werden". Mitentscheidend für das Erlernen der kulturellen Lebensweise und letztlich auch dafür, in welcher Art und Weise der Mensch die Welt um sich herum subjektiv wahrnimmt, interpretiert und ob er sich zu einen aktiven, eigenständigen und verantwortlichen Kulturträger entwickelt, hängt von der „Qualität" dieser ersten Beziehung ab.

Die kulturelle Lebensweise und die kulturellen Inhalte werden nicht biogenetisch vererbt, sondern tradigenetisch überliefert. Die Tradierung erfolgt durch erzieherisch unterstütztes Lernen v. a. in der langen Kindheit und Jugendzeit. In dieser Entwicklungsphase integriert der Mensch im Zusammenleben mehr und mehr die Normen, Werte und Verhaltensweisen der betreffenden Gesellschaft bzw. Gruppe und wird darüber hinaus befähigt, seine Lebensverhältnisse zu gestalten und neuartige Situationen zu bewältigen.

Die soziale Struktur des gesamten humanen Lebens ist aufgrund der genannten anthropologischen, biologischen und entwicklungspsychologischen Befunde als natürliche Gegebenheit anzusehen. Die Basis für Kultur „als ein gelerntes Muster von Handlungen, Glaubensvorstellungen und Gefühlen, das von einer Gemeinschaft geteilt wird, und Gesellschaft als ein System von Interaktionen und organisierten Beziehungen unter ihren Mitgliedern" (Goldschmidt 1972, S. 66) liegt in den besonderen biologischen Eigenschaften des Menschen. Diese sind weder die Entwürfe sozialer Ordnungen noch die Determinanten kultureller Ausformungen, sondern legen lediglich die allgemeinen Bedingungen fest, unter denen Kultur und Gesellschaft entstehen und wirken (vgl. Herbig 1988).

In einem Zusammenspiel von Wechselwirkung und Rückkoppelung schafft der Mensch Kultur und wird gleichzeitig von ihr geschaffen (vgl. Landmann 1976). Hierbei handelt es sich nicht um einen dialektischen Prozeß, bei dem sich die menschliche Sozialnatur verändert. Sie bleibt als anthropologische Voraussetzung eine unabhängige Konstante.

Kulturanthropologische Forschungsarbeiten konnten übereinstimmend mit den oben genannten Ergebnissen zeigen, daß kein Gegensatz zwischen Kultur und Natur sowie zwischen dem einzelnen und der Gesellschaft besteht, sondern Kultur für den Menschen „natürlich" ist und „Gesellschaft und Individuum gar keine Gegner sind" (Benedict 1955, S. 192).

Die Vielfalt der Kulturformen mit ihren unterschiedlich geprägten Systemen kultureller Verhaltensmuster, die nach Linton (1945, S. 19) in den spezifischen „ways of life of any society" zum Ausdruck kommen, stellen ein wichtiges Merkmal der menschlichen Gattung dar (vgl. Mühlmann u. Müller 1966).

Das Leben des einzelnen ist eng mit dem soziokulturellen Umfeld verbunden. „Vom Augenblick der Geburt an", so Benedict (1955, S. 8), „formen die Sitten, in die der Mensch hineingeboren ist, sein äußeres Auftreten und seine geistige Haltung". Kulturvergleiche bestätigten ebenfalls, daß die Verhaltens- und Persönlichkeitsbildung eines Individuums auf Erziehung und Lernen im jeweiligen soziokulturellen Milieu beruhen (vgl. Mead 1958, 1959; Malinowski 1975). Hierdurch leistete die Kulturanthropologie „einen wertvollen Beitrag zur Erkenntnis und damit auch zur Nutzung der Erziehungsfähigkeit und Bildsamkeit des Menschen" (Weber 1986, S. 104). Der erzieherische Umgang mit dem Kind ist mit den kulturellen Normen und Werten einer Gesellschaft eng verknüpft. Nach Hillmann bilden Werte „den Kern der Kultur" (1989, S. 54). Sie haben einen deutlichen Einfluß als Orientierung für die individuelle Lebensgestaltung und sind wesentliche Voraussetzung für jede soziale Ordnung.

5 Perspektiven

Die in den vorangegangenen Kapiteln erörterten wissenschaftlichen Erkenntnisse verschiedener Fachdisziplinen belegen die soziale Natur des Menschen. Nur im Sozialkontakt kann er überleben und sein evolutionäres menschliches Potential entwickeln. Lernen und Erziehung sind genauso Bestandteile der humanen Lebensweise wie die lebenslange Ausrichtung auf den Mitmenschen.

Das Welt- und Menschenbild jedes Individuums sowie seine späteren Beziehungsmuster werden von den Erfahrungen bestimmt, die es im Sozialverband v. a. in den ersten Lebensjahren macht. Dabei ist das Verhalten der ersten Beziehungspersonen als Träger von kulturellen Werten und Normen, aber auch ihre gefühlsmäßige Haltung dem Kind gegenüber, von großer Bedeutung. Die immer globalere Züge annehmenden Menschheitsprobleme der heutigen Zeit, ob im soziokulturellen Bereich oder im Umweltsektor, sind langfristig nur wirklich dann zu lösen, wenn die Bedingungen der menschlichen Existenz in ihrer Gesamtheit erfaßt, in die Analyse miteinbezogen und gesellschaftlich umgesetzt werden.

Um einen verantwortlichen Umgang mit den Mitmenschen und der Umwelt allgemeingesellschaftlich zu verankern, ist daher ein wissenschaftliches Menschenbild, welches sich an der sozialen Natur des Menschen orientiert, unabdingbare Voraussetzung. Die richtige Anwendung des Wissens darüber, was der Mensch braucht, um sich zu einer eigenständigen, sozial verbundenen, verantwortlich handelnden Persönlichkeit zu entwickeln, welche fähig ist, sich für die Probleme der heutigen Zeit konstruktiv einzusetzen, wird entscheidend für die Zukunft der Menschheit sein.

Lösungsstrategien hingegen, die mit ihren zugrundeliegenden Menschenbildern den Menschen aufgrund von einseitigen Analysen nur teilweise erfassen oder sogar durch bewußte Falschaussagen ideologisch mißbrauchen, führen zu keinem Erfolg bzw. schaden jeder gesellschaftlichen Weiterentwicklung.

Ob ein Mensch die Fähigkeit entwickelt, sich verantwortlich für das Allgemeinwohl der Menschen und damit auch für die Umwelt einzusetzen, hängt in starkem Maße davon ab, inwieweit in seiner frühen Kindheit die gefühlsmäßige Grundlage gelegt worden ist, sich mit seinen Mitmenschen verbunden zu fühlen und wie dieses Gefühl im weiteren erzieherischen Prozeß geübt und vertieft sowie in den verschiedenen Sozialisationsphasen auf allen Ebenen gefördert wird.

Der Grad an Verbundenheit zum Mitmenschen, d. h. an Beziehungsfähigkeit, äußert sich in der Bereitschaft, Verantwortung zu übernehmen und dementsprechend zu handeln. Die Entwicklung umweltverantwortlichen Handelns ist daher eng mit der Förderung von Beziehungsfähigkeit verbunden. Diesem Tatbestand ist auf allen gesellschaftlichen Ebenen, insbesondere im Erziehungs- und Ausbildungsbereich, Rechnung zu tragen. Um die oben genannten Ziele in der pädagogischen Praxis verwirklichen zu können und damit auch einer dem Menschen entsprechenden Pädagogik gerecht zu werden, ist ein wissenschaftlich fundiertes Menschenbild notwendige Voraussetzung und entscheidende Grundlage für die Formulierung von Erziehungspraktiken und Erziehungszielen.

Mead erkannte die Verantwortung der Menschheit, nicht nur für heutige, sondern auch für nachfolgende Generationen eine lebbare Welt zu hinterlassen. Sie plädierte für das Entstehen einer „shared world civilization", einer allgemeinen oder gemeinsamen Weltkultur, „denn für das Überleben aller sei es notwendig, eine neue ‚Weltethik' zu entwickeln, die vom Respekt zwischen den Völkern und vor dem Respekt der Erde, der Umwelt gekennzeichnet ist" (Zanolli 1990, S. 308).

Eine solche ideologiefreie, ohne konfessionelle oder religiöse Gebundenheit auskommende Ethik, die über das einzelne Individuum hinausgeht und sich auf die Weltbevölkerung als Ganzes bezieht, muß sich an dem verbindenen Element zwischen allen Völkern und Kulturen der Erde orientieren: an der sozialen Natur des Menschen. Nur so kann eine Humanisierung des gesellschaftlichen Lebens bewirkt und damit auch das Mensch-Umwelt-Verhältnis tiefgreifend verbessert werden.

Literatur

Ainsworth MDS (1973) The development of Infant-Mother Attachement. In: Caldwell BM, Ricciutti HN (Hrsg) Child Development and social policy. Chicago
Ainsworth MDS, Blehar M, Waters E, Wall S (1978) Pattern of attachment. Hillsdale
Alcock J (1984) Animal Behaviour. (3. Auflage) Sunderland
Bandura A (1979) Aggression: Eine sozial-lerntheoretische Analyse. Stuttgart
Benedict R (1955) Urformen der Kultur. Hamburg
Bollnow OF (1983) Anthropologische Pädagogik. (3. Auflage) Bern
Bower TGR (1979) Human development. San Francisco
Bowlby J (1975) Bindung. Eine Analyse der Mutter-Kind-Beziehung. München
Bowlby J (1976) Trennung. Psychische Schäden als Folge der Trennung von Mutter und Kind. Stuttgart
Bowlby J (1982) Das Glück und die Trauer. Stuttgart
Clark RW (1990) Charles Darwin. Frankfurt/Main

Darwin Ch (1963) Über die Entstehung der Arten. Stuttgart
Darwin Ch (1966) Die Abstammung des Menschen. Stuttgart
Darwin Ch (1986) Die Abstammung des Menschen. Wiesbaden
Derbolav J (1964) Kritische Reflexionen zum Thema „Pädagogische Anthropologie". In: Pädagog Rundsch 18:751–767
Deutsche UNESCO-Kommission (Hrsg) (1990) Empfehlung über die Erziehung zu internationaler Verständigung und Zusammenarbeit und zum Frieden in der Welt sowie die Erziehung zur Achtung der Menschenrechte und Grundfreiheiten. (2. veränderte Auflage) Bonn
Dierkes M, Fietkau HJ (1988) Umweltbewußtsein – Umweltverhalten. Karlsruhe
Dux G (1982) Die Logik der Weltbilder. Frankfurt/Main
Eggers Ph, Steinbacher F (1979) Pädagogische Soziologie. Bad Heilbrunn
Erdmann KH, Kastenholz H (1991) Erziehung zur Verantwortung. Entwicklung eines handlungsleitenden Ansatzes zur Vermittlung umweltverantwortlichen Handelns im Rahmen des MAB-Programms (im Druck)
Ferry L, Renaut A (1987) Antihumanismus. München
Feustel R (1986) Abstammungsgeschichte des Menschen. Wiesbaden
Feyerabend P (1986) Wider den Methodenzwang. Frankfurt/Main
Fromm E (1980) Freiheit, Determinismus, Alternativismus. In: Funk R (Hrsg) E. Fromm Gesamtausgabe, Bd. 2. Stuttgart, S. 240–269
Fromm E (1981) Freuds Modell vom Menschen und seine gesellschaftlichen Determinanten. In: Funk R (Hrsg) E. Fromm Gesamtausgabe, Bd. 8. Stuttgart, S. 231–251
Gehlen A (1961) Anthropologische Forschung. Hamburg
Goldschmidt W (1972) Die biologische Konstante. In: König R, Schmalfuß A (Hrsg) Kulturanthropologie. Düsseldorf, S. 57–67
Goodall J (1971) Unter wilden Schimpansen. Hamburg
Griese H (1981) Soziologische Anthropologie und Sozialisationstheorie. (2. Auflage) Duisburg
Grossmann K (Hrsg) (1977) Entwicklung der Lernfähigkeit in der sozialen Umwelt. München
Grossmann K (1983) Vergleichende Entwicklungspsychologie. In: Silbereisen R, Montada L (Hrsg) Entwicklungspsychologie. München
Grossmann K (1987) Die natürlichen Grundlagen zwischenmenschlicher Bindungen. Anthropologische und biologische Überlegungen. In: Niemitz C (Hrsg) Erbe und Umwelt. Frankfurt/Main, S. 200–235
Grossmann K, Spangler R (1990) Frühkindliche Umwelt. In: Kruse L, Graumann CF, Lantermann F-D (Hrsg) Ökologische Psychologie. München, S.349–355
Harlow HF, Harlow MK (1962) Social deprivation in monkeys. In: Sci Am 207/11:136–146
Hassenstein B (1970) Tierjunges und Menschenkind im Blick der vergleichenden Verhaltensforschung. Stuttgart
Hassenstein B (1972) Das spezifisch Menschliche nach den Resultaten der Verhaltensforschung. In: Gadamer H-G, Vogler V (Hrsg) Neue Anthropologie Bd. 2. München, S. 60–97
Hassenstein B (1973) Verhaltensbiologie des Kindes. München
Herbig J (1988) Nahrung für die Götter. Die kulturelle Neuerschaffung der Welt durch den Menschen. München
Hillmann K-H (1989) Wertwandel. (2. Auflage) Darmstadt
Immelmann K, Keller H (1988) Die frühe Entwicklung. In: Immelmann K, Scherrer KR, Vogel C, Schmook P (Hrsg) Psychobiologie – Grundlagen des Verhaltens. München, S. 133–176
Kamper D (1973) Geschichte und menschliche Natur. Die Tragweite gegenwärtiger Anthropologiekritik. München
Klockhaus R, Trapp-Michel A (1988) Vandalistisches Verhalten Jugendlicher. Göttingen
Kull U (1979) Evolution des Menschen. Stuttgart

Landmann M (1976) Philosophische Anthropologie. Berlin
Leakey RE, Lewin R (1977) Wie der Mensch zum Menschen wurde. Hamburg
Leakey RE, Lewin R (1985) Wie der Mensch zum Menschen wurde. Hamburg
Lewontin RC, Rose S, Kamin LJ (1988) Die Gene sind es nicht. München
Linton R (1945) The cultural background of personality. New York
Loch W (1976) Der pädagogische Sinn der anthropologischen Betrachtungsweise. In: Höltershinken D (Hrsg) Das Problem der Pädagogischen Anthropologie im deutschsprachigen Raum. Darmstadt, S. 252–277
Lorenz K (1971) Über tierisches und menschliches Verhalten. München
Malinowski B (1975) Eine wissenschaftliche Theorie der Kultur. (2. Auflage) Frankfurt/Main
Markl H (1986) Mensch und Umwelt. Frühgeschichte einer Anpassung. In: Rössner H (Hrsg) Der ganze Mensch. Aspekte einer pragmatischen Anthropologie. München, S. 29–46
Mead M (1958) Mann und Weib. Das Verhältnis der Geschlechter in einer sich wandelnden Welt. Hamburg
Mead M (1959) Geschlecht und Temperament in primitiven Gesellschaften. Hamburg
Meinberg E (1988) Das Menschenbild in der modernen Erziehungswissenschaft. Darmstadt
Montagu A (1959) On being human. New York
Montagu A (1974) Mensch und Aggression. Basel
Montagu A (1978) The nature of human aggression. New York
Montagu A (1984) Zum Kinde reifen. Stuttgart
Mühlmann WE, Müller EW (1966) Kulturanthropologie. Köln
Müller H (1988) Philosophische Grundlagen der Anthropologie Adolf Portmanns. Weinheim
Müller HM (1987) Evolution, Kognition und Sprache. Die Evolution des Menschen und die biologischen Grundlagen der Sprachfähigkeit. Berlin
Mummendey A, Linneweber V, Löschper G (1984) Aggression: From Act to interaction. In: Mummendey A (Hrsg) Social psychology of aggression. Berlin, S. 69–106
Oelkers J, Lehmann T (1990) Antipädagogik: Herausforderung und Kritik. (2. Auflage) Weinheim
Papousek H, Papousek M (1979) Lernen im ersten Lebensjahr. In: Montada L (Hrsg) Brennpunkte der Entwicklungspsychologie. Stuttgart, S. 194–212
Peiper A (1951) Instinkt und angeborene Schema beim Säugling. In: Z Tierpsychol 8:449–456
Pilbeam D (1972) The ascent of man. Introduction to human evolution. New York
Plessner H (1964) Die Frage nach der Conditio Humana. Frankfurt/Main
Portmann A (1960) Zoologie und das neue Bild vom Menschen. (4. Auflage) Hamburg
Portmann A (1965) Aufbruch der Lebensforschung. Zürich
Portmann A (1969) Biologische Fragmente zu einer Lehre vom Menschen. Basel
Portmann A (1973) Biologie und Geist. Frankfurt/Main
Prechtl HFR (1956) Die Entwicklung und Eigenart frühkindlicher Bewegungsweisen. In: Klin Wochenschr 34:281–284
Promp D (1990) Sozialisation und Ontogenese. Berlin
Roithinger L (1985) Ethik und Anthropologie. Wien
Roth H (1971) Pädagogische Anthropologie. (3. Auflage) Hannover
Rutter M (1972) Maternal deprivation: Reassessed. Baltimore
Schmalohr E (1980) Frühe Mutterentbehrung bei Mensch und Tier. (3. Auflage) München
Schneider HJ (1991) Gewalt in der Schule. In: Kriminalistik 45; 1:15–24
Spitz R (1983) Vom Säugling zum Kleinkind. Naturgeschichte der Mutter-Kind-Beziehung im ersten Lebensjahr. (7. Auflage) Stuttgart
Stern D (1979) Mutter und Kind. Die erste Beziehung. Stuttgart
Uexküll J von (1956) Streifzüge durch Umwelten von Tieren und Menschen. Hamburg
Vogel C, Voland E (1988) Evolution und Kultur. In: Immelmann K, Scherer K, Vogel C, Schmoock P (Hrsg) Grundlagen des Verhaltens. Weinheim, S. 101–132

Waters E (1982) Persönlichkeitsmerkmale, Verhaltenssysteme und Beziehungen: Drei Modelle von Bindungen zwischen Kind und Erwachsenem. In: Immelmann K (Hrsg) Verhaltensentwicklung bei Mensch und Tier. Berlin, S. 721–750

Weber E (1978) Pädagogik. Eine Einführung: Bd. 1: Grundfragen und Grundbegriffe. (7. Auflage) Donauwörth

Weber E (1986) Erziehungsstile. (8. Auflage) Donauwörth

Weizsäcker EU von (1988) Die Umweltkrise – eine Herausforderung für unser Bildungssystem. In: Bundesministerium für Bildung und Wissenschaft (Hrsg) Umweltbildung in der EG. Schriftenr Stud Bildung Wiss, Bonn, 79:28–39

Welsch W (1988) Unsere moderne Postmoderne. Weinheim

Zanolli NV (1990) Margaret Mead (1901–1978). In: Marschall W (Hrsg) Klassiker der Kulturanthropologie. München, S. 295–314

Zur Bedeutung positiver Werte

Pädagogische und psychologische Grundlagen
für die Lösung der Umweltkrise

Cordula Grunow-Erdmann (Köln) und Karl-Heinz Erdmann (Bonn)

1 Einleitung

Spätestens seit Mitte der 60er Jahre ist weltweit ein wachsendes Interesse an der Umwelt zu konstatieren. Nicht zuletzt der von Meadows u. Meadows (1972) – im Auftrage des Club of Rome – veröffentlichte Bericht „The limits of growth" löste eine bis heute kontrovers geführte Diskussion um die Zukunftschancen von Mensch und Natur aus.

Noch während der 50er und frühen 60er Jahre strahlten die Zukunftsprognosen vieler Wissenschaftler und Politiker fast unbegrenzten Optimismus aus. Die Zukunftsforschung verhieß der gesamten Menschheit eine Epoche unbegrenzten materiellen Reichtums und dementsprechend eine grundlegende Verbesserung der Lebensbedingungen. Verschiedene Probleme, wie z. B. soziale Mißstände, Verarmung und Hungerkatastrophen, wurden zwar gesehen, doch ging man davon aus, daß sich diese durch die wissenschaftlich-technische Entwicklung innerhalb kürzester Zeit von selbst lösen würden.

Einen markanten Einschnitt in die von Euphorie gekennzeichnete Nachkriegszeit stellten die Filmaufnahmen der bemannten Raumfahrt dar, die die Erde als begrenzten Planeten zeigten. Zeitgleich publizierte Ergebnisse wissenschaftlicher Untersuchungen verdeutlichten, daß der Mensch durch irreparable Eingriffe in den Naturhaushalt nicht nur ein beschleunigtes Aussterben zahlreicher Tier- und Pflanzenarten verursachte, sondern vor allem auch Existenzgrundlagen menschlichen Lebens selbst zerstörte (vgl. Teutsch 1988, S. 57).

In den darauf folgenden Jahren wurde der Ruf nach einer Kurskorrektur des „Raumschiffs Erde" zwar immer lauter, doch sind bis heute weltweit tiefgreifende vom Menschen verursachte Umweltveränderungen mit noch nicht abzuschätzenden Schäden zu beklagen. Waren anthropogen ausgelöste Umweltprobleme in früheren Jahrhunderten auf die lokale und regionale Ebene beschränkt, ist der Mensch heute in der Lage, die Funktionsfähigkeit der Ökosysteme global zu gefährden und sogar zu zerstören. Verwiesen sei an dieser Stelle u. a. auf den weltweiten Klimawandel (z. B. Treibhauseffekt, Ozonloch, CO_2-Problematik), auf die weitflächige, grenzüberschreitende Ausbreitung von Luftschadstoffen sowie auf die derzeit kaum abzuschätzende Gefahr von stofflichen Belastungen der Gewässer.

Für die heutigen Umweltprobleme ist aber nicht nur charakteristisch, daß sie global wirksam sind, sondern gleichfalls eine bisher kaum zu prognostizierende Langzeitwirkung aufweisen. Aufgrund dieser neuen Qualität heutiger Umweltprobleme spricht Jonas (1984, S. 9) von einem erweiterten „Zeit- und Raumhorizont". Gegenwärtiges Handeln hat demnach Auswirkungen auf die gesamte heute lebende Menschheit und deren Umwelt und beeinflußt auch tiefgreifend die Optionen künftiger Generationen (Erdmann u. Kastenholz 1990, S. 76).

Zwar hat sich in den letzten Jahren in breiten Bevölkerungskreisen ein evidenter Wandel in der Einschätzung von Umweltproblemen vollzogen, doch führte dieser bisher nur in geringem Maße dazu, individuelles Verhalten entsprechend zu verändern. Wirkungsvolle Schritte hin zu einem größeren gesellschaftlich verankerten Umweltbewußtsein werden nur möglich sein, wenn, so das Bundesministerium für Bildung und Wissenschaft in dem Bericht „Schutz der Erdatmosphäre – eine Herausforderung an die Bildung" (1990, S. 17), „pädagogische Überlegungen und Konsequenzen" künftig stärker berücksichtigt werden: „Auf die Lernfähigkeit des Menschen und eine daraus hervorgehende Bereitschaft zur Verhaltensänderung kann sich, wie einige positive Beispiele gezeigt haben, die Hoffnung gründen, Gefahrenpotentiale für Natur und Umwelt nicht weiter zu erhöhen, eingetretene Schäden zu beheben und denkbare künftige Belastungen von vorneherein zu vermeiden". Es stellt sich aber die Frage, wie eine pädagogische Umsetzung dieser Aussage zu realisieren ist.

Alle Maßnahmen, so der Bericht weiter (S. 20), müssen auf der Einsicht fußen, daß sich „die kognitiv-intellektuellen und die emotional-affektiven ... Elemente ... gegenseitig durchdringen", damit „der Mensch seine volle Leistungsfähigkeit, getragen vom Wissen, Willen und Gefühl" erlangen kann.

Zahlreiche Befunde der Erziehungswissenschaften zeigen, daß menschliches Handeln und Verhalten auf gelernten Werthaltungen basieren, die im Rahmen der Enkulturation – d. h. der Sozialisation und Personalisation – vermittelt werden (vgl. u. a. Benning 1980, S. 56; Weber 1979, S. 53). Dementsprechend ist davon auszugehen, daß auch das Verhalten des Menschen Umwelt und Natur gegenüber auf gelernten Werthaltungen beruht. Eine grundlegende Verbesserung der Mensch-Umwelt-Relationen wird deshalb nur unter Einbezug menschlicher Handlungsmotivationen zu bewirken sein. Eine Ethik, die nicht nur auf eine pragmatisch-punktuelle Symptombeschreibung und -behandlung der Umweltproblematik zielt, sondern auch einen Beitrag zur Förderung umweltverantwortlichen Handelns leisten will, wird sich mit der Entstehung und Verankerung von Werthaltungen sowie der Auswahl und Vermittlung von positiven Werten im zwischenmenschlichen Bereich beschäftigen müssen. Nur unter Berücksichtigung dieser pädagogischen Grundfragen wird eine zukunftsweisende „Umwelterziehung" erfolgreich durchzuführen sein.

Das Treffen verantwortlicher Entscheidungen setzt, so der damalige Präsident der Deutschen Forschungsgemeinschaft (DFG) Markl (1989, S. 31), „zuverlässige Wissensgrundlagen über Bedingungen, Vorstellungs- oder Handlungsmöglichkeiten und voraussichtliche Folgen voraus, wie sie uns Wissenschaft ... verfügbar macht." Da dies gerade auch für den pädagogischen Bereich gilt, sollen im folgenden gesicherte Erkenntnisse der Humanwissenschaften zu diesem Fragenkomplex erörtert und in einer handlungsleitenden Konzeption zusammengefaßt dargestellt werden.

2 Definition und Erläuterung des Wertbegriffes

Der Begriff des „Wertes" zählt zu einem der meistdiskutierten Termini der Gegenwart und hat bis heute mit jeweils differierenden definitorischen Akzentuierungen Eingang in zahlreiche Fachdisziplinen gefunden. Schon seit langem hatte der Wertbegriff in Theologie und Philosophie eine wichtige Funktion. In zunehmendem Maße ist er aber auch in die Staats-, Rechts- und Wirtschaftswissenschaften sowie die Politologie eingegangen. In der Soziologie und v. a. auch in der Psychologie und der Pädagogik ist er heute ein zentraler Schlüsselbegriff.

Vergleicht man den Gebrauch des Wertbegriffes in den verschiedenen Wissenschaften, fällt auf, daß „je nach weltanschaulicher Grundorientierung, bereichsspezifischer Ausrichtung und Schwerpunktbildung der verschiedenen Fachdisziplinen ... unterschiedliche Dimensionen und Aspekte des vielschichtigen Problemfeldes ‚Wert' herausgegriffen und besonders hervorgehoben" (Hillmann 1989, S. 51) werden.

Weitgehende Anerkennung findet die Definition von Kluckhohn (zit. nach Keeney et al. 1984, S. 18): Er versteht unter einem Wert „ein explizites oder implizites Konzept des Wünschenswerten, das als Merkmal eines Individuums oder als Charakteristikum einer Gruppe die Auswahl von verfügbaren Arten, Mitteln und Zielen einer sozialen Handlung beeinflußt". Dementsprechend bezeichnen Werte „generell die erwünschten Endzustände, die dem menschlichen Streben als Richtschnur dienen" (Smelser 1972, S. 44). Sie sind Standards und Maßstäbe „für Richtung, Intensität, Ziel und Mittel des Verhaltens" (Rudolph 1959, S. 164), bilden „die wesentliche Voraussetzung jeder sozialen Orientierung" (Smelser 1972, S. 54), erweisen sich „als das entscheidende Fundament für das sinnvoll koordinierte, aufeinander abgestimmte ... soziale Handeln" (Hillmann 1989, S. 55), „werden als Grundlage eines sinnvollen Lebens geschätzt und gelten als Garanten der gesellschaftlichen Ordnung" (Morel 1975, S. 204).

Der Pädagoge Benning (1980, S. 26) führt zum Wertbegriff aus: „Werte ... haben ihren Ursprung in der besonderen Weise des menschlichen In-der-Welt-Seins. Wertend begegnet der Mensch der Welt ... Das Werten ist eine Reaktion, eine Antwort des Menschen auf den Reichtum und die Mannigfaltigkeit des Seins." Humanwissenschaftliche Ergebnisse bestätigen Bennings Aussage, daß Mensch-Sein eine Wertelosigkeit ausschließt. So konnte u. a. der Evolutionswissenschaftler Simpson (1972, S. 178) nachweisen, daß die Fähigkeit und Notwendigkeit des Menschen zur Wertung „im Laufe der Evolution auf vollkommen natürliche Weise entstanden" ist: „Sein Ethisieren ist eine für seine Lebensweise erfolgsnotwendige biologische Anpassung" (S. 181).

Benning fährt fort: „So wie die Wertorientierungen allgemein ein Wesenszug des Humanen" sind, „so ist Erziehung ohne pädagogische Werte undenkbar". Es wird deutlich, daß jeder erzieherische Vorgang eine Vermittlung von Werten impliziert, auch wenn sich dieser z. B. antipädagogisch (vgl. von Braunmühl 1975) nennt. Der Pädagoge muß sich deshalb im Umgang mit dem zu Erziehenden immer wieder die pädagogisch-ethischen Grundlagen und Bedingungen seines erzieherischen Handelns vergegenwärtigen (Benning 1980, S. 23). Schörner (1989, S. 100 f.) faßt die pädagogischen und psychologischen Befunde zur Entstehung von Wertvorstellungen und -haltungen – in Anlehnung an Claessens – wie folgt zusammen:

Über den familial-emotionalen Sozialisationsvorgang werden dem Heranwachsenden Werte vermittelt, also kulturspezifische Maßstäbe, an denen sich Menschengruppen orientieren ... Werte müssen also gelehrt und erlernt werden, was nicht nur bewußtes Lehren und Lernen, sondern auch Weitergabe von Inhalten und Verhaltensweisen im Rahmen nicht bewußten Verhaltens und Aufnahme der gebotenen Inhalte und der Verhaltensweisen durch nicht bewußtes Nachvollziehen bedeuten kann.

In ähnlicher Weise führt auch der Soziologe Hillmann (1989, S. 55) aus, daß Werte in die emotional-affektiven Kapazitäten der Persönlichkeitsstruktur integriert und dadurch „als ureigenste Bestandteile der eigenen individuellen Persönlichkeit empfunden" werden.

Über den individuellen Rahmen hinaus sind Werte aber auch elementare Handlungsmotivatoren von Gesellschaften. Werte prägen eine Kultur und bilden aus sozialwissenschaftlicher Sicht sogar den Kern derselben (Hillmann 1989, S. 54), d. h. „Menschen orientieren ihr Verhalten an Werten, die in ihrem Kulturkreis an oberster Stelle stehen" (Erdmann u. Kastenholz 1990, S. 75). Kulturanthropologische Befunde (u. a. Benedict 1955; Malinowski 1949) bestätigen aber nicht nur, daß der einzelne Mensch durch seine kulturellen Bedingungen geprägt wird, sondern auch, daß er als kulturschaffendes Wesen diese verändern kann; zwischen Individuum und Kultur besteht demnach keine grundsätzlich unüberbrückbare Antinomie, und es besteht auch keine einseitige Einwirkung einer Kultur auf das Individuum.

Benning (1980, S. 85) warnt vor der latenten Gefahr im pädagogischen Prozeß der sog. pluralistischen Gesellschaft „laue Gleichgültigkeit zu vermitteln". Für ihn ist es daher unerläßlich, „dem Wertbegriff schärfere Konturen zu geben, die ihn gegen Mißdeutung schützen."

Von Vertretern des französischen Poststrukturalismus, wie z. B. Foucault, Lacan und Nachfolgern, wird u. a. seit geraumer Zeit postuliert, daß jeder allgemein verbindliche ethische Wert als bürgerlich-repressiv abzulehnen sei. Die Dekonstruktion der Gesellschaft soll über die Zerstörung sämtlicher humaner Werte erfolgen. Foucault fordert (1961; 1976–84) eine Ethik des „souci de soi", der „Selbstsorge", d. h. einen egomanischen Lebensstil, der keinerlei Rücksicht auf seinen Nächsten kennt. Er zielt auf die absolut autonome, narzißtisch orientierte Person, die jegliche Bindung verweigert.

Angesichts der eingangs geschilderten Umweltprobleme stellt sich heute aber dringender denn je die Frage, ob es eine wissenschaftlich begründete verbindliche Ethik und damit einen allgemeingültigen Maßstab geben kann, der darüber entscheidet, welche Wertsetzungen im zwischenmenschlichen Leben dienlich sind. Torney verweist in diesem Zusammenhang (1981, S. 96f.) auf die Bedeutung der von den Vereinten Nationen am 10. Dezember 1948 verabschiedeten Deklaration der Menschenrechte, die ein starkes Gegengewicht zu einem relativistischen Standpunkt bildet.

Der Sozialpsychologe Fromm hat bereits 1947 in seinem Buch „Psychoanalyse und Ethik" die Behauptung problematisiert, daß Werturteile und ethische Normen ausschließlich Angelegenheiten des individuellen Geschmacks oder willkürlicher Bevorzugungen und somit hinsichtlich einer Wertung keine objektiv gültigen Aussagen möglich seien (1986, S. 14f.).

Fromm bezieht sich auf die Tradition des humanistisch ethischen Denkens, das auf den Erkenntnissen über die Natur des Menschen gründet (1986, S. 15). Diese Erkenntnisse führen nicht zu einem ethischen Relativismus, „sondern im Gegenteil zu der Überzeugung, daß die Quellen der Normen für eine sittliche Lebensführung in der Natur des Menschen selbst zu finden sind" (1986, S. 16). Konsequenterweise sieht Fromm das „Wohl des Menschen" (1986, S. 20) als einziges Kriterium für ein ethisches Werturteil an.

Es gilt festzuhalten, daß die Entscheidung darüber, welche Wertsetzungen im zwischenmenschlichen Leben vorzuziehen sind, nicht an ideologisch motivierten Konstrukten wie etwa dem Foucaultschen Egozentrismus, zu orientieren ist, sondern an den humanwissenschaftlichen Erkenntnissen über die Natur des Menschen, die im Einklang mit der übrigen Natur steht. Hierauf aufbauend sollen alle jene Werte, die der Natur des Menschen entsprechen, als *„positive Werte"* bezeichnet werden.

3 Humanwissenschaftliche Grundlagen

In seinen Ausführungen zur Weltkulturdekade der UNESCO verweist Seib (1988, S. 22) auf anthropologische Grundgegebenheiten, die ein wissenschaftlich fundiertes Menschenbild begründen. Bereits im 19. Jahrhundert kam Darwin (1871) im Rahmen seiner Forschungen zu dem Ergebnis, daß sich der Mensch durch eine starke Instinktreduktion erheblich von den ihm in der Evolution nahestehenden Tieren unterscheidet. Menschliches Leben wird „nicht primär durch gattungsspezifische, genetisch programmierte Steuerungsmechanismen der Natur" (Weber 1979, S. 13) reguliert. Vielmehr ist der Mensch durch seine soziale Lebensform charakterisiert. Nur das Leben in Sozietäten konnte das Überleben des einzelnen Individuums sowie das der gesamten Menschheit sichern. Die soziale Natur ist nach Darwin eine anthropologische Grundlage, welche den Menschen zum Aufbau vielfältiger Kulturen befähigt.

Die paläoanthropologischen Befunde von Leakey u. Lewin (1978) bestätigen Darwins Annahme, daß bereits die frühen Hominiden in sozialen Verbänden lebten. Indem sie zusammenarbeiteten und die Nahrung teilten, waren sie auf das Vertrauen der anderen Gemeinschaftsmitglieder angewiesen. Nahrungsmittelteilung und Kooperation bildeten demnach schon in der frühesten Menschheitsgeschichte die Grundlage der sozialen Lebensweise. Das Prinzip der Kooperation stellt somit einen Hauptfaktor der menschlichen Entwicklung dar (vgl. u. a. Montagu 1968, 1984).

Unzählige Untersuchungen belegen (vgl. u. a. Bandura 1979, Mantell 1988; Selg 1982), daß menschliches Verhalten nicht durch einen angeborenen, vererbten Aggressionstrieb bestimmt wird, sondern aggressives Verhalten vielmehr das Produkt einer in den frühen Lebensjahren erlernten Reaktionsweise darstellt. Mayor (1990a, S. 14), amtierender Generaldirektor der UNESCO, verweist in diesem Zusammenhang auf die am 16. Mai 1986 beschlossene „Erklärung von Sevilla", in der namhafte Vertreter der verschiedensten humanwissenschaftlichen Disziplinen darlegen, daß „violence and war are not a genetic fate to which humankind is irrevocably bound".

Der Biologe Portmann (1971) konnte zeigen, daß der Mensch aufgrund seiner absoluten Hilflosigkeit nach der Geburt und seiner sozialen Abhängigkeit ein in hohem Maße sozial prägbares und auf Erziehung angewiesenes Wesen ist. Erst im interaktiven Dialog mit seiner sozialen Umgebung entwickelt sich der Mensch zu einem handlungsfähigen Wesen. Dies beinhaltet auch gleichzeitig – auf der Basis aktiver Lernprozesse – die Übernahme kultureller Normen und Werte. Durch entwicklungspsychologische Untersuchungen, beispielsweise von Spitz (1957, 1983) und Ainsworth (1976, 1977), konnte nachgewiesen werden, daß besonders die Beziehungen in den ersten Lebensjahren grundlegende Bedeutung für den Verlauf der weiteren Entwicklung eines Menschen besitzen.

Hinsichtlich der Persönlichkeitsentwicklung erkannte bereits in den 20er Jahren dieses Jahrhunderts der Individualpsychologe und Arzt Alfred Adler, daß jedes individuelle menschliche Leben als Ganzes, als Einheit zu betrachten ist und „jede einzelne Reaktion, jede Bewegung und jeder Impuls, ein klar erkennbarer Bestandteil einer individuellen Lebenseinstellung" (1978, S. 13) ist. Adler wendet sich deshalb in Übereinstimmung mit den Ergebnissen der anthropologischen Forschung gegen eine sektorale, in verschiedene Lebensbereiche dividierende Betrachtungsweise des Menschen und bezeichnet mit dem Terminus „Einheit des Individuums" das in der frühesten Kindheit erworbene „Lebensmuster", welches im gesamten späteren Leben handlungsleitend ist. In diesem Sinne sind alle Handlungen eines Menschen von einem individuell erworbenen Lebensstil bestimmt, der auch in den unterschiedlichsten Lebensbereichen ein und dieselbe Verhaltensmotivation impliziert.

Die dargestellten Ergebnisse humanwissenschaftlicher Untersuchungen zeigen übereinstimmend, daß der Mensch von Natur aus ein soziales, lern- und beziehungsfähiges sowie erziehbares und erziehungsbedürftiges Wesen ist, das in sozialer Interaktion einen individuellen Lebensstil entwickelt, der die Grundlage jeglicher Verhaltensmotivationen darstellt.

4 Die Bedeutung der Erziehung für die Lösung der Umweltprobleme

In den letzten Jahren schufen die verschiedenen mit Umweltthemen befaßten Fachdisziplinen umfangreiche wissenschaftliche Grundlagen zur Verringerung schädigender Einwirkungen auf Mensch und Umwelt. Doch ist festzuhalten, daß trotz dieses enormen Erkenntniszuwachses allein keine grundlegende Bewältigung der Umweltkrise bewirkt werden konnte. Obwohl intensive internationale Anstrengungen im Umwelt- und Naturschutz unternommen wurden und werden, besteht nach Kinzelbach (1989, S. 147) auch heute noch eine sehr große Diskrepanz zwischen ökosystemarem Fachwissen einerseits und umweltverantwortlichem Handeln der gesamten Menschheit andererseits. Aus diesem Dilemma wird nur ein Ausweg möglich sein, wenn die derzeit noch existierenden ethischen Defizite menschlichen Handelns durch Anstrengungen im pädagogischen und psychologischen Bereich behoben werden. Um diesen Herausforderungen begegnen zu können, ist – so Mayor (1990b, S. 257f.) – ein ethisches Gesamtkonzept zu entwickeln und zu vermitteln, welches auf den ethischen Imperativen der UNESCO aufbaut:

– daß, da Kriege im Geist der Menschen entstehen, auch die Bollwerke des Friedens im Geist der Menschen errichtet werden müssen ...
– daß die weite Verbreitung der Kultur und die Erziehung des Menschengeschlechts zur Gerechtigkeit, zur Freiheit und zum Frieden für die Würde des Menschen unerläßlich sind ...
– und daß der Friede, wenn er erhalten bleiben soll, auf der Grundlage der geistigen und moralischen Verbundenheit der Menschheit errichtet werden muß.

Die Verwirklichung dieser in der Präambel zur Verfassung der UNESCO verankerten humanistischen Ideale will die UNESCO u. a. über das „Erteilen von Anregungen für Erziehungsmethoden, die am besten geeignet sind, die Jugend der ganzen Welt auf die Verantwortlichkeiten freier Menschen vorzubereiten" (Artikel I der Verfassung) erreichen.

In der Praxis zeigen diese Bemühungen jedoch nur dann den gewünschten Erfolg, wenn auch die Natur des Menschen entsprechende Berücksichtigung findet. Die anthropologischen Grundlagen werden im Zusammenhang mit pädagogischen Bemühungen als conditio sine qua non angesehen. Fußend auf der von Adler nachgewiesenen „Einheit des Individuums" gilt dies aber nicht nur für das zwischenmenschliche Zusammenleben, sondern in gleicher Weise auch für das Verhalten des Menschen seiner Umwelt gegenüber.

Ein wirkliches Engagement für diese wird nur von demjenigen zu leisten sein, der auch die Belange des Menschen empathisch empfinden kann. Bereits der Club of Rome wies in seinem Bericht „Zukunftschance Lernen" darauf hin, daß Lösungen für Umweltprobleme nur im menschlichen Zusammenwirken, d. h. in Kooperation zu finden sind und warnt vor einem „Zurück zur Natur": „Die Suche nach solchen direkten Erfahrungen kann zu der Illusion führen, daß ... die zwischenmenschlichen Beziehungen vernachlässigt werden dürfen. Jedes Individuum ist gleichzeitig Teil der Gesellschaft und die Vorstellung, daß ein aktiver Rückzug aus der Gesellschaft möglich ist", führt zu „Isolation und Apathie" (Peccei 1981, S. 64). Diese Problematik wurde bereits 1927 von Adler erkannt: „Durch Ablenken der Gemeinschaftsbeziehungen von den Mitmenschen ..., kann die Entwicklung eines Menschen sogar völlig zum Scheitern gebracht werden. Fälle von Tierquälerei, die man so oft bei Kindern beobachtet, sind nur denkbar bei Annahme eines fast völligen Mangels von Einfühlung in das Empfinden anderer Wesen" (Adler 1983, S. 65). Dieser Ansatz darf jedoch nicht mit dem esoterisch-okkulten Mythos verwechselt werden, nach dem die ökologische Krise nur dadurch zu überwinden ist, „daß man Bäume umarmt und sich meditativ als Flechte fühlt" (vgl. Hummel 1989, S. 35). Vielmehr zeigt Adler auf, daß das Gefühl für Mensch und Natur nur in zwischenmenschlichen Beziehungen gelernt und erworben werden kann.

In den „Empfehlungen zur internationalen Erziehung" (Deutsche UNESCO-Kommission 1990, S. 23) hebt die UNESCO hervor, daß Menschen im Verlauf der Erziehung das Gefühl „immer größer werdenden Gemeinschaften" anzugehören, vermittelt werden muß. Dies sei notwendig, so die UNESCO, damit jeder Mensch ein nicht nur für sich selbst Verantwortung tragendes „Glied der Gemeinschaft" wird, sondern darüber hinaus sich auch für seinen Mitmenschen und seine Umwelt verantwortlich fühlt.

Um „das Gemeinsame aller Menschen" stärker als bisher in der Geschichte der Menschheit zu fördern, fordert Elster (1987, S. 5) alle verantwortungsbewußten Bürger auf, Wege zur Entwicklung des „Gemeinschaftsgefühls" zu suchen. Das Gemeinschafts- und Verantwortungsbewußtsein, auf das Elsters Äußerungen zielen, zeigt große Übereinstimmung mit den individualpsychologischen Erkenntnissen Adlers. Aufbauend auf anthropologischen Befunden zur sozialen Natur des Menschen stellte er die zwischenmenschliche Beziehung in den Mittelpunkt seiner Persönlichkeitslehre (Riedel 1990, S. 84) und führte den Begriff des „Gemeinschaftsgefühls" ein:

> Das Gefühl der Zusammengehörigkeit, das Gemeinschaftsgefühl wird in der Seele des Kindes bodenständig ... und bleibt durch das ganze Leben, nuanciert, beschränkt oder erweitert sich und erstreckt sich in günstigen Fällen nicht nur auf die Familienmitglieder, sondern auf den Stamm, das Volk, auf die gesamte Menschheit. Es kann sogar über diese Grenzen hinausgehen und sich dann auch auf Tiere, Pflanzen und andere leblose Gegenstände, schließlich sogar auf den Kosmos überhaupt ausbreiten (Adler 1983, S. 51).

Das Gemeinschaftsgefühl entwickelt sich nach Adler in der frühen Beziehung zur Mutter, „weil die Mutter die erste Person ist, mit der das Kind verbunden ist, sie ist das erste ‚Du', zu dem das Kind in soziale Stellung gerät" (Adler 1981, S. 93). Mit ‚Mutter' bezeichnet Adler das erste Gegenüber, die erste Bezugsperson des Kindes, die u. a. zwei wichtige Funktionen zu erfüllen hat: Sie muß dem Kind ein vertrauenswürdiger Mitmensch sein und es darüber hinaus auf die Aufgaben des Lebens vorbereiten, indem sie sein Interesse auf andere Menschen und schließlich „auf das ganze irdische Leben" lenkt (Adler 1981, S. 93). Das Kind „wird so zusehen, so zuhören, so handeln, wie es der Mutter gelungen ist, sein Interesse für sich zu gewinnen, auf die anderen auszubreiten" (Adler 1981, S. 91).

Ausschlaggebend für den Erziehungsprozeß ist deshalb nach Kaiser (1981, S. 49) die Persönlichkeit des Erziehers: „Die Ausgeglichenheit oder die Nervosität der Erzieherpersönlichkeit, ihre emotionale Reife und ihr Wertsystem, mit dem sie das kindliche Verhalten beurteilt und bejahend oder verneinend beeinflußt, gestalten die prägenden Eindrücke des Säuglings und zwar in einem Stadium, da er in größter Ohnmacht und Hilflosigkeit ganz auf seine Umgebung angewiesen ist".

Durch fortwährende Orientierung und Anleitung des Heranwachsenden verbunden mit stetem emotionalen Rückhalt und Ermutigung seitens der Bezugsperson entwickelt sich – im psychologisch-pädagogischen Sinne – ein vertrauensvolles Wechselspiel. Die Familie, als erste Gemeinschaft des Kindes, hat für spätere Lebenssituationen einen ausgeprägt modellbildenden Charakter, indem sie das Kind nach und nach mit den verschiedenen Aufgaben und Situationen des Lebens vertraut macht.

Demnach wird das Wertesystem, das für das gesamte spätere Leben – die Werthaltungen der Umwelt gegenüber implizierend (vgl. Teutsch 1985, S. 29 f) – handlungsleitend ist, v. a. in den ersten Lebensjahren ausgebildet.

Dies geschieht jedoch nicht durch Werteproklamation, sondern den sozialen Umgang des Kindes mit seinen Familienmitgliedern. Über die Familie hinaus sind alle weiteren Erziehungs- und Lehrpersonen sowie die peer groups des Heranwachsenden von großer Bedeutung, da sie fortsetzend fördernd oder als Korrektur wirksam sein können. In diesem Sinne ist abschließend mit Benning (1980, S. 79) festzuhalten: „Der Erzieher, der dem jungen Menschen ... Hilfe und Handbietungen leisten will, muß nicht nur selbst Werte bejahen und sie verkörpern, sondern auch den Mut zum erzieherischen Vorbild haben. Werte müssen sich personalisieren, d. h. in Persönlichkeiten inkarnieren, wenn sie anschaulich werden sollen".

5 Positive Werte und deren Vermittlung

Da der Mensch „auf Lernen und Erziehung angewiesen" (Weber 1979, S. 13) ist, muß der Erzieher seine pädagogischen Zielsetzungen an der Natur des Menschen orientieren. Voraussetzung hierfür ist v. a. eine wissenschaftlich abgesicherte Klärung der zu vermittelnden Werte. Nach Fromm (1986, S. 16) ist zu berücksichtigen, daß „ethische Normen in Qualitäten gründen, die dem Menschen innewohnen, und daß ihre Verletzung psychische und emotionale Desintegration zur Folge hat". In diesem Sinne markieren die in Kap. 3 vorgestellten humanwissenschaftlichen Forschungsergebnisse Eigentümlichkeiten des Menschen, die für die Erörterung positiver Werte grundlegend sind.

Im folgenden sollen darauf aufbauend einige für die psychosoziale Entwicklung des Kindes und Jugendlichen zentrale positive Werte wie Lernfreude, Kooperationsbereitschaft und das Anstreben gewaltfreier Konfliktlösungen, die mit gegenseitiger Achtung und Hilfe, Übernahme sozialer Verantwortung, Entwicklung von mitfühlender Toleranz und Solidarität in engem Zusammenhang stehen, in ihrer Bedeutung für die Umwelterziehung erläuternd dargestellt werden.

5.1 Lernfreude

Im Anschluß an die anthropologische Grundlage der Lernfähigkeit des Menschen muß an dieser Stelle noch einmal betont werden, daß das Lernen für das einzelne Individuum, für Gesellschaften und die menschliche Gemeinschaft als Ganzes zentrale Bedeutung hat (vgl. Deutsche UNESCO-Kommission 1979, S. 12). Ohne Lernen stagniert oder regrediert eine Gemeinschaft. Hierbei geht es immer um ein Dazulernen. Aus wissenschaftlichen Ergebnissen werden Schlüsse gezogen, Maßnahmen getroffen, und es wird Fehlentwicklungen vorgebeugt: „Das ganze Überleben unserer Art und ihr unvergleichlicher Evolutionserfolg waren von Anbeginn davon bestimmt, daß wir wie kein anderes Lebewesen Wissen erwerben, Wissen vermehren, Wissen weitergeben, Wissen speichern können, v. a. davon, daß wir wissen, wie man zu Wissen kommt" (Markl 1989, S. 19f.).

Das Kind am Ende des 20. Jahrhunderts wird in eine hochkomplexe, sich in ständiger Entwicklung befindende Gesellschaft mit vielfältigsten Problemen und Anforderungen eingeführt. Lernen, selbständiges Denken und Zusammenarbeit ist daher unerläßlich, um in dieser zu bestehen und zur Lösung der jeweils aktuellen Fragen beitragen zu können. Völlig untauglich und sogar im äußersten Maße gefährlich ist eine Forderung wie die Schönherrs (1989, S. 112), „sehr stark gegen das Denken zu denken", mit der alle wissenschaftlichen Untersuchungen als Irrtümer und Fehlleistungen der Menschheit diskreditiert werden sollen. Vielmehr benötigt jeder einzelne Mensch, um den heutigen Umweltproblemen im Denken und Handeln angemessen zu begegnen, die entsprechenden, wissenschaftlich fundierten Informationen über die Auswirkungen möglicher Eingriffe in den Naturhaushalt. Dies kann über gezielte Aufklärung erfolgen, deren positive Wirkung am Beispiel großangelegter zahnhygienischer Prophylaxemaßnahmen in der Schweiz deutlich wurde.

Die Bereitschaft zur Auseinandersetzung mit den aktuellen Problemen hängt – neben dem Grad der moralischen Urteils- und Handlungskompetenz – in entscheidendem Maße auch davon ab, ob und inwieweit der Mensch das Lernen gelernt hat (Deutsche UNESCO-Kommission 1979, S. 11). In diesem Zusammenhang ist auf den bereits eingangs zitierten Bericht des Bundesministeriums für Bildung und Wissenschaft (1990) hinzuweisen, in dem die große Bedeutung des Lernens für die Bewältigung der Umweltkrise hervorgehoben wird.

Umweltverantwortliches Handeln setzt die Bereitschaft voraus, sich lebenslang mit wissenschaftlichen Erkenntnissen aufgeschlossen auseinanderzusetzen und diese entsprechend in Handeln, das sich nach Graumann (1981, S. 125) aus den Elementen Wissen und Wollen zusammensetzt, leitend zu integrieren. Lebenslanges Lernen ist somit eine unerläßliche Grundbedingung zur Lösung der anstehenden Umweltprobleme.

Darüber hinaus ist es erforderlich, analog dem von komplexen Strukturen gekennzeichneten „System Biosphäre", daß jeder einzelne Grundlagen für ein wissenschaftlich begründetes komplexes Denken erlernt. Dörner (1976) wies in diesem Zusammenhang nach, daß diese Fähigkeiten bis heute noch nicht ausreichend ausgebildet worden sind und deshalb bei der Einschätzung von Entwicklungen eher lineare Trends angesetzt sowie Wirkungsanalysen von Nebeneffekten fast völlig unterlassen werden. Ergebnisse der ökologischen Forschung – u. a. im Rahmen des UNESCO-Programms „Der Mensch und die Biosphäre" (MAB) (vgl. Goerke u. Erdmann 1991) – belegen aber, daß angemessene Lösungen für Probleme im Umweltsektor nur durch eine systemare Herangehensweise zu finden sind. Aus dieser Erkenntnis muß gefolgert werden, daß besonders das Verständnis für systemare Gesamtzusammenhänge zu fördern ist. Denn nur wenn es gelingt, diese Fähigkeit gesamtgesellschaftlich zu verankern, besteht die Aussicht, für die anstehenden Umweltprobleme adäquate Lösungswege zu erarbeiten.

Entsprechend dem Wissen, daß Eltern eine „Schlüsselfunktion" bei der Erziehung ihrer Kinder innehaben, mißt die UNESCO der Erwachsenenbildung „bei der Vorbereitung der Eltern zur Wahrnehmung ihrer Aufgaben in der Vorschulerziehung sehr große Bedeutung zu" (Deutsche UNESCO-Kommission 1990, S. 22). Zu den wichtigsten Aufgaben des Erziehers gehört es, dem Kind Freude am Lernen zu vermitteln. Entsteht diese Lernfreude nicht oder geht sie wieder verloren, ist dies auf eine falsche Einführung ins Lernen zurückzuführen. Sei es, daß der Erzieher das Lernen selbst nicht als Wert anerkennt, er selber Irrtümern hinsichtlich des Lernens unterliegt (beispielsweise der „geborene" Mathematiker, das „Sprachgenie", der künstlerisch „Begabte") oder eine Störung in der Beziehung zum Kind vorliegt. So schreibt auch Geissler (1976, S. 205): „Lernen geht – bei aller angeborenen primären Neugierde – zweifellos nicht auf sich von selbst entfaltende Interessen und angeborene Motive zurück. Lernen ist immer unmittelbar von einem sozialen Bezugsfeld abhängig". Da Lernen nur in

Beziehung möglich ist, sind hierbei kognitive und affektive Komponenten eng miteinander verbunden.

5.2 Die Bereitschaft zur Kooperation

Ganz besonders am Problem der Umweltkrise wird deutlich: Was alle angeht, können auch nur alle lösen! Hierfür bedarf es einer engen Kooperation auf der Basis eines gewaltfreien Diskurses zwischen einzelnen Bürgern, Vertretern von Behörden, Institutionen und Staaten, d. h. einer engen Kooperation auf allen Ebenen.

Diese ist jedoch nur dann möglich, wenn keine Abwehr wissenschaftlicher Erkenntnisse zugunsten einer Ideologie stattfindet. Verwiesen sei auf ein Beispiel aus der ehemaligen DDR, wo auf Beschluß der Regierung das Waldsterben trotz eindeutiger wissenschaftlicher Befunde negiert wurde mit dem Hinweis, daß dieses im real existierenden Sozialismus aufgrund fehlender kapitalistischer Interessen nicht möglich sei.

Angesichts der Notwendigkeit von Kooperation zur Lösung der Umweltprobleme stellt sich die Frage, wie der Mensch befähigt wird, kooperativ zu handeln.

Untersuchungen der Individual- und Entwicklungspsychologie zeigen auf, daß die soziale Atmosphäre, in der das Lernen geschieht, entscheidend die Bereitschaft des Kindes zum Mittun, zur Kooperation beeinflußt, d. h. in dem Maße, wie das Kind von seinem Gegenüber eine mitmenschliche Anleitung bei der Bewältigung seiner Lebensfragen erfährt, wird es Kooperationsbereitschaft entwickeln und dadurch zum eigenständigen Mitspieler heranwachsen.

> Dieses frühkindliche Training in Kooperation bedeutet etwas anderes als eine behavioristische Konditionierung; es ist das Einüben einer Fähigkeit, die in der Natur des Menschen verankert liegt und für seine vollwertige Entfaltung unabdingbar ist. In seiner Bedeutung läßt es sich in der Tat dem Erlernen der Sprache vergleichen: Die Fähigkeit zu sprechen ist naturgegeben, erlernt kann sie nur werden durch Anleitung und eigenes Üben im sozialen Kontakt, ihre Entwicklung ist Voraussetzung für die Teilnahme am gemeinschaftlichen Leben, für differenzierte Verständigung und Tradition (Kaiser 1981, S. 55).

Erkennt der Erzieher Ansätze zur Kooperation, so wird er dem Kind helfend bei seinen Fragen zur Seite stehen, ihm aber die Gelegenheit geben, sich mehr und mehr in der selbständigen Bewältigung der Aufgaben und Schwierigkeiten zu üben. Konnte ein Kind kooperatives Empfinden und Verhalten nicht einüben, so zeigt sich dies in einer Distanz zwischen ihm und den Anforderungen des Lebens (vgl. Adler 1981, S. 105). Dies bedarf dann einer nachträglichen Korrektur in den folgenden Lebensphasen.

5.3 Anstreben gewaltfreier Konfliktlösung

In beobachtbarem Zusammenhang mit der sich entwickelnden Kooperationsbereitschaft steht die Fähigkeit, Konflikte friedlich, d. h. ohne psychische und physische Gewalt zu lösen (vgl. Kap. 3). Schneider (1991, S. 16) definiert Gewalt als eine „zielgerichtete, direkte physische, psychische und soziale Schädigung" und wendet sich damit ausdrücklich gegen den Begriff der „strukturellen Gewalt". Übertragen auf das Umweltproblem hieße dies, daß Umweltvandalismus, d. h. zerstörerisches Verhalten Umwelt und Natur gegenüber, nicht auf scheinbar repressiv wirkende gesellschaftliche Verhältnisse zurückzuführen ist, sondern auf in der Kindheit gelernten und in die weiteren Lebensphasen transferierten Verhaltensweisen beruht.

Das Bestreben zur Ausbildung und Einübung gewaltfreier Konfliktlösungen wurde bereits in der Präambel zur Verfassung der UNESCO von den Gründern als eine der wichtigsten Aufgaben der Menschheit hervorgehoben (vgl. Kap. 4). Die UNESCO spricht in diesem Zusammenhang auch von einem Konzept des „positiven Friedens". „Diese Formel steht für das Bemühen um interkulturellen Austausch und internationale Zusammenarbeit und auch dafür, daß in einer Zeit der Abwesenheit von Krieg (negativer Friede) die Voraussetzungen für seine Abschaffung herbeigeführt werden" (von Hasselt 1990, S. 11).

Um dieses Konzept zu realisieren, müssen jedem einzelnen – möglichst von Kindheit an – die Grundlagen für den Wert eines gewaltfreien Umgangs und das Anstreben gewaltfreier Konfliktlösungen vermittelt werden. Dies gelingt jedoch nur dann, wenn der Erzieher selber über das Wissen verfügt, daß der Mensch im Leben ohne Gewalt und aggressives Verhalten auskommen kann.

Treten aber dennoch aggressive Verhaltensweisen im Zusammenleben auf, so muß dies als Folge eines mißglückten Sozialisationsprozesses angesehen werden. Bereits Adler stellte Unmuts- und Aggressionsregungen in den Zusammenhang mit Insuffizienzgefühlen bzw. mit einer – gefühlsmäßigen – Verwahrlosung (1974, S. 326–336).

Aus diesem Grunde sind alle Ansätze, die das ungehemmte Ausleben von Aggressionen mit angeblich kathartischer, d. h. sich entladender bzw. reinigender Wirkung zum Ziel haben (Gestaltpädagogik, Gestalttherapie, Psychodrama u. a.), als unwissenschaftlich abzulehnen.

Im Rahmen seiner „sozialen Lerntheorie" stellte Albert Bandura (1979) fest, daß das Kind vieles durch Beobachtung von Verhaltensweisen anderer Menschen – er spricht von „Modellen" – lernt. Das Kind beobachtet den Erwachsenen, wie dieser Probleme löst, orientiert sich an ihm und ahmt ihn gegebenenfalls nach. Der Erzieher ist somit – bewußt oder unbewußt – als Modell ein Vorbild für das Kind.

Darüber hinaus wies Bandura nach, daß die Darstellung von Gewalt im Fernsehen als wichtige Quelle der Beeinflussung anzusehen ist. Zu gleichen Ergebnissen kommt Glogauer (1989) im Hinblick auf den Konsum von Videofilmen. Nach Christoffel, die sich auf mehrjährige Langzeituntersuchungen in Australien, Israel, Polen und den Niederlanden bezieht, zeigt sich „kulturübergreifend eine bemerkenswerte Konstanz der Befunde, so daß die ‚Stimulationshypothese', d. h. die Annahme, daß Mediengewalt zu einer allgemeinen Zunahme aggressiven Verhaltens führt, als bestätigt gelten kann" (1990, S. 5). An dieser Stelle stellt sich die Frage, ob künftig die Medien nicht positiver genutzt werden sollten, indem sie prosoziales Verhalten und umweltverantwortliches Handeln als Modell dem Zuschauer jeden Alters vorführen.

Wie schon zuvor angedeutet, hat der Erzieher als positives Vorbild eine wichtige Funktion im Erziehungsprozeß inne, denn jener „muß sich selbst so verhalten, wie es den Erziehungszielen und dem gesicherten Wissen über die Bedeutung des

Beispiels des Erziehers entspricht" (Brezinka 1988, S. 533). Außerdem muß der Erzieher gegen jedwede Art von Gewalt deutlich Stellung nehmen und gewalttätiges Verhalten, d. h. die Tat – und nicht die Person selbst – als solche charakterisieren und negativ bewerten. Dies ist notwendig, da eine fehlende Stellungnahme eine Billigung derartigen Verhaltens bedeutet. Anschließend ist es aber erforderlich, daß der Erzieher in einem weiteren Schritt das Kind zu einer friedlichen Konfliktlösung anleitet. So gehört es z. B. zu seiner Aufgabe, dem Kind zu zeigen, wie es seine eigenen Vorstellungen und Interessen einbringen kann, ohne daß das „Recht des Stärkeren" handlungsleitend wird. Es gilt aus der Sicht der UNESCO, sein „aktives soziales Handeln" (Deutsche UNESCO-Kommission 1990, S. 19), d. h. seine Initiative und die Rücksichtnahme auf die Interessen und Wünsche anderer, zu fördern.

Demnach ist es von großer Bedeutung, daß Kinder und Jugendliche lernen, „einerseits ihre eigenen Rechte und Freiheiten zu nutzen, andererseits auch die Rechte anderer anzuerkennen und zu respektieren und soziale Verpflichtungen zu übernehmen" (Deutsche UNESCO-Kommission 1990, S. 19).

6 Resumée und Ausblick

Am Ende des 20. Jahrhunderts steht die Menschheit wie niemals zuvor in ihrer Geschichte vor vielfältigsten Herausforderungen. Es ist deshalb unerläßlich, sich mit menschlichem Handeln und im speziellen mit dem Komplex handlungsleitender Wertvorstellungen zu beschäftigen.

Die Ausführungen verdeutlichen, daß die Zukunft von Mensch und Umwelt davon abhängt, ob und inwieweit es gelingt, auf der Basis anthropologischer Grundlagen einen interkulturellen Konsens über die Bedeutung und Inhalte der Erziehung zu erzielen. Zur Bewältigung heutiger und künftiger Aufgaben und Probleme ist es unabdingbar, die positiven Werte Lernfreude, Bereitschaft zur Kooperation sowie das Anstreben gewaltfreier Konfliktlösungen zu erlernen und weiterzuvermitteln, was, um mit einem Begriff von Staudinger (1974, S. 188) zu sprechen, „eine ungeheure Erziehungsarbeit" erfordert. Nur wenn die Bereitschaft und Fähigkeit zur Lösung von Problemen über den individuellen Rahmen hinaus auch auf gesellschaftliche und sogar globale Aufgaben – mit Perspektive auf künftige Generationen – ausgedehnt werden kann, ist es möglich, auf Fragen der Zeit angemessen zu reagieren. Gerade in der heutigen hochkomplex strukturierten Welt bildet die menschliche Verbundenheit die Voraussetzung dafür, daß sich jeder Einzelne verantwortlich fühlt und auch Verantwortung für die ihn direkt oder indirekt betreffenden Lebensbereiche übernimmt. Soziales Verantwortungsgefühl ist somit das Fundament für die Ausbildung eines Gewissens für Mensch und Umwelt. Wie gezeigt wurde, kann dieses jedoch nur auf der Grundlage des Gemeinschaftsgefühls im Sinne Adlers entstehen.

Literatur

Adler A (1974) Praxis und Theorie der Individualpsychologie. Frankfurt/Main
Adler A (1978) Lebenskenntnis. Frankfurt/Main
Adler A (1981) Individualpsychologie in der Schule. Vorlesungen für Lehrer und Erzieher. (5. Auflage) Frankfurt/Main
Adler A (1983) Menschenkenntnis. (18. Auflage) Frankfurt/Main
Ainsworth MDS (1976) Infancy in Uganda: Infant Care and the Growth of Love. Baltimore
Ainsworth MDS (1977) Feinfühligkeit versus Unempfindlichkeit gegenüber den Signalen des Babys. In: Grossmann KE (Hrsg) Entwicklung der Lernfähigkeit in der sozialen Umwelt. München, S 96–107
Bandura A (1979) Aggression. Eine sozial-lerntheoretische Analyse. Stuttgart
Benedict R (1955) Urformen der Kultur. Hamburg
Benning A (1980) Ethik der Erziehung. Grundlegung und Konkretisierungen einer pädagogischen Ethik. Freiburg i.Br.
Braunmühl E von (1975) Antipädagogik. Studien zur Abschaffung der Erziehung. Weinheim
Brezinka W (1988) Die Lehrer und ihre Berufsmoral. In: Pädagog Rundsch 42:541–563
Bundesministerium für Bildung und Wissenschaft (Hrsg) (1990) Schutz der Erdatmosphäre – eine Herausforderung an die Bildung. Zur Umsetzung der Empfehlungen der Bundestags-Enquete-Kommission „Vorsorge zum Schutz der Erdatmosphäre" in das Bildungssystem. Bonn
Christoffel J (1990) Gewalt am Bildschirm. In: Die Neue Schulpraxis 9/1990:5–9
Darwin C (1871) The Descent of Man. London
Deutsche UNESCO-Kommission (Hrsg) (1979) Empfehlung über die Entwicklung der Weiterbildung – verabschiedet von der 19. Generalkonferenz der UNESCO am 26. November 1976. (2. Auflage) Bonn
Deutsche UNESCO-Kommission (Hrsg) (1990) Empfehlung über die Erziehung zu internationaler Verständigung und Zusammenarbeit und zum Frieden in der Welt sowie die Erziehung zur Achtung der Menschenrechte und Grundfreiheiten. (2. veränderte Auflage) Bonn
Dörner D (1976) Problemlösen als Informationsverarbeitung. Stuttgart
Elster H-J (1987) Verantwortung in Wissenschaft, Technik, Bildungspolitik und Gesellschaft. In: Elster H-J (Hrsg) Möglichkeiten, Grenzen und ethische Probleme der Biotechnik. Stuttgart, S 1–6
Erdmann K-H, Kastenholz H (1990) Prosoziales Verhalten lernen – Handlungsleitende Perspektiven zur Weiterentwicklung des UNESCO-Programms „Der Mensch und die Biosphäre" (MAB). MAB-Mitt 33:74–77
Foucault M (1961) Histoire de la folie à l'âge classique. Paris
Foucault M (1976–1984) Histoire de la sexualité, Bd I–III. Paris
Fromm E (1986) Psychoanalyse und Ethik. Bausteine zu einer humanistischen Charakterologie. (2. Auflage) München
Geissler EE (1976) Analyse des Unterrichts. (3. Auflage) Bochum
Glogauer W (1989) Videofilm-Konsum der Kinder und Jugendlichen. (2. Auflage) Bad Heilbrunn/Obb
Goerke W, Erdmann K-H (1991) Das ökologische Programm der UNESCO „Der Mensch und die Biosphäre" (MAB). Verhandlungen der Gesellschaft für Ökologie 19/III:563–574
Graumann CF (1981) Forschung als Handeln. Zur Moralpsychologie von Wirkung und Verantwortung. In: Kruse L, Kumpf M (Hrsg) Psychologische Grundlagenforschung: Ethik und Recht. Bern, S 117–137

Hasselt J von (1990) Einleitung zu der Empfehlung zur ‚internationalen Erziehung'. In: Deutsche UNESCO-Kommission (Hrsg) Empfehlung über die Erziehung zu internationaler Verständigung und Zusammenarbeit und zum Frieden in der Welt sowie die Erziehung zur Achtung der Menschenrechte und Grundfreiheiten. (2. veränderte Auflage) Bonn, S 7–14

Hillmann K-H (1989) Wertwandel. Zur Frage soziokultureller Voraussetzungen alternativer Lebensformen. (2., bibliographisch ergänzte Auflage) Darmstadt

Hummel R (1989) New Age – Das „neue Zeitalter" als Herausforderung für die alten Kirchen. In: Aus Politik und Zeitgeschichte B 40/89:30–38

Jonas H (1984) Das Prinzip Verantwortung. Versuch einer Ethik für die technologische Zivilisation. Frankfurt/Main

Kaiser A (1981) Das Gemeinschaftsgefühl – Entstehung und Bedeutung für die menschliche Entwicklung. Eine Darstellung wichtiger Befunde aus der modernen Psychologie. Zürich

Keeney RL, Renn O, von Winterfeld D, Kotte U (1984) Die Wertbaumanalyse. Entscheidungshilfe für die Politik. München

Kinzelbach RK (1989) Ökologie – Naturschutz – Umweltschutz. Darmstadt

Leakey RE, Lewin R (1978) Wie der Mensch zum Menschen wurde. Neue Erkenntnisse über den Ursprung und die Zukunft des Menschen. Hamburg

Malinowski B (1975) Eine wissenschaftliche Theorie der Kultur. Frankfurt/Main

Mantell DM (1988) Familie und Aggression. Zur Einübung von Gewalt und Gewaltlosigkeit. Frankfurt/Main

Markl H (1989) Wissenschaft: Zur Rede gestellt. Über die Verantwortung der Forschung. München

Mayor F (1990a) Introduction. In: United Nations Educational, Scientific and Cultural Organization (Hrsg) Third Medium-Term Plan (1990-1995). Paris, S 11–22

Mayor F (1990b) Der Macht die Wahrheit sagen – wir brauchen eine neue Ethik. In: UNESCO heute 37:255–258

Meadows DL, Meadows DH (1972) The Limits of Growth. New York

Montagu MFA (1968) The Direction of Human Development. New York

Montagu MFA (1984) Zum Kinde reifen. Stuttgart

Morel J (1975) Wandel im Wertsystem. In: Hanf Th, Hattich M, Hilligen W, Vente RE, Zwiefelhofer H (Hrsg.) Funk-Kolleg Sozialer Wandel, Bd. 1. Frankfurt/Main, S 204–272

Peccei A (Hrsg) (1981) Zukunftschance lernen. Bericht des Club of Rome für die 80er Jahre. (2. Auflage) München

Portmann A (1971) Entläßt die Natur den Menschen? (2. Auflage) München

Riedel U (1990) Lernstörung und Lebensstil. Die Bedeutung Alfred Adlers für das pädagogische Handeln. Zürich

Rudolph W (1959) Die amerikanische „Cultural Anthropology" und das Wertproblem. Berlin

Schneider HJ (1991) Gewalt in der Schule. Eine kriminologische Studie. In: Kriminalistik 45; 1:15–24

Schönherr HM (1989) Von der Schwierigkeit Natur zu verstehen. Entwurf einer negativen Ökologie – Kritik ökologischen Denkens. Frankfurt/Main

Schörner GE (1989) Moralische Erziehung. Bonn

Seib W (1988) Zur Weltkulturdekade. In: Deutsche UNESCO-Kommission (Hrsg) Die Weltdekade für kulturelle Entwicklung (1988-1997). Bonn, S 5–30

Selg H (Hrsg) (1982) Zur Aggression verdammt? (6. Auflage) Stuttgart

Simpson GG (1972) Biologie und Mensch. Frankfurt/Main

Smelser NJ (1972) Theorie des kollektiven Verhaltens. Köln

Spitz RA (1957) Die Entstehung der ersten Objektbeziehungen. Stuttgart

Spitz RA (1983) Vom Säugling zum Kleinkind. Stuttgart

Staudinger M (1974: Aspekte und Schwerpunkte bei der Durchführung des UNESCO-Programms „Der Mensch und die Biosphäre". In: Deutsche UNESCO-Kommission (Hrsg) Der Mensch und die Biosphäre. Bericht über ein internationales Symposium vom 14. bis 19. Juni 1971 in Bonn-Bad Godesberg. Köln, S 183-188

Teutsch GM (1985) Lexikon der Umweltethik. Göttingen Düsseldorf

Teutsch GM (1988) Schöpfung ist mehr als Umwelt. In: Bayertz K (Hrsg) Ökologische Ethik. München, S 55-65

Torney JV (1981) Internationale Menschenrechte und Werte-Erziehung. In: Bundeszentrale für politische Bildung (Hrsg) Die Menschenrechte - eine Herausforderung der Erziehung. - Schriftenr Bundeszent polit Bildung 181:91-103

Weber E (1979) Pädagogik. Eine Einführung - Band 1: Grundfragen und Grundbegriffe. (7. Auflage) Donauwörth

Umwelterziehung – allgemeine psychologische Grundlagen

Erziehung zu umweltgerechtem Handeln setzt Erziehung zur Mitmenschlichkeit voraus

Edeltraut Haltner-Mylaeus und Thomas Mylaeus (Köln)

1 Zusammenfassung

Ausgehend von der Tatsache, daß globale Umweltprobleme globale Antworten verlangen, ergibt sich die Notwendigkeit interkultureller Kooperation. Um diese zu ermöglichen und eine langfristig tragfähige Basis zur Lösung der Umweltprobleme zu schaffen, bedarf es in den verschiedenen Kulturen der Welt einer kulturellen Evolution. Soll diese konstruktiv und zum Wohle der Menschheit verlaufen, so muß sie an den wissenschaftlichen Erkenntnissen über den Menschen und an einer anthropozentrischen Werthaltung orientiert sein. Zudem ist Aufklärung über Umweltprobleme und ihre ökologischen Lösungsmöglichkeiten notwendig, aber, wie die Erfahrung lehrt, häufig nicht hinreichend, um die Menschen zu Konsequenzen in ihrem Handeln anzuregen. Dies führt zu der Frage, welche Erkenntnisse die Psychologie bereithält, um gewissermaßen präventiv – die Basis für umweltgerechtes Handeln bereits im Erziehungsprozeß zu legen. In diesem Zusammenhang werden die elementaren psychologischen Prozesse, die zur Entstehung von zwischenmenschlicher Beziehungsfähigkeit, Mitgefühl und Übernahme sozialer Verantwortung führen können, aus tiefenpsychologischer und entwicklungspsychologischer Perspektive dargestellt. Diese sozialen Fähigkeiten, deren Entwicklung mit der Bildung einer humanen, auf den Mitmenschen orientierten Werthaltung einhergeht, kommen nicht nur in der Beziehung zum Mitmenschen zum Tragen, sondern erweisen sich als grundlegend für das Verhältnis des Menschen zur gesamten belebten und unbelebten Natur. Daraus folgt, daß Kinder ihren Bezug zur Umwelt über die Brücke ihrer Beziehungen zu ihren Eltern und Erziehern entwickeln. Dabei ist die je individuelle Art, in der ein Kind sich sein Welt- und Menschenbild unter dem Einfluß seiner Umgebung erwirbt, einfühlbar und verstehbar. Umwelterziehung kann und muß an diese grundlegenden Prozesse anknüpfen.

2 Die Umweltkrise aus psychologischer Perspektive

Der Herausforderung der Umweltprobleme, wie z. B. der Veränderung der Atmosphäre und des Klimas, der Bedrohung des Wasserhaushaltes und des Artenreichtums (vgl. Spektrum der Wissenschaft 11/1989), kann heute nur mit global abgestimmten Antworten begegnet werden. Bundesumweltminister Töpfer (1990, S. 3) führt hierzu aus:

Globale Umweltprobleme wie die Ausdünnung der Ozonschicht, der Treibhauseffekt, die Vernichtung der Regenwälder und die Verschmutzung von Flüssen und Meeren drängen immer stärker in den Vordergrund der Politik. All diesen Feldern ist gemein, daß sie die internationale Gemeinschaft der Staaten und Völker vor neuartige Aufgaben stellen, die nur durch Zusammenarbeit und gemeinsames Handeln zu meistern sind.

Damit steht die Menschheit historisch vor einer neuen Aufgabe: Die sehr unterschiedlichen Kulturen der Welt mit ihrem breiten Spektrum an Welt- und Menschenbildern, den vielfältigen politischen und religiösen Überzeugungen, basierend auf quantitativ und qualitativ sehr verschiedenen ökonomischen Grundlagen und Systemen, müssen einen Weg zu konstruktiver Kooperation entwickeln, um den Planeten Erde als Lebensraum für die Menschheit zu erhalten und zu pflegen.

Als global verbreitete Art verändern wir die Erde, und nur als globale Art – indem wir unser Wissen austauschen, unsere Handlungen aufeinander abstimmen und untereinander teilen, was der Planet zu bieten hat – haben wir eine Chance, die schon eingeleitete Umformung des kleinen Himmelskörpers, den wir unsere Welt nennen, in die Bahnen einer auf Dauer angelegten Entwicklung zu lenken. Bewußtes, durchdachtes und künftigen Generationen verpflichtetes Management der Erde ist eine der großen Herausforderungen für die Menschheit an der Wende zum 21. Jahrhundert. (Clark 1989, S. 48)

Der britische Zoologe Huxley, einer der Gründerväter der UNESCO, faßte die in diesem Zusammenhang notwendigen Prozesse in den Begriff der „kulturellen Evolution", die auf der Basis eines „evolutionären Humanismus" als Menschheitsaufgabe entwickelt werden müsse (vgl. Huxley 1964). Dabei gehe es darum, alle verfügbaren wissenschaftlichen Kenntnisse des Menschen, insbesondere diejenigen über das Leben und die Psyche, für eine „psychosoziale" Entwicklung nutzbar zu machen; „doch große Bruchstücke dieses neuen Wissens liegen ungenützt herum, ... sie werden nicht in unmittelbare Beziehung zum menschlichen Leben und zu dessen Problemen gesetzt" (S. 14). Die vorliegende Arbeit versucht, einige dieser „Bruchstücke" aufzugreifen. Der aus der Tradition des klassischen Humanismus erwachsene und weiter zu entwickelnde Humanismus Huxleys „will nichts zu tun haben mit Absolutem, einschließlich absoluter Wahrheit, absoluter Moral, absoluter Vollkommenheit und absoluter Autorität, doch betont er nachdrücklich, daß wir die Möglichkeit haben, geeignete Maßstäbe zu finden, auf die wir uns in unseren Handlungen und Absichten beziehen können" (S. 15 f.). Das „Absolute" ist nicht Gegenstand erfahrungswissenschaftlicher, sondern eher theologischer und philosophischer Betrachtungen. Huxley stellt sich in die Tradition der Aufklärung und der Evolutionstheorie Darwins, wenn er konstatiert:

Nur weil der Mensch eine Psyche besitzt, ist er zum beherrschenden Element dieses Planeten geworden und zu dem Geschöpf, das durch sein Handeln für dessen künftige Evolution verantwortlich ist. Und er wird allein durch den richtigen Gebrauch dieser psychischen Fähigkeiten imstande sein, seiner Verantwortung gerecht zu werden. Nur zu leicht könnte er bei dieser Aufgabe versagen; Erfolg wird ihm nur zuteil werden, wenn er sie bewußt ins Auge faßt und sich aller seiner geistigen Hilfsmittel bedient – des Wissens und der Vernunft, der Phantasie und des Einfühlungsvermögens, der Liebesfähigkeit und der Fähigkeit zu staunen und zu verstehen, der Fähigkeit geistigen Höhenflugs und ethischen Strebens. (S. 21 f.)

Wie im weiteren klar werden soll, bestätigen die Kenntnisse der Psychologie diese Ansicht Huxleys. Was ist mit dem „richtigen Gebrauch" unserer psychischen Fähigkeiten gemeint? Hierzu gibt Huxley folgenden Hinweis:

> Ebenso muß selbstverständlich die evolutionäre Weltanschauung wissenschaftlich sein – nicht in dem Sinne, daß sie andere menschliche Tätigkeitsbereiche ablehnt oder vernachlässigt (gemeint sind z. B. Kunst und Religion, d. V.), sondern im Glauben an den Wert wissenschaftlicher Methoden, wenn es darum geht, aus der Unwissenheit das Wissen und aus dem Irrtum die Wahrheit ans Licht zu bringen – sich selbst auf den Boden wissenschaftlich bewiesener Tatsachen zu stellen. (S. 29).

Hier sei erwähnt, daß die Behauptung von Vertretern irrationaler Strömungen des gegenwärtigen Zeitgeistes, die globale Gefährdung der Lebensräume sei ein Produkt wissenschaftlicher Erkenntnisse und Methoden, deshalb sei die heutige Wissenschaft zur Lösung dieser Probleme nicht zu gebrauchen, jeder Basis entbehrt. Wesentliche Verbesserungen der Lebensbedingungen zum Wohle der Menschen in aller Welt sind erst als Ergebnis wissenschaftlicher Arbeit möglich geworden, wobei nicht zwangsläufig eine Schädigung der Natur die Folge war. Es ist nicht die wissenschaftliche Erkenntnis, die zu den Problemen führt, sondern vielmehr die Unkenntnis ökologischer Zusammenhänge. Wo diese Kenntnisse vorhanden sind, ohne zu einer Verbesserung der Situation zu führen, muß ein Mangel an humaner Wertorientierung vermutet werden.

Engagierte Umweltschützer, Wissenschafter und Politiker bemühen sich seit Jahrzehnten weltweit mit zunehmendem Erfolg, der Menschheit mittels Information und Aufklärung die ökologische Problematik zu Bewußtsein zu bringen und konkrete Lösungen zu entwerfen. Eine bedeutende Erfahrung, die aus diesem Engagement erwachsen ist, beschreibt Ruckelshaus (1989, S. 156) folgendermaßen: „In den USA gibt es Umweltregelungen, die in ihrer Strenge nirgendwo überboten werden, und in den letzten 15 Jahren ergaben alle Meinungsumfragen den Wunsch der amerikanischen Bevölkerung, daß das Engagement des Staates für den Umweltschutz verstärkt werden solle; dennoch ist der Lebensstil der Bevölkerungsmehrheit weltweit am verschwenderischsten, und er belastet die Umwelt mehr als in jedem anderen Land." Ruckelshaus macht darauf aufmerksam, daß das Akzeptieren von Werten nicht zum Handlungsvollzug führt: „Reden ist nicht Handeln" (S. 156).

Dieser Sachverhalt, der übrigens auch in anderen Bereichen – zum Beispiel in der Gesundheitserziehung und -vorsorge – beobachtet wurde, ist nicht neu. Auch aus der sozialpsychologischen Einstellungsforschung ist die Diskrepanz zwischen verbal geäußerten Einstellungen und konkretem Verhalten hinlänglich bekannt. Kruse (1990, S. 84) weist darauf hin, daß diese im Bereich Umweltbewußtsein/ Umweltschutz besonders deutlich ist und folgert, daß Interventionsansätze, die ausschließlich Wissen und Bewertung aufgreifen, nicht für eine Veränderung des Umweltverhaltens ausreichen. Umfangreiche Information und Aufklärung sind unverzichtbar, ihre Wirkung wird vielfach unterschätzt. Sie reichen jedoch häufig nicht hin, die Mehrheit der Menschen zu den notwendigen Konsequenzen im Alltag zu bewegen.

Im folgenden wird von „Wertorientierungen" nur dann gesprochen, wenn sie auch handlungsleitend sind. Einerseits impliziert dies, daß die Wertorientierung eines Menschen eher an seinen Handlungen als an seinen Worten abgelesen werden kann. Andererseits ergibt sich die Frage, wie aus einem verbalen Bekenntnis zu einem positiven Wert eine (handlungsleitende) Wertorientierung werden kann.

Aus der psychologischen Forschung ist bekannt, daß Werte im individuellen Erziehungsprozeß zu einem großen Teil unbewußt vermittelt werden. Dieser Vorgang ist eingebettet in die Tradierung der Kultur und wirkt auf diese zurück. Die Werte, nach denen der Mensch sein Handeln tatsächlich ausrichtet, sind im wesentlichen in seinem Gefühlsleben verankert; sie gehen gewissermaßen aus der „Summe der Lebenserfahrungen" – besonders in Kindheit und Jugend – sowohl durch emotionale als auch durch rational-kognitive Verarbeitungs- und Orientierungsprozesse hervor (vgl. dazu z. B. Ansbacher u. Ansbacher 1982, S. 153; Brezinka 1981, S. 226f.). Der Verlauf dieses Wertbildungsprozesses hängt von in der Psychologie wohlbekannten Bedingungen ab, deren Kenntnis eine notwendige Voraussetzung dafür ist, die Wertbildung nicht dem Zufall zu überlassen, sondern die Verantwortung für die Vermittlung geeigneter Werte übernehmen zu können.

Um umweltgerechtes Handeln als Teil und Ausdruck der Kultur und ihres Wertesystems mit langfristiger Perspektive zu etablieren ist es also notwendig, den individuellen Wertbildungsprozeß zu verstehen und begleitend zu fördern. Zugleich stellt sich die Frage, welche Werte umweltgerechtes Handeln ermöglichen und begünstigen. Aus den im weiteren dargestellten psychologischen Erkenntnissen folgt, daß es um die Vermittlung und Stärkung einer humanen, am Mitmenschen orientierten Werthaltung gehen muß und nicht darum, diese zugunsten einer natur- und umweltzentrierten Ethik zu relativieren.

Daraus ergeben sich spezifische Zielsetzungen für die Pädagogik, so zum Beispiel die Förderung prosozialen Handelns und konstruktiver Kooperation. Diese Ziele, die nur in einer sozial-integrativen Erziehung realisiert werden können, gewährleisten eine friedliche, kontinuierliche Weiterentwicklung im Sinne der kulturellen Evolution. Dabei zeigt die psychologische Forschung, daß humane Werthaltungen als Erziehungsziel nicht isoliert erreicht werden können. Vielmehr sind dazu eine Reihe von Voraussetzungen zu erfüllen, die für einen gesunden Entwicklungsverlauf der Menschen allgemein unabdingbar sind. Der Darstellung und Erklärung einiger dieser grundlegenden Gegebenheiten widmet sich der 4. Teil dieser Arbeit.

3 Exkurs: Kann Psychologie eine wertfreie Wissenschaft sein?

Die Auseinandersetzung mit dem Thema „Umwelterziehung" macht gegenwärtig eine Abgrenzung in zweifacher Hinsicht erforderlich: Zum einen hinsichtlich des Problems einer „wertfreien" psychologischen und pädagogischen Wissenschaft und zum anderen hinsichtlich wissenschaftsfeindlicher, ideologisch geprägter Ansätze der Neuen Linken (vgl. Brezinka 1981), der Grünen (vgl. Uhl 1990) und assoziierter Strömungen des Zeitgeistes (z. B. die Gestalttherapie und -pädagogik).

Max Webers Postulat, nach dem in den Sozialwissenschaften Werturteile von Erfahrungswissen streng unterschieden werden sollen, hatte starke und z. T. fruchtbare Auswirkungen auf die empirische Soziologie und Psychologie, indem es die eindeutig ideologisch geprägten Aussagen in diesem Bereich als solche zu kennzeichnen aufforderte und so zu einer Versachlichung der Fachdiskussion beitrug. Im Laufe der letzten Jahrzehnte wurde die Wertebene jedoch zunehmend aus dem Bereich dieser Erfahrungswissenschaften ausgegliedert, und zwar in der Soziologie fast vollständig, aber auch in weiten Bereichen von Psychologie und Pädagogik. Dies führte dazu, daß empirische Befunde konstatiert werden, ohne sie auf ihre Bedeutung für das Wohl der Menschen zu prüfen und öffnete so beliebigen – zumeist ideologisch motivierten – Deutungen und Wertungen Tür und Tor. Die Absicht Webers wurde dadurch in ihr Gegenteil verkehrt; somit erfordert dieses Problem heute eine differenziertere Betrachtung.

Gibt der Wissenschaftler seine normativen Voraussetzungen und Schlüsse zusätzlich zu den festgestellten Tatsachen an, so „läßt sich begründen und nachweisen, daß die empirische Wissenschaft das Wertfreiheitspostulat überwinden sollte, um nicht ein Vakuum für irrationalistische Strömungen entstehen zu lassen, daß der (empirische) Wissenschaftler immer schon zumindest implizit wertet bzw. werten muß, und daß Wertungen besser explizit und dadurch kritisierbar gemacht werden sollten" (Groeben 1979, S. 52). Groeben, der in der zitierten Arbeit diesen Nachweis durchführt, ist sich dabei bewußt, daß der – auch von ihm vorausgesetzte – Tatsachen-Norm-Dualismus nicht unumstritten ist, den Kern der Beweisführung jedoch nicht berührt. Er stellte bereits 1979 fest, daß das absolute Wertfreiheitspostulat eine Gefahr darstellt,

> die Gefahr, daß die wissenschaftsinterne Wertungsabstinenz für wissenschaftsexterne Wertungsdynamik besonders anfällig macht und dadurch die Verwertung der Ergebnisse völlig ungesteuert externen und damit unkritisierten, unüberprüften Wertungen überlassen bleibt. Das Wertfreiheitspostulat erfüllt daher heute nicht mehr eine antiideologische Funktion, sondern vielmehr eine potentiell ideologische: indem es eine unnötige (und wie zu zeigen ist, eine unberechtigte) Grenze für rationale Kritik aufbaut. Denn die „Identifizierung von Objektivität und Rationalität klassifiziert Werturteile als (notwendig?) irrational ab" ..., und der rigorose Rückzug der empirischen Wissenschaften aus dem Bereich der Ziel- und Normentscheidungsbegründung macht dieses Gebiet zu einem „Vakuum, das zwangsläufig von irrationalistischen Strömungen ausgefüllt wird" (S. 53).

Die zunehmende Ausgrenzung der Wertebene aus der empirischen Psychologie und Pädagogik verstärkte seither tatsächlich einen irrationalen Wertrelativismus; Werturteile brauchen demnach nicht auf Widersprüche zu den Ergebnissen der Erfahrungswissenschaften geprüft zu werden.

Die „alternative Pädagogik" und die „Antipädagogik" vertreten implizit und explizit eine Negation kultureller Werte in dem Glauben, so zur „wahren menschlichen Natur" vorzudringen. Aus dieser Perspektive wird jede erzieherische Einwirkung als notwendig schädlich für die „freie Entfaltung" des Kindes angesehen; die Lehrer werden als „Sadisten" diffamiert (von Braunmühl 1991). Die gemäß dieser Auffassung Erzogenen sollen prädestiniert sein, die gegenwärtige Gesellschaft auf revolutionärem Wege zu beseitigen und eine „freie" (wertfreie?!), „menschen- und umweltgerechte" Gesellschaftsform zu entwickeln. Ironischerweise benutzt diese „Bewegung" gerade das vom kritischen Rationalismus so überspitzt vertretene Wertfreiheitspostulat der empirischen Wissenschaft, um dieser jede Berechtigung zu wertenden Stellungnahmen und Empfehlungen für die Praxis abzusprechen und den Vorwurf des Dogmatismus zu erheben, wo dies doch geschieht. Auf diese Weise wird zugleich versucht, eigenen Dogmatismus und eigene Ignoranz gegenüber den Erfahrungswissenschaften unter dem Deckmantel von „Wissenschaftspluralismus" zu verschleiern, um andere, zumeist politische Ziele zu verfolgen.

In diesem Umfeld zeigt sich auch eine ausgeprägte Feindschaft gegen die empirischen Ansätze von Psychologie und Pädagogik sowie gegen die empirischen Wissenschaften und ihren Anspruch auf Objektivität überhaupt. Alte, von den Erfahrungswissenschaften längst widerlegte Vorurteile, wie z. B. die Annahme eines „Aggressionstriebes" und die Notwendigkeit einer „Abfuhr" von Triebenergie (Katharsis) (vgl. u. a. Selg 1982), die Meinung, wertsetzende Erziehung sei zwangsläufig in schädlichem Maße autoritär (vgl. z. B. Uhl 1990, S. 66ff.) oder die Gleichsetzung von sozial-emotionaler Bindung mit schädlicher Abhängigkeit wurden so zur Grundlage sog. „pädagogischer" Konzepte. Es ist zu beobachten, daß diese Konzepte in der Ausbildungs-, Fortbildungs- und Medienlandschaft seit einiger Zeit zu außerordentlich starkem Einfluß gebracht werden: Die in praktischen und theoretischen pädagogischen und psychologischen Berufszweigen Tätigen werden z. T. im krassen Widerspruch zu den empirischen Forschungsergebnissen fehlinformiert. Die Folgen dieser Irrtümer zeigen sich nicht zuletzt auch darin, daß große Teile der Jugend – nicht nur in der Bundesrepublik Deutschland – in zunehmendem Maße alle Symptome der Sinnentleerung ihres Lebens, der emotionalen Verwahrlosung und Vereinzelung zeigen, zu destruktiven Tendenzen und Devianz, Kriminalität und dem Konsum von Alkohol und illegalen Drogen neigen (vgl. z. B. Schwind et al. 1989; Bölsche 1990).

Die Auswirkungen auf die heranwachsende Generation muß jeden, der diese Tendenzen beobachtet, zurecht beunruhigen. Den folgenschweren Irrtümern im Menschenbild entgegenzutreten, die sich in dieser „antipädagogischen" und „revolutionären" Perspektive zeigen, ist heute eine wichtige Aufgabe pädagogisch-psychologischer Aufklärung: Die Spezies Mensch ist bei Geburt gekennzeichnet durch einen auffallenden Mangel an instinkthafter Geprägtheit, der sie für eine soziale Lebensform disponiert (vgl. Portmann 1967). Aufgrund dieser anthropologischen Gegebenheit ist der Mensch darauf angewiesen, seine Lebenstüchtigkeit im Sozialkontakt zu erwerben. Es gilt daher, auf der Basis einer zu entwickelnden emotionalen Beziehung zwischen Eltern und Kind, dieses anzuleiten, zu unterstützen, altersgemäß und individuell in das familiäre, gesellschaftliche und kulturelle Leben einzuführen. In diesem Erziehungsprozeß bilden sich die grundlegenden sozialen Fähigkeiten im Wechselspiel zwischen kindlicher Verarbeitung und behutsamer erzieherischer Einwirkung durch den Erwachsenen. Im Verlauf dieses Hineinwachsens in die menschliche Kultur (Enkulturation), entscheidet sich, ob der Heranwachsende eine menschen- und damit auch eine naturbejahende Lebenseinstellung erwirbt, die sein weiteres Fühlen, Denken und Handeln in den tausendfältigen Situationen des Alltags bestimmt. Im günstigen Falle erwirbt der Mensch den notwendigen zwischenmenschlichen Bezug als Basis für emotionale Anteilnahme, Achtung vor sich selbst und den Mitmenschen, für die Fähigkeit prosozialen und kooperativen Handelns, gegenseitiger Hilfe sowie sachlicher und wissenschaftlicher Auseinandersetzung; Fähigkeiten, die bei der Bewältigung der eingangs genannten Gegenwartsprobleme in hohem Maße gefordert sind.

Es sollen einige bedeutende Bedingungen für die Entwicklung dieses zwischenmenschlichen Bezugs als Beitrag der psychologischen Forschung für eine effektive Umwelterziehung benannt werden. In Ergänzung zu den wertvollen Aspekten der kurzfristigen Verhaltensmodifikation durch z. B. Aufklärung, Belehrung, Lernen am Modell (vgl. Kruse 1990), richten sich die folgenden Ausführungen auf die Bildung einer stabilen, handlungsleitenden, lebens- und naturbejahenden Grundorientierung bei Kindern und Jugendlichen. Effiziente Umwelterziehung muß auf die Fähigkeit zu spontaner gefühlsmäßiger Anteilnahme und Verantwortung für die Menschen der Gegenwart und Zukunft abzielen, so daß ein eigenständiges Verantwortungsgefühl für die belebte und unbelebte Umwelt entstehen kann.

4 Kind und Umwelt – psychologische Grundlagen

Es ist das Verdienst des Individualpsychologen und Arztes Adler, die herausragende und grundlegende Bedeutung, die die soziale Umwelt im ganzen Leben des Menschen hat, wissenschaftlich hervorgehoben und genau analysiert zu haben. Er erkannte, daß die durch evolutionäre Selektion herausgeformte soziale Natur des Menschen ihre psychologische Entsprechung in einem Gefühl der spontanen sozialen Verbundenheit und Anteilnahme sowie in der Möglichkeit hat, die zwischenmenschlichen Beziehungen konstruktiv und befriedigend zu gestalten. Adler sah in den Fähigkeiten, „mit den Augen eines anderen zu sehen, mit den Ohren eines anderen zu hören, mit dem Herzen eines anderen zu fühlen", die er in dem Begriff des „Gemeinschaftsgefühls" faßte, die psychologische Grundlage für die Entwicklung der Kulturen und ihrer Ethik (zit. nach Ansbacher u. Ansbacher 1982, S. 142).

> Der hohe Grad der Kooperation und der Gesellschaftskultur, die der Mensch für seine bloße Existenz braucht, verlangt ein spontanes soziales Bemühen. Und es ist der dominierende Zweck jeglicher Erziehung, dies zu erwecken. Das Gemeinschaftsgefühl als solches ist nicht angeboren, nämlich als selbständige Ganzheit, sondern es ist eine angeborene latente Kraft, die bewußt entwickelt werden muß. Wir können keinem sog. sozialen Instinkt vertrauen, denn seine Ausdrucksform hängt davon ab, wie das Kind seine Umgebung begreift und sieht. (S. 141)

Diese sozial-emotionale Fähigkeit ist die Grundlage für die Persönlichkeitsentwicklung des Einzelnen und damit für die Blüte des kulturellen Lebens. Sie ist die Basis der kulturellen Evolution und der interkulturellen Verständigung. Es ist die vornehmste Aufgabe aller Erziehung, diese Fähigkeit entwickeln zu helfen und zu pflegen.

In diesem Zusammenhang machte bereits Adler – die Erkenntnisse der modernen Entwicklungspsychologie vorwegnehmend – darauf aufmerksam, daß von Geburt an die Herstellung und Gestaltung der ersten Beziehung eines Kindes zum Menschen – meist der Mutter-Kind-Beziehung – für die gesamte Persönlichkeitsentwicklung von grundlegender Bedeutung ist. Ähnlich wie die Sprachfähigkeit angeboren, der Spracherwerb aber in der Beziehung zum Menschen stattfindet, müssen auch die sozial-emotionalen Fähigkeiten in der zwischenmenschlichen Beziehung entwickelt, differenziert und inhaltlich ausgeformt werden, sollen die angeborenen Möglichkeiten nicht verkümmern. In einem subtilen emotionalen Wechselspiel mit den Personen seiner näheren Umgebung unternimmt bereits das Neugeborene tastende Versuche, den sozialen Austausch aktiv so zu gestalten, daß es ein Gefühl der Sicherheit entwickelt. Sicherheit und Angst sind die vom Kind schon früh gebildeten Gefühlswerte, an denen es den Erfolg oder Mißerfolg seiner Aktivität messen kann. Diese tastenden Versuche kann und soll der Erzieher einfühlend erfassen, adäquat aufgreifen und verstehend begleiten.

> Durch einen sachgemäßen, dem jeweiligen Alter, den jeweiligen Stimmungslagen und Fähigkeiten des Kindes Rechnung tragenden Umgang kann das Verhältnis zwischen Erzieher und Kind so gestaltet werden, daß in dieser primären Beziehung, die modellhaften Charakter für das weitere Leben besitzt, das Vertrauen erhalten bleibt und die Gemeinschaft in freiem Geben und Nehmen lebt. Darin gewinnt das Kind den Freiraum, um sich selbst zu formen, um sich freiwillig anzuschließen oder sich abzugrenzen" (Kaiser 1981, S. 56f.).

Die in diesem Wechselspiel erlebten vielfältigen Eindrücke beginnt es interpretativ und wertend zu vereinheitlichen, seine Schlüsse auf künftige Aktivitäten zu ziehen und sich auf diese Weise an die soziale Struktur seiner näheren Umgebung auf seine je individuelle Art anzupassen. Dabei ist das kindliche Sicherheitsgefühl sehr anfällig für Verunsicherungen. Denn einerseits erlebt es seine Hilflosigkeit und soziale Angewiesenheit, andererseits sieht es sich im sozialen Vergleich Menschen gegenübergestellt, die bereits viele Fähigkeiten erworben haben, über die es selbst noch nicht verfügt. Zugleich sind aber seine Mittel, dieses Erleben zu interpretieren und seine natürliche Unterlegenheit zu überwinden, noch äußerst eingeschränkt.

> In dieser diffizilen Situation ertastet das Kind sein Tätigkeits- und Beziehungsfeld, und aus dem anfänglichen Tasten formt sich allmählich die psychische Gangart. Es ist eine Art Meinung des Kindes, welche Wege es einschlagen soll, um seine Fähigkeiten so weit auszugestalten, daß es in den von der Gemeinschaft gestellten Anforderungen keine Niederlagen erleidet, sich wertlos fühlen muß (Kaiser 1981, S. 50).

Aufgrund der noch sehr eingeschränkten Möglichkeiten unterlaufen dem Kind dabei Fehlinterpretationen und Irrtümer. „Aufbauend auf einem subjektiven Eindruck, oft durch wenig maßgebende Erfolge oder Niederlagen geleitet, schafft sich das Kind Weg und Ziel und Anschaulichkeit zu einer in der Zukunft liegenden Höhe" (Adler 1978, S. 36). Diese seelische Bewegung dient der Überwindung der kindlichen Schwäche, also letztlich dem Erwachsenwerden, und jedes Kind entwickelt davon – als Antwort auf und in Anlehnung an die Einflüsse seiner Umgebung – eigene Vorstellungen, die sich als leitende Ziele und Werte in seinem Gefühlsleben verankern. In eigener schöpferischer Leistung bildet es von Anfang an eine individuelle Bewegungslinie heraus, die für die Bewältigung der anstehenden Lebensfragen in Art und Stil richtungweisend ist und sich an seinen Zielen und Wertvorstellungen orientiert. Diese Bewegungslinie spiegelt sich in dem, was das Kind anstrebt, was es vermeidet, wie es sich äußert, woran es Freude gewinnt, worüber es sich ärgert, kurz, sie zieht sich wie ein roter Faden durch alle Lebensäußerungen des Kindes. Der Prozeß ihrer Entstehung ist so zu jeder Zeit einfühlbar und verstehbar; darin liegt der Anknüpfungspunkt für die Begleitung, Anleitung, Orientierung, Förderung und gegebenenfalls Korrektur durch den Erzieher.

Es ist eine bedeutende Herausforderung der Pädagogik, Eltern und Erzieher über diese Zusammenhänge zu informieren und ihnen die bestehenden Kenntnisse für die Bewältigung der häufig nicht einfachen Erziehungsaufgabe zur Verfügung zu stellen. Sie könnte so behilflich sein, das pädagogische Repertoire, z. B. der Einfühlung, der sicheren mitmenschlichen Wertorientierung und der Vorbildfunktion zum Wohle des Heranwachsenden bewußt wahrzunehmen und zugleich das Wissen um das aus der Schwächesituation des Kindes bedingte Minderwertigkeitsgefühl wachzuhalten. Dann kann es gelingen,

> dem Kind bei der Überwindung seiner Schwierigkeiten helfend beizustehen, es nicht in die Enge zu treiben, nicht zu überfordern, ihm die Umwelt nicht feindlich erscheinen zu lassen und es davor zu bewahren, die Schattenseiten des Lebens allzu stark zu erfahren. Nur so kann das Kind den Mut entwickeln, über die Schwäche hinauszuwachsen und seine Fähigkeiten zu erproben, und nur so kann sich Gemeinschaftsgefühl bilden. Die erlebte Gemeinschaft mit der helfenden Pflegeperson ist der Ausgangspunkt für das Gemeinschaftsgefühl des Kindes (Kaiser 1981, S. 51).

Es liegt also in der Natur der Sache, daß von den Eltern und Erziehern eine große Geschicklichkeit gefordert ist, „mit dem Kind zusammenzuarbeiten und das Kind zur Mitarbeit zu gewinnen" (Adler 1979, S. 101).

In diesem Prozeß kann der Heranwachsende lernen, seinem Alter entsprechend Verantwortung zu übernehmen und an der Lösung der anstehenden Probleme seines Lebensbereiches mitzuwirken. Als Erwachsener wird er dann kaum bei verbalen „man soll"- und „man muß"-Bekenntnissen stehenbleiben, sondern aus eigener Initiative an den drängenden Menschheitsaufgaben mitarbeiten. Konnte sich diese emotionale Grundhaltung nicht entwickeln, so lassen sich sowohl bei Kindern als auch bei Erwachsenen destruktive, menschen- und umweltfeindliche Tendenzen sowie ein mangelnder Mut zu konstruktiver Zusammenarbeit beobachten.

Das Interesse eines Menschen an der Beseitigung von Gefahren, die seine Mitmenschen und die künftigen Generationen bedrohen, kann nur so groß sein wie das Interesse, das er seinen Mitmenschen entgegenzubringen gelernt hat. Eine Erziehung zu umweltgerechtem Handeln setzt daher immer Erziehung zu Mitmenschlichkeit voraus. Die hier dargestellten Grundlagen und Zusammenhänge werden im folgenden aus entwicklungspsychologischer Perspektive fundiert.

5 Ergebnisse der empirischen Entwicklungspsychologie

Der entwicklungspsychologischen Grundlagenforschung gelang mittels direkter Beobachtungen von Säuglingen und Kleinkindern in den letzten 5 Jahrzehnten ein entscheidender Erkenntnisfortschritt, der bis heute, mithilfe detaillierter deskriptiver Analyseverfahren, bestätigt, differenziert und ergänzt werden konnte. Im folgenden sollen einige bedeutende und notwendig zu berücksichtigende Erkenntnisse dieser Forschungstradition dargestellt werden, welche die bisherigen Darlegungen weiter begründen.

Mitte der 40er Jahre beobachtete Spitz (1945), gestützt auf psychometrische Meßverfahren, die Entwicklungen von Kindern, die einerseits in Familien lebten, andererseits in Säuglingsheimen aufwuchsen. Er stellte fest, daß die Heimkinder, trotz ausreichender Ernährung und körperlicher Pflege, gravierende psychische und physische Entwicklungsrückstände und -beeinträchtigungen gegenüber Kindern mit normaler Mutterbindung aufwiesen. Die Befunde zeigten die große Bedeutung der zwischenmenschlichen Beziehung von Geburt an als notwendige Voraussetzung für einen günstigen psychischen und physischen Entwicklungsverlauf und wiesen damit sowohl der konkreten Betreuung von Kindern als auch der weiteren Forschung den Weg.

Die von Bowlby im Auftrag der World Health Organization (WHO) durchgeführte Untersuchung über die psychische Gesundheit obdachloser Kinder bestätigte Spitz' Beobachtungen. Bowlby formulierte seine Ergebnisse in der 1951 veröffentlichten Studie folgendermaßen: „Als wesentliche Voraussetzung für die psychische Gesundheit muß die Bedingung gelten, daß das Kind eine warme, innige und dauerhafte Beziehung zu seiner Mutter (oder zu einer ständigen Ersatzmutterfigur) besitzt, in der beide Erfüllung und Freude finden" (Bowlby 1986, S. 9). Die Befunde über die gravierenden Folgen einer mangelnden oder gestörten Mutter-Kind-Beziehung richteten sein Interesse Mitte der 50er Jahre auf den Prozeß der Entwicklung einer emotionalen Beziehung zwischen Mutter und Kind. Eine treffende Zusammenfassung seiner Beobachtungen finden wir bei Kaiser (1981, S. 81):

> Über die beobachteten und zu erklärenden Phänomene bestand kein Zweifel: Liebe als die Antwort des Kindes auf die unverwechselbare, individuelle und kontinuierlich erfolgte Zuwendung einer mütterlichen Person – Angst bzw. Protest, Verzweiflung und Ablösung als die Phasen des kindlichen Rückzugs bei einsetzender Deprivation.

Aus der Beobachtung, daß bereits kleine Kinder Bindungen zu anderen gleichaltrigen, etwas älteren Kindern oder zu Erwachsenen entwickeln, folgert Bowlby, „daß sich Bindungsverhalten entwickeln und auf eine Figur richten kann, die gar nichts unternommen hat, um die physiologischen Bedürfnisse des Kindes zu befriedigen" (1986, S. 205). Mit der Erkenntnis primärer sozialer Bedürfnisse, die durch die moderne Entwicklungspsychologie vielfach bestätigt wurde, widerlegt Bowlby die Sekundärtriebannahme, nach der aus psychoanalytischer Sicht kindliche Liebe erst durch die Befriedigung elementarer körperlicher Bedürfnisse entsteht (vgl. Freud 1972). Auch aus lerntheoretischer Sicht wurde behauptet, daß das Kind durch die Erfahrung des Gefüttert-werdens lernt, gerne mit anderen Menschen zusammen zu sein (vgl. Dollard u. Miller 1950). Entgegen diesen Fehlannahmen konstatiert Bowlby, daß bereits Säuglinge die menschliche Gesellschaft lieben, unmittelbar auf mitmenschliche Impulse reagieren, sich spontan in sozialer Interaktion engagieren, und zwar völlig unabhängig von der Befriedigung der elementaren körperlichen Bedürfnisse. Dabei bindet das Kind sich an diejenige Person, die spontan und adäquat auf seine Signale reagiert und sich auf eine intensive, emotionale Interaktion mit ihm einläßt (vgl. Schaffer u. Emerson 1964).

Der menschliche Säugling ist also von Geburt an mit einem auf Sozialkontakt angelegten Verhaltensrepertoire ausgestattet, das die Voraussetzung schafft,

Bindung entwickeln zu können. Durch die Aktivierung des Bindungsverhaltens (schreien, saugen, lächeln, schwätzeln etc.) versucht das Kind, den für ihn lebensnotwendigen, zwischenmenschlichen Kontakt zur Pflegeperson herzustellen und aufrechtzuerhalten. Diesem kindlichen Bindungsverhalten entspricht das Pflegeverhalten der Bezugsperson, wobei Bindung in einem emotional hochsubtilen wechselseitigen Beziehungsprozeß zwischen Kind und Pflegeperson entsteht.

In diesem Zusammenhang soll auf ein mögliches Mißverständnis aufmerksam gemacht werden, das häufig aus Unkenntnis oder Fehlinterpretation des vorgenannten Bindungs- und Beziehungsprozesses resultiert. Sowohl in der Sekundärliteratur als auch im allgemeinen Sprachgebrauch wird der Begriff „Bindung" häufig synonym mit dem Begriff „Abhängigkeit" verwendet. Daß es sich hierbei jedoch um zwei grundlegend verschiedene zwischenmenschliche Kontaktmuster handelt, hat bereits Bowlby klargestellt:

> Von einer Mutter abhängig sein und an eine Mutter gebunden sein sind in der Tat zwei völlig verschiedene Dinge. In den ersten Lebenswochen ist das Baby zweifellos von der Pflege seiner Mutter abhängig, es weist aber noch keine Bindung zu ihr auf. Umgekehrt kann man bei einem Kind von 2 oder 3 Jahren, das sich in der Pflege fremder Personen befindet, deutliche Anzeichen dafür feststellen, daß es weiterhin stark an seine Mutter gebunden ist, obwohl es im Augenblick nicht von ihr abhängig ist. Das Wort „Abhängigkeit" bezieht sich in einem logischen Sinne darauf, inwieweit eine Person sich auf eine andere für seine Existenz verläßt, und besitzt also eine funktionale Bedeutung, während Bindung in dem hier verwendeten Sinne sich auf eine Verhaltensform bezieht und rein deskriptiv ist. Als eine Folge dieser verschiedenen Bedeutungen läßt sich feststellen, daß bei der Geburt die Abhängigkeit ihren Maximalwert aufweist und mehr oder weniger stetig sich verringert (je nach Bindungsqualität, d.V.), bis die Geschlechtsreife erreicht wird, während Bindung bei der Geburt noch völlig fehlt und erst, wenn das Kind über 6 Monate alt ist, sichtbar in Erscheinung tritt. Die Begriffe sind also weit davon entfernt, synonym zu sein (Bowlby 1986, S. 215).

Unter der Voraussetzung von Interaktionsmöglichkeiten bilden alle Kinder personenbezogene Bindungen aus. Die sich entwickelnde Sicherheit und Qualität der Bindung ist dabei von der Qualität der Interaktion der Pflegepersonen mit dem Kind abhängig. Die kontinuierliche und verläßliche pflegerische Fürsorge und emotionale Zuwendung, bei der die kindlichen Impulse – unter Berücksichtigung der Eigenaktivität des Kindes – adäquat aufgegriffen und beantwortet werden – ist unabdingbare Voraussetzung dafür, daß das Kind Sicherheit, Geborgenheit, Selbstvertrauen und Vertrauen in die Welt entwickelt.

Der Forschergruppe um Ainsworth (Ainsworth et al. 1978) ist es mit dem bekannt gewordenen „Strange Situation Test" gelungen, 3 Tendenzen kindlichen Bindungsverhaltens zu benennen: unsichervermeidend, sicher gebunden und ambivalent-unsicher gebunden. Bereits in den 60er Jahren war Ainsworth auf den direkten Zusammenhang von kindlicher Bindungssicherheit und kindlichem Erkundungsverhalten aufmerksam geworden. Auf der Basis ihrer Beobachtungen (Ainsworth 1963; Ainsworth u. Wittig 1969)

> bewertet sie ein Kind von zwölf Monaten, das ziemlich spontanes Neugierverhalten in einer fremden Situation an den Tag legt, indem es die Mutter als sichere Ausgangsbasis benutzt, und das während der Abwesenheit der Mutter zu wissen scheint, wo sich diese

befindet und sie bei der Rückkehr begrüßt, als sicher gebunden, einerlei ob es bekümmert ist über die zeitweilige Abwesenheit der Mutter oder kurze Zeitspannen davon ohne Kummer überstehen kann. Am entgegengesetzten Extrem der Skala, unter der Bewertung „unsicher gebunden", finden sich Babys, die nicht einmal in Anwesenheit der Mutter irgendwelche Erkundungsaktivitäten wagen, die sich durch Fremde außerordentlich alarmiert zeigen, die während der Abwesenheit der Mutter in hilflosem und ratlosem Kummer in sich zusammenfallen und sie bei ihrer Rückkehr nicht begrüßen (zit. nach Bowlby 1986, S. 309).

Der hier angedeutete Zusammenhang von Bindungssicherheit und Explorationsverhalten ist auch für die Umwelterziehung grundlegend, da sich die Entwicklung einer sicheren Mutter-Kind-Beziehung als notwendige Bedingung für das Entstehen von mitmenschlicher Anteilnahme und umweltbezogenem Interesse erweist. Ein in dieser Weise in das Leben eingeführter Heranwachsender entwickelt die Fähigkeit, bei der Bewältigung seiner Lebensaufgaben und den Fragen seiner Zeit den Mitmenschen in sein Denken, Fühlen und Handeln einzubeziehen und sich an positiven, humanen Werten zu orientieren. Häufig ist zu beobachten, daß Menschen, die in konstruktiver Weise ihr Leben leben, sich den anstehenden Fragen der Zeit widmen und sich engagieren, auf entsprechende positive Beziehungserfahrungen mit z. B. Eltern, Verwandten, Erziehern, Lehrern und Freunden zurückgreifen können.

Wird dieser grundlegenden Entwicklungsbedingung im Erziehungsprozeß nicht Rechnung getragen, bleibt der Heranwachsende in seiner gesamten Entwicklung (emotional, sozial und kognitiv) hinter seinen Möglichkeiten zurück. Unsichergebundene Kinder sind davon absorbiert, sich die Aufmerksamkeit von Erwachsenen zu erobern, gegebenenfalls auch mit negativen Verhaltensäußerungen. Die innere Not, die mit einem Mangel an positiven Möglichkeiten zwischenmenschlicher Beziehungsgestaltung einhergeht, führt zu einer sozialen Desorientierung. Bleibt diese ohne adäquates, orientierendes oder korrigierendes, menschliches Echo, besteht die Gefahr, daß diese Heranwachsenden die Hoffnung auf befriedigende Sozialkontakte aufgeben und so kaum Interesse an menschlichen Belangen aufbringen können. Häufig sind sie nicht fähig, an den von den Menschen in ihrer Geschichte hervorgebrachten Kenntnis- und Erfahrungsschatz anzuknüpfen und diesen für die Bewältigung der Fragen ihrer Zeit zu nutzen sowie für künftige Generationen zu erhalten und zu erweitern.

Eine eindrucksvolle Bestätigung der hier skizzierten Befunde und Zusammenhänge ist dem Forscherteam um Werner (1989) in einer mehr als 3 Jahrzehnte währenden Entwicklungsstudie gelungen. Die Forscher dokumentierten die Lebensgeschichten von 698 im Jahre 1955 auf der Hawai-Insel Kauai geborenen Kindern und beurteilten die langfristigen Auswirkungen eines ungünstigen Umfeldes in der frühesten Lebenszeit auf die körperliche, kognitive und psychosoziale Entwicklung. Ihr besonderes Interesse richtete sich dabei auf die Kinder, die trotz z. B. Familienkonflikten, psychotischen Problemen eines Elternteils, Alkoholismus und Armut „eine gesunde Persönlichkeit entwickelten, zielgerichtet ihren beruflichen Weg machten und stabile zwischenmenschliche Beziehungen eingingen" (S. 118). Die Studie belegt, daß Risikofaktoren und eine belastende Umwelt nicht zwangsläufig zu einem Sozialisationsmangel führen. Vielmehr konnte durch die Identifikation von Risiko- und Schutzfaktoren gezeigt werden, daß entscheide Weichen für das spätere Leben im frühesten Kindesalter gestellt werden. So kann die individuelle Entwicklung und Anpassung erfolgreich verlaufen, solange die schützenden Faktoren vorherrschen und die Kinder „eine enge Beziehung zu mindestens einer Bezugsperson aufbauen, die ihnen in den ersten Lebensjahren stützende Zuwendung gab" (S. 122). Die lebenstüchtigen Kinder hatten zum Beispiel aus ihrer Schule ein zweites Zuhause gemacht,

> einen Ort der Zuflucht, wenn ihre Familie zerrüttet war. Als wir sie im Alter von 18 Jahren befragten, nannten viele dieser Jugendlichen einen Lieblingslehrer, der für sie zum Rollenmodell, Freund und Vertrauten geworden war und der sie besonders in Zeiten unterstützte, in denen ihre eigene Familie von Konflikten bedrängt oder von Auflösung bedroht war (S. 122).

> Die aller Belastung gewachsenen gefährdeten Kinder unserer Kohorte von Kauai hatten zumindest einen Menschen, der sie vorbehaltlos akzeptierte ... Alle Kinder können Belastungen besser ertragen, wenn die Erwachsenen in ihrer Umgebung ihre Selbständigkeit fördern, ihnen vermitteln, wie man mit anderen richtig redet und umgeht. Sie sollten ihnen zeigen, wie man Probleme selber bewältigt, Hilfsbereitschaft und soziale Verantwortung vorleben und belohnen. (S. 123).

Werner resümiert, daß die Lebensgeschichten dieser Kinder dokumentieren, „daß Begabung, Zuversicht und Verantwortungsbewußtsein auch unter mißlichen Umständen gedeihen können, wenn Kinder in ihrem Leben Menschen finden, die ihnen eine sichere Grundlage für die Entwicklung von Vertrauen, Selbständigkeit und Entschlossenheit bieten" (S. 123).

Insgesamt belegt die Studie die große Bedeutung eines emotionalen Rückhaltes auf Basis einer Beziehung zu mindestens einer Bezugsperson (Elternteil, Verwandte, Lehrer etc.) für die erfolgreiche Bewältigung und Bewährung bei den Lebensaufgaben (Schule, Beruf, Freundschaften, Ehepartnerbeziehung), und zwar gerade auch unter familiär erschwerten Entwicklungsbedingungen. In Gesprächen mit Eltern und Erziehern spiegeln sich diese Zusammenhänge – trotz der Vielfalt und der individuellen Ausgestaltungen der Schilderungen – wider: Hier sind die grundlegenden Phänomene von Bindungssicherheit und Erkundungsverhalten einerseits, und Bindungsunsicherheit einhergehend mit mangelndem mitmenschlichem und umweltbezogenem Interesse andererseits, immer wieder festzustellen.

Das lebendige Interesse an Gleichaltrigen (peers), sei es im Kindergartenalter, in der Schulzeit und gerade auch in der Pubertät sowie das aufmerksame Interesse am Spiel, an der Schule und der Berufsausbildung sind wichtige Indikatoren dafür, daß der Heranwachsende zunehmend Verantwortung für sein eigenes Leben und Mitverantwortung für die Fragen seiner Zeit entwickelt.

Zusammenfassend folgt, daß die frühkindliche Abhängigkeit des Säuglings die Eltern und Erzieher vor die Aufgabe stellt, dem Kind in einem sensiblen, emotionalen Wechselspiel, in dem die kindlichen Signale verstanden und adäquat beantwortet werden, zu ermöglichen, echte emotionale Geborgenheit und Sicherheit zu entwickeln. Diese Abhängigkeit kann also nur durch die Entwicklung einer Bindung an einen verläßlichen Mitmenschen überwunden werden. Hier kann der Heranwachsende die Fähigkeit zur Aufnahme und aktiven Gestaltung von zwischenmenschlichen Beziehungen erwerben und sich so zu einer eigenständigen

Persönlichkeit, zu einem mutigen Mitmenschen und verantwortungsvollen Erdenbürger entwickeln.

Es soll an dieser Stelle nicht unerwähnt bleiben, daß in der gegenwärtigen entwicklungspsychologischen Forschung zunehmend eine „ökologischen Perspektive" eingenommen wird. Nach Bronfenbrenner (1989, S. 37) befaßt sich die Ökologie der menschlichen Entwicklung „mit der fortschreitenden gegenseitigen Anpassung zwischen dem aktiven, sich entwickelnden Menschen und den wechselnden Eigenschaften seiner unmittelbaren Lebensbereiche. Dieser Prozeß wird fortlaufend von den Beziehungen dieser Bereiche untereinander und von den größeren Kontexten beeinflußt, in die sie eingebettet sind". Dieser Entwurf einer für die Entwicklungspsychologie neuen Denkrichtung hat grundlegende Auswirkungen gerade auch auf die empirische Forschungsmethodologie. Betrachtet werden Wechselwirkungsprozesse zwischen Mensch und Umwelt in alltäglichen Lebensumwelten; dies unter Einbezug sowohl direkter Lebensbezüge (z. B. Familie, Schule, Beruf) als auch unter Berücksichtigung entfernterer Wirkfaktoren des physischen und sozialen Milieus. Interessant für die Behandlung der hier gestellten Frage ist folgender Hinweis Bronfenbrenners: „Nur sehr wenige der äußeren Einflüsse, die das menschliche Verhalten und die menschliche Entwicklung nennenswert beeinflussen, können als objektive physikalische Bedingungen und Ereignisse allein hinreichend beschrieben werden; am wirksamsten und überwiegend wird der Verlauf des psychischen Wachstums von jenen Aspekten einer gegebenen Situation gelenkt, die für die Person Bedeutung haben." (S. 38f.). Dieser Sachverhalt wurde sowohl in der Grundlagenforschung empirisch fundiert als auch in der angewandten Psychologie und Pädagogik in seiner Bedeutung bestätigt.

6 Abschließende Anmerkungen

Es ist im gegebenen Rahmen nicht möglich, alle Grundlagen der Umwelterziehung aufzugreifen. Die dargestellten Befunde bieten allerdings den notwendigen, wissenschaftlichen Ausgangspunkt für weitere Überlegungen. So kann zum Beispiel die Bearbeitung der Wissensvermittlung mit ihren curricularen und didaktischen Aspekten nur auf dem Hintergrund dieser Kenntnisse fruchtbar werden.

Umwelterziehung muß sich primär an der Beziehung des Kindes zum Mitmenschen, zu seiner sozialen Umgebung und erst sekundär an seinem Verhältnis zur physischen Umwelt orientieren und zugleich berücksichtigen, daß jeder Mensch von Geburt an die Gesamtheit seiner Eindrücke und Erfahrungen individuell, aktiv und kreativ erlebt und verarbeitet.

Studien, die diese Tatsachen bereits von ihrem Ansatz her übergehen oder ausschließen, untersuchen eine Pseudo-Realität, die i. a. aus ideologischen Vorurteilen konstruiert wird. So geht zum Beispiel die Studie „Umwelterziehung im Vorschulbereich" (Kerber-Ganse 1988) von der Prämisse aus, „daß zuallererst die Kindertagesstätte selbst als Umwelt für die Sozialisation von Vorschulkindern, d. h. das reale Umfeld für die möglichen Lern- und Erfahrungsprozesse zu analysieren ist. Denn die Struktur des kindlichen Erfahrungsraumes ist es, welche – vor allen Erziehungsbemühungen – die Dimensionen des kindlichen Umweltbildes bestimmt" (S. 2). Von dieser Prämisse her werden Erziehungsbemühungen gar nicht untersucht bzw. in ihrer Bedeutung für die Entwicklung des Kindes abgewertet oder ignoriert. In einem Zirkelschluß läßt sich dann leicht „beweisen", daß das Sein das Bewußtsein bestimme, war dies doch bereits vorausgesetzt. Ein solches Vorgehen entspringt eher marxistischer Ideologie als dem Bemühen um Klärung der fraglichen Sachverhalte. Die aus dieser Perspektive abgeleitete Umwelterziehung „schließt so z. B. die Mitwirkung an der Gestaltung lokaler Lebenszusammenhänge mit ein, also den Bezug zur lokalen Politik als Handlungsrahmen des Erwachsenen und möglichen Erfahrungsrahmen des heranwachsenden Kindes" (S. 6). Unter dem Deckmantel vermeintlicher „Wissenschaftlichkeit" wird den Erzieherinnen und Erziehern die Notwendigkeit eigener Politisierung suggeriert, die die Manipulation und den Mißbrauch von Kindern für politische Zwecke einschließt. Diese Vorgehensweise wird einzig aus der zugrundegelegten Ideologie abgeleitet und legitimiert.

Demgegenüber wurden die hier vorgestellten anthropologischen Gegebenheiten der Natur des Menschen und psychosozialen Entwicklung durch wissenschaftliche Forschungen nachgewiesen, die auf unvoreingenommen empirisch gewonnenen, jederzeit überprüfbaren Befunden beruhen. Diese Befunde weisen übereinstimmend darauf hin, daß erst auf der Basis einer zu entwickelnden zwischenmenschlichen Beziehung die Fähigkeit zu spontaner emotionaler Anteilnahme und sozialer Verantwortung erlernt werden kann, die ihrerseits Voraussetzung für umweltgerechtes Handeln ist. Das jüngst von der unabhängigen „Gewaltkommission" der Bundesregierung vorgelegte Gutachten über „Ursachen, Prävention und Kontrolle von Gewalt" (Schwind et al. 1990) belegt erneut, daß das Mißlingen der sozialen Integration und der Vermittlung einer humanen Wertorientierung bei Kindern und Jugendlichen Verhaltensweisen und Einstellungen fördert, die mit umweltgerechtem Handeln unvereinbar sind. Gewalt gegen Personen und Sachen, Vandalismus und Schulversagen sind mögliche Folgen, die Kooperation und prosoziales Handeln behindern oder gar verunmöglichen. In Übereinstimmung mit diesem Gutachten wird darauf hingewiesen, daß die Grundlagen pädagogischer Kompetenz den Eltern und Erziehern nicht in ausreichendem Maße bekannt sind.

> Der relative Mangel an erzieherischen Fähigkeiten kann freilich durch eine *gezielte Elternbildung und -schulung und bewußtseinsbildende Maßnahmen* überwunden werden... Grundlage ist eine *flächendeckende Aufklärung*, durch die jenen Erziehungsmängeln entgegengewirkt wird, die teilweise durch die Massenmedien oder „populärwissenschaftliche" Publikationen gefördert worden sind (S. 160).

Es steht in der Verantwortung von Wissenschaft, zeitgemäßer Umweltpolitik und der Medien, professionellen Erziehern und Eltern die notwendigen, *wissenschaftlich fundierten* Kenntnisse für die Bewältigung der Erziehungsaufgabe sachgemäß in Wort, Schrift und Bild zur Verfügung zu stellen. Dies wäre zugleich ein Beitrag für die dringend notwendige allgemeine Psychohygiene im Kontext der Primärprävention.

Schließlich darf nicht unerwähnt bleiben, daß das Erlernen der Kulturtechniken (Lesen, Schreiben, Rechnen), der Erwerb von handwerklichen Fertigkeiten, von

Wissen und allgemeiner Bildung wesentliche Entwicklungsaufgaben für Kinder und Jugendliche sind, deren Bewältigung eine wichtige Voraussetzung für die Entstehung eines positiven Selbstkonzepts und damit auch eines gesunden Selbstwertgefühls als Basis sozialer Integration ist.

Insgesamt kann festgehalten werden, daß es nur auf dem Fundament mitmenschlicher Verbundenheit und guter kognitiver Ausbildung möglich sein wird, das Interesse und die Liebe der Kinder zur Natur zu wecken, so daß sie im alltäglichen Leben, altersgemäß und eigenständig, ihr naturkundliches Wissen konstruktiv im Umweltschutz zur Anwendung bringen.

Literatur

Adler A (1978) Der Sinn des Lebens. (6. Auflage) Frankfurt/Main
Adler A (1979) Wozu leben wir? Frankfurt/Main
Ainsworth MDS (1963) The development of infant-mother interaction amoung the Ganda. In: Foss BM (Hrsg) Determinants of infant behaviour, Bd.2. London
Ainsworth MDS, Wittig BA (1969) Attachment and exploratory behaviour of one-year-olds in a strange situation. In: Foss BM (Hrsg) Determinants of infant behaviour, Bd.4. London
Ainsworth MDS, Blehar MC, Waters E, Wall E (1978) Patterns of attachment. A psychological study of the strange situation. Hillsdale
Ansbacher HL, Ansbacher RR (1982) (Hrsg) Alfred Adlers Indiviualpsychologie. Eine systematische Darstellung seiner Lehre in Auszügen aus seinen Schriften. München
Bölsche J (1990) Geil auf Gewalt. Jugendbanden in Deutschland. In: Der Spiegel 44; 46:36–58
Bowlby J (1951) Maternal care and mental health. WHO, Genf
Bowlby J (1986) Bindung. Eine Analyse der Mutter-Kind-Beziehung. Frankfurt/Main
Braunmühl E von (1991) zit. nach einem Vortrag zum Thema „Von der Antipädagogik zur Anti-Psychopädagogik" an der Volkshochschule Köln am 5. 2. 1991 im VHS-Forum
Brezinka W (1981) Die Pädagogik der Neuen Linken. Analyse und Kritik. München
Bronfenbrenner U (1989) Die Ökologie der menschlichen Entwicklung. Natürliche und geplante Experimente. Frankfurt/Main
Clark WC (1989) Verantwortliches Gestalten des Lebensraums Erde. In: Spektrum Wiss 11/1989:S 48–56
Dollard J, Miller NE (1950) Personality and Psychotherapy. New York
Freud S (1972) Sexualleben. Studienausgabe. Mitscherlich A, Richards A, Strachey J (Hrsg) Conditio Humana, Bd. 5. Frankfurt/Main
Groeben N (1979) Normkritik und Normbegründung als Aufgabe der pädagogischen Psychologie. In: Pädagogische Psychologie: Probleme und Perspektiven. Stuttgart, S 51–77
Huxley J (1964) Die Grundgedanken des evolutionären Humanismus. In: Huxley J (Hrsg) Der Evolutionäre Humanismus. Zehn Essays über die Leitgedanken und Probleme. München, S 13–19
Kaiser A (1981) Das Gemeinschaftsgefühl – Entstehung und Bedeutung für die menschliche Entwicklung. Eine Darstellung wichtiger Befunde aus der modernen Psychologie. Zürich
Kerber-Ganse W (1988) Umwelterziehung im Vorschulbereich. Analyse ihrer Bedingungen und Erfordernisse sowie Empfehlungen für ihre Umsetzung. UNESCO-Verbindungsstelle für Umwelterziehung im Umweltbundesamt. Berlin
Kruse L (1990) Mensch und Abfall: Die Perspektive der ökologischen Psychologie. In: Goerke W, Nauber J, Erdmann K-H (Hrsg) Tagung der MAB-Nationalkomitees der BRD und der DDR am 28. und 29. Mai 1990 in Bonn. MAB-Mitt 33:84–88
Portmann A (1967) Zoologie aus vier Jahrzehnten. München

Ruckelshaus WD (1989) Politik für eine lebensfähige Welt. In: Spektrum Wiss Heft 11/1989:152–162

Schaffer HR, Emerson PE (1964) The development of social attachment in infancy. In: Monogr Soc Res Child Dev 29; 3:1–77

Schwind H-D, Baumann J, Schneider U, Winter M (Hrsg) (1989) Gewalt in der Bundesrepublik Deutschland. Endgutachten der Unabhängigen Regierungskommision zur Verhinderung und Bekämpfung von Gewalt. Berlin

Schwind H-D, Baumann J, Lösel F, Remschmidt H, Eckert R, Kerner HJ, Stümper A, Wassermann R, Otto H, Rudolph W, Berckhauer F, Steinhilper M, Kube E, Steffen W (1990) (Hrsg) Ursachen, Prävention und Kontrolle von Gewalt. Bd. 1. Berlin

Selg H (1982) (Hrsg) Zur Aggression verdammt? Ein Überblick über die Psychologie der Aggression. Stuttgart

Spitz R (1945) Hospitalism. An inquiry into the genesis of psychiatric conditions in early childhood. In: The Psychoanalytic Study of the Child 1. New York, S 53–74

Töpfer K (1990) Zum Geleit. In: Deutsches Nationalkomitee für das UNESCO-Programm „Der Mensch und die Biosphäre" (Hrsg) Der Mensch und die Biosphäre. Internationale Zusammenarbeit in der Umweltforschung. Bonn, S 3–4

Uhl S (1990) Die Pädagogik der Grünen. Vom Menschenbild bis zur Familien- und Schulpolitik. München Basel

Werner EE (1989) Sozialisation: die Kinder von Kauai. In: Spektrum Wiss 6/1989:118–123

Die Beziehung zwischen Mann und Frau

Ein Beitrag zur Formulierung einer Ethik der Verantwortung

Gudrun Kammasch (Berlin)

1 Eine harmonische Partnerschaft von Mensch und Natur als Ziel

Werte wie „Achtung vor dem Leben, Freiheit, Solidarität, Toleranz und Gleichheit zwischen Mann und Frau" formuliert die „Yamoussoukro-Deklaration" der UNESCO als Voraussetzung einer umfassenden Friedenskultur. „Das Bewußtsein für das gemeinsame Ziel der Menschheit" soll durch „gemeinsame Richtlinien" gestärkt werden, um „den Frieden in den Beziehungen der Menschen untereinander sicher(zu)stellen und eine harmonische Partnerschaft der Menschheit mit der Natur entwickeln (zu) helfen". Die „Yamoussoukro-Deklaration" geht davon aus, daß über die Vermittlung und Verbreitung menschheits- und naturerhaltender Werte der Weg zu einer echten, beständigen, alle Menschen verbindenden Friedenskultur bereitet werden kann. Jeder Mensch ist frei in seiner Entscheidung, an welchen Werten, welcher Ethik er sein Handeln orientiert, aber wie auch immer er entscheidet – als Konsequenz steht er damit in der Verantwortung für sein Tun. Nichts kann ihn von dieser Verantwortung entheben, auch nicht die irrtümliche Annahme, menschliches Handeln sei vorbestimmt und unterliege der schicksalhaften Steuerung durch Determinismen, z. B. biologischer oder geschichtsnotwendiger Art. In jüngster Zeit erst hat die Geschichte ein weiteres Mal den Nachweis erbracht, daß solche Annahmen zu den folgenreichsten Irrtümern im Lernprozeß der Menschheit gehören. Die „Yamoussoukro-Deklaration" dagegen fordert die Stärkung des menschlichen „Bewußtseins" für gemeinsame Werte, wodurch zum Ausdruck gebracht wird, daß sich der Mensch die Bedeutung seiner Entscheidung bewußt machen kann und muß. Er steht in der Verantwortung für deren Folgen, für die Folgen seines Tuns: Bewußtsein bringt Verantwortung mit sich! (Frisch, in Bachofner 1986, S. 173)

Hans Jonas (1979) formuliert das „Prinzip Verantwortung" aus der Erfahrung heraus, daß Fortschritt, der zum Selbstzweck wird, den Menschen von selbst zu verantwortendem Tun entmündigt und setzt dieses dem „Prinzip Hoffnung" (Bloch 1954) entgegen. Als Zeuge einer Entwicklung, die – unter der Altlast einer gigantischen industriellen und zivilisatorischen Expansion der letzten Jahrzehnte – den Fortbestand des Planeten Erde wie noch nie zuvor bedroht, ruft Jonas eindringlich zu einer Ethik der Verantwortung auf – einer Verantwortung, die auch die „zukünftige Integrität des Menschen", die Nachgeborenen, die Kinder künftiger Generationen, mit einschließt: Jonas entwirft das Konzept einer Ethik, die nicht auf das egozentrische Interesse einzelner oder einzelner Interessengruppen, sondern auf die „Menschheit" als Ganze zielt. Wer auch für künftige Generationen Verantwortung übernimmt, wird mit der Welt heute, Mensch wie Natur, achtungsvoll umgehen. Diese, in umfassendem Sinn, „anthropozentrische Ethik"[1] entspringt einer zutiefst optimistischen Lebenshaltung. Jonas mahnt nicht nur zu einer Umkehr, er hält sie auch für möglich! Kein historischer Zwang muß die immer wieder beschworenen apokalyptischen Schreckensvisionen eines Weltunterganges zur Wirklichkeit werden lassen. Eine Veränderung der heutigen Situation kann durch eine an positiven Werten orientierte kulturelle Entwicklung eingeleitet werden. Die Freiheit dieser Wahl eröffnet dem Menschen die Möglichkeit zur dauerhaften Entscheidung für die Werte einer Mensch und Natur umfassenden Friedenskultur.

Die Vermittlung und Vertiefung dieser positiven Werte soll nach der „Yamoussoukro-Deklaration" durch „Erziehung, Wissenschaft, Kultur und Kommunikation" erfolgen. Die Erziehung kann einen im spontanen Fühlen, reflektierten Denken und Handeln verwurzelten, verantwortlichen Umgang mit Mensch und Natur heranbilden. Zimmerli drückt dies so aus: „Es muß die Form überindividueller Verantwortung in der Primärsozialisation verstärkt eingeübt werden". (Zimmerli 1985, S. 316) Verantwortungsgefühl entwickelt sich aus der sozialen, mitmenschlichen Ausrichtung des Kindes heraus, aus seiner Verbundenheit mit der Familie und der sich später erweiternden Umwelt. Die in der „Yamoussoukro-Deklaration" angestrebte „harmonische Partnerschaft mit der Natur" entspringt daher keiner isolierten Einstellung, sondern ist Ausdruck einer fundierten ethischen Grundhaltung, die dem früh gebildeten tiefen Gefühl mitmenschlicher Verbundenheit und dem darin verankertem Verantwortungsgefühl erwächst. Wo die mitmenschliche Ausrichtung fehlt oder nur ungenügend ausgebildet wurde, ist die emotionale Grundlage für ethisch verantwortliches Tun kaum tragfähig. Die Biographie des Nationalsozialisten Rudolf Höss (1979, S. 23f.) zeigt diesen Zusammenhang beispielhaft in grauenhafter Konsequenz auf. Bereits als Kind war er in seinen freundschaftlichen Kontakten äußerst zurückgezogen und galt als Einzelgänger. Im Gegensatz dazu wirkte seine Natur- und Tierliebe derart ausgeprägt, daß sie sogar den eigenen Eltern übertrieben erschien; seine aus der Flucht vor Menschen motivierte „Naturliebe" konnte ihn von seinen späteren Vernichtungstaten nicht zurückhalten.

Vom Ziel der Verwirklichung einer alle Lebensbereiche einschließenden Friedenskultur ist die Menschheit heute noch weit entfernt. Obwohl es weltweit immer wieder beeindruckende Zeugnisse verantwortlichen menschlichen Handelns auf der Grundlage einer humanistischen Ethik gibt, trennen auf allen Kontinenten immer noch tief verwurzelte Vorurteile und Rassismus, individuelle als auch organisierte Gewalt Menschen voneinander, besonders auch Frau und

---

[1] Der Begriff „anthropozentrische Ethik" wird hier im Sinne der in diesem Beitrag formulierten Gedanken positiv, als die heutige und die künftige Menschheit umfassend, verwendet. Viele heutige Autoren distanzieren sich dagegen von der gängigen eingeschränkten Verwendung des Begriffs, wenn er nur Menschen(gruppen) eines kurzen Zeitraums der Menschheitsgeschichte zugeordnet wird. An dieser Auffassung setzt auch Jonas seine Kritik an.

Mann; heute vielleicht mehr als je zuvor in der Geschichte der Menschheit! Traditionsgebundene und rassistische Vorurteile hindern Menschen im natürlichen Bemühen um Verstehen, um Gemeinsamkeit. Unverständnis verunmöglicht, besonders im Falle eines Konflikts, Verständigung zu erreichen und gemeinsame Lösungen zu entwickeln. Wo Verständigung nicht gelingt, trennen sich Menschen, und oft genug sind Streit und sogar offene Gewalt die Konsequenz. Alle Formen von Gewalt sind Ausdruck unmittelbarer Ungleichheit, Gewalt zwingt den Mitmenschen in direkte Abhängigkeit. Es ist ein großes Unglück, daß heute bereits in der so elementar wichtigen Frage der Gewalt eine schleichende Gewöhnung eintritt. Subtile Formen von Gewalt in Sprache und alltäglichem Umgang werden häufig nicht nur übersehen, sondern sogar nicht mehr wahrgenommen: Die Sensibilität gegenüber Gewalt als wesentliche Voraussetzung zur „Achtung vor dem Leben", droht verlorenzugehen.

Angesichts der Notwendigkeit, das Bewußtsein für die eingangs genannten Ziele zu stärken, ist es unabdingbar, das Geschlechterverhältnis, die Beziehung zwischen Mann und Frau, zu untersuchen. Daran kann aufgezeigt werden, daß ein tieferes gegenseitiges Verständnis, die Voraussetzung für friedliches Kooperieren, durch Bewertungen und Vorurteile gestört wird. Heute kann das Wiederaufleben solcher Vorstellungen beobachtet werden – zum Beispiel in der Annahme, daß die Frau aufgrund ihrer Biologie über einen anderen, direkteren Zugang zur Natur verfüge.

Dies fordert zu einer genauen Analyse heraus, die aufzeigen wird, daß sich in diesen Auffassungen, so ansprechend sie auch sein mögen, doch nur ein über viele Generationen überliefertes Vorurteil ausdrückt. Am Beispiel des europäisch-abendländischen Kulturraumes soll diese Analyse exemplarisch vorgenommen werden.

2 Historische Wurzeln des Vorurteils vom Dualismus der Minderwertigkeit der Frau und der Höherwertigkeit des Mannes

Gerade auffällige Phänomene fesselten schon immer die Aufmerksamkeit des Menschen bei der Erforschung von Natur und Umwelt. Dort, wo erst in späteren Jahrhunderten oder gar Jahrtausenden nachvollziehbare Erklärungen gefunden werden konnten, beobachten wir häufig, daß angesichts des „Unbegreiflichen" eines Phänomens eine Empfindung von Angst und Furcht auftritt, die, mit einem Mythos umgeben, oft zur Abwertung des Phänomens selbst führt. An drei für die Herausbildung des Vorurteils der Minderwertigkeit der Frau charakteristischen Beispielen der – das Abendland besonders prägenden – jüdischen und hellenistischen Kulturbereiche kann dies nachgewiesen werden.

2.1 Von Moses zu den Patristen

Ein folgenschweres Beispiel ist die Moses zugeschriebene Deutung und Verknüpfung des Geschlechtlichen mit der Furcht vor Unreinheit und Sünde. „Besonders bedrängend trat dem Menschen das Unreine auf dem weiten Gebiet des Geschlechtlichen nahe. Israel stand vom Kultus aus dem Geschlechtlichen in einer gewissen Ängstlichkeit gegenüber" (von Rad 1962, S. 286f.). So ist bei Moses nachzulesen:

> Wenn ein Weib den Monatsfluß hat, so bleibt sie sieben Tage lang in ihrer Unreinheit, und jeder der sie berührt, wird unrein bis zum Abend. Auch alles, worauf sie während ihrer Unreinheit liegt, wird unrein, und alles worauf sie sitzt, wird unrein ... Wenn aber ein Weib den Blutfluß lange Zeit hindurch hat, nicht zur Zeit ihres Monatsflusses ..., so ist sie während der ganzen Zeit ihres Flusses unrein ... Wenn sie aber rein geworden ist von ihrem Flusse, so soll sie sieben Tage zählen; darnach gilt sie als rein. Und am achten Tage nehme sie zwei ... Tauben und bringe sie zum Priester ...; der Priester aber soll die eine als Sündopfer und die andre als Brandopfer darbringen, und so soll ihr der Priester Sühne schaffen vor dem Herrn wegen ihres unreinen Flusses. So sollt ihr die Israeliten von ihrer Unreinheit befreien, damit sie nicht um ihrer Unreinheit willen sterben ... Das ist das Gesetz über den, der an einem Fluß leidet, und über den, der einen Samenerguß hat, so daß er dadurch unrein wird, und über die, welche am Monatsfluß leidet (zit. nach Fischer-Homberger 1979, S. 38f.)

Forderte schon die Unreinheit des Mannes nach Sühne, so ging dies bei der Frau noch wesentlich weiter. Nicht nur eine Blutung infolge Erkrankung, sondern auch die mit der regelmäßigen Monatsblutung sich zeigende natürliche Geschlechtlichkeit der Frau ließen diese praktisch ständig „unrein" erscheinen und forderten Sühn- und Brandopfer. Der Text enthält

> den deutlichen Hinweis auf die Unschärfe der Grenze zwischen normaler, regelmäßiger Menstruation und der genitalen Blutung, die man heute als Symptom einer Krankheit auffassen würde. Ferner gibt er am Schluß die Analogie von Monatsblutung und Samenerguß, eine Analogie, in deren Licht die Menstruation deshalb als Sünde erscheint, weil sie in den Dienst der Fortpflanzung gestelltes Material nutzlos verschüttet (Fischer-Homberger 1979, S. 39).

Die natürliche Konstitution der Frau wird als naturgegeben sühnebedürftig interpretiert. Die Minderwertigkeit der Frau wurde also bereits vor rund 3 Jahrtausenden biologistisch, d.h. durch eine bewertende Deutung natürlicher biologischer Funktionen und Abläufe, begründet. Fischer-Homberger nennt ihr Buch deshalb auch „Krankheit Frau". Der Straf- und Sühnecharakter der Menstruation zieht sich in unzähligen Schriften bis in die Neuzeit durch. So schreibt zum Beispiel Isidor von Sevilla im 7. Jahrhundert, im Zeitalter der Patristen: „Die Frau ist nur ein Menstrualgeschöpf. Nach der Berührung mit ihrem Blut können die Früchte nicht keimen, die Blüten verwelken, ... die Hunde werden tollwütig" (Kühner 1975). Mit diesen absurden Phantastereien wurden irrationale Ängste geschürt, die in späteren Jahrhunderten, zu Massenhysterien aufgeputscht, Millionen brennender Scheiterhaufen im Laufe der Hexenverfolgungen möglich machten.

2.2 Platon

Auch in der hellenistischen Wurzel der abendländischen Kultur, den Stadtstaaten des antiken Griechenlands, hatte sich im 4. Jahrhundert v. Chr. das Vorurteil der

Minderwertigkeit der Frau ausgebildet. Platon verbleibt, seiner philosophischen Einstellung entsprechend, nicht bei biologischen Erklärungsversuchen, sondern greift auf mythologische Vorstellungen zurück, um die Minderwertigkeit der Frau zu begründen. Im „Gastmahl" schildert er verschiedene Formen der Liebe und ordnet zwei unterschiedliche Arten dieser Liebe, des Eros, den beiden damaligen Vorstellungen der „gemeinen" und „himmlischen" Aphrodite zu:

> Der Eros, der bei der gemeinen Aphrodite ist, ist wahrlich gemein und er nützt jede Gelegenheit. Ihn lieben die Niederen aus dem Volk. Sie lieben die Frauen nicht weniger als Knaben; an denen, die sie lieben, den Leib mehr als die Seele; obendrein noch den Leib von möglichst geistlosen Menschen ... Der Eros der himmlischen Aphrodite hingegen kommt von der Göttin, die nicht am Weiblichen, sondern nur am Männlichen teilhat – deshalb gehört ihm die Knabenliebe ... Darum wendet sich, wer von diesem Eros beseelt ist, dem Männlichen zu; das von Natur Stärkere und mit Vernunft Begabte hat er gern. Und in der Knabenliebe selbst ist der zu erkennen, der rein von diesem Eros getrieben wird (Platon 1987, S. 145 f.).

Die damalige Form der Homosexualität, die in der Antike hoch angesehene Knabenliebe, wird hier durch die angebliche Minderwertigkeit der Frau schlechthin legitimiert. Die Frau wird in diesem Mythos zu einem niedrigen, ja geistlosen Wesen entmenschlicht, die vorbehaltlose Zuneigung und Hinwendung des Mannes zu ihr abgewertet und verunmöglicht.

2.3 Aristoteles

Nicht nur Platon mit seiner mythologischen Begründung der Minderwertigkeit der Frau, auch der stärker den Naturvorgängen zugewandte Aristoteles lieferte fast zur gleichen Zeit eine, nun allerdings biologistische, Begründung. Die Vorstellung der ackerbäuerlichen Kultur vom Samen, der, in die Ackerfurche gelegt und dort genährt, dann keimt – wird auf den Zeugungsprozeß projiziert; darüber hinaus fließt die Beobachtung ein, daß rohes, rotes Fleisch bei der Zufuhr von Wärme hell wird. Aristoteles sieht das Menstrualblut als formlose, rohe, dem Ackerboden analoge Materie, es ist der Zeugungsbeitrag der Frau. Da es rot ist, muß es kälter sein, als der weiße Samen, der das „immaterielle, dynamische, geistige Prinzip der Form" (Fischer-Homberger 1979, S. 36) sei. „Kälte" ist hier nicht mit einer Temperaturmessung festzustellen, sondern bedeutet v. a. das Gegenteil von Wärme. Diese, in der Antike hoch bewertet, ist synonym für apollinisches Feuer, Kraft, Leben – zum Beispiel auch lokalisiert im menschlichen Herzen. Wärme war für Aristoteles die wichtigste Antriebskraft physiologischer Funktionen. Wenn also der weibliche Zeugungsbeitrag „kälter" ist, wird er auch minderer bewertet. Demnach ist das Kind nur dann ein Doppel des Vaters, ein Knabe, wenn der warme Impuls des Vaters nicht durch die Kälte des Menstrualblutes gebremst wird. Wo dies jedoch der Fall ist, gleicht das Kind dann nicht mehr dem Vater, sondern es entsteht ein Mädchen! Die aufgrund ihrer Biologie ohnehin mindere Frau wird, so Aristoteles, noch zusätzlich verantwortlich gemacht, das Geschlecht des Kindes zu bestimmen; sie wird beschuldigt, mit ihrer Kälte den im doppelten Sinne „männlichen" Samen bei der Ausreifung zum Mädchen zu mindern. In der Art, wie er seinen Biologismus vielschichtig ausgestaltet, geht Aristoteles wesentlich weiter als der Moses zugeschriebene Text. Er greift Elemente der reich entwickelten späthellenistischen Mythologie und Philosophie auf, um die aus der ackerbäuerlichen Erfahrung stammenden Analogien zum Dualismus der männlichen und weiblichen Natur „theoretisch" auszubauen.

Aufgrund seiner Ausrichtung auf Natur und Medizin erlebte Aristoteles' Werk eine „Renaissance" im arabisch-islamischen Kulturkreis des Mittelalters. Die gegenüber den Wissenschaften außerordentlich aufgeschlossene Kultur der Abbasiden und Omajjaden mit ihrer reichen Blüte in Wissenschaft, Handwerk und Technik, Kunst und Philosophie erweckte bei den noch an ein karges Leben gewöhnten Menschen des abendländischen Kulturraumes den Traum vom „angenehmen Leben". Sie wurden von der islamischen Kultur mit all ihren Wohlgerüchen, Schönheiten und Annehmlichkeiten magisch angezogen (Watt 1989). Über den Umweg der arabischen Kultur kam auch das Abendland mit Aristoteles in Berührung. Die aristotelische Philosophie gewann großen Einfluß: Einerseits erschütterte sie durch die nun auftretenden Widersprüche die geschlossene religiöse Welt des mittelalterlichen christlichen Abendlandes, andererseits bot sie jedoch mit Vorstellungen wie denen vom „großen Beweger" auch Ansätze, mit christlichem Glaubensgut verbunden zu werden. Thomas von Aquin gelang es in seiner „summa theologica", Aristoteles in die christliche Glaubenslehre zu integrieren. Er übernahm u. a. die Meinung, Frauen seien unterentwickelter als Männer (vgl. Kien 1989). Aristoteles wurde „der Philosoph" des Mittelalters. Seine Biologismen vertieften und verfestigten die von den Patristen entwickelten geistiggefühlsmäßigen Grundlagen zur Minderwertigkeit der Frau und trugen dazu bei, die damals beginnenden Hexenverfolgungen zu ermöglichen. Erstaunlicherweise wurden seine naturphilosophischen Hypothesen, häufig genug dogmatisch, bis ins 19. Jahrhundert vertreten.

Wie stark die Kultur der Folgezeit durch diese Vorurteile im Fühlen, Denken und Handeln geprägt wurde, zeigt das eindrucksvolle Beispiel Hams im 17. Jahrhundert. Aufbauend auf der Seefahr- und Fernrohrtechnik war in Holland das Mikroskop entwickelt worden, was Anlaß hätte bieten können, die aristotelische Vorstellung vom „männlichen Samen" als „botanischem Samenkorn" nach fast 2 Jahrtausenden endlich fallenzulassen. Doch als Ham erstmals männliche Samen mikroskopierte, „erkannte" er darin einen kleinen Menschen, nach Aristoteles selbstverständlich ein Knabe, sogar mit kindlicher Zipfelmütze! Als „Kind seiner Zeit" projizierte Ham Aristoteles' Biologismus! Seine Zeichnungen gingen sogar an die „Royal Society" in London und wurden dort angenommen (Jahn et al. 1985, S. 211). Mit zunehmender Erforschung der Fortpflanzungsfunktionen lösten sich Aristoteles' „Biologismen" zwar auf, doch blieb das einmal im kulturellen Leben verankerte Vorurteil der Minderwertigkeit der Frau erhalten. Die psychologische Forschung war bis dahin nur rudimentär entwickelt; eine über die programmatisch verkündete Gleichwertigkeit der Geschlechter hinausgehende, kulturpsychologische Deutung des Geschlechterverhältnisses war zu dieser Zeit noch nicht möglich. So „tarnte" sich das Vorurteil mit einem neuen Biologismus. Im 19. Jahrhundert lieferte die damals in rascher Entwicklung begriffene Neurologie neues Material. Die vermeintlich mindere nervliche Ausstattung der Frau wurde nun zum Biologismus des damaligen Zeitgeistes. Weininger (zit. nach Fischer-Homberger

1979, S. 98f.) schreibt, „daß Genialität an die Männlichkeit geknüpft ist, daß sie eine ideale, potenzierte Männlichkeit vorstellt" und folgert: „Man ist Mann oder man ist Weib, je nachdem ob man wer ist oder nicht." Weniger Gehirn wurde nun als Ursache der Minderwertigkeit der Frau gesehen. Fischer-Homberger schreibt dazu weiter: „Es ist, als ob dem Manne im 19. Jhdt. der Samen buchstäblich in den Kopf gestiegen wäre."

3 Die zu kurze Unterbrechung durch die Aufklärung

Parallel zu dieser kulturellen Entwicklungslinie entstehen im Zeitalter der Aufklärung andere Vorstellungen. Bildung und Wissenschaft werden als elementare Voraussetzungen zur Überwindung von Krankheit, Armut und Not angesehen, Bildung zum elementaren Menschenrecht – auch für Frauen – erklärt sowie die gleichwertigen geistigen Fähigkeiten der Frau anerkannt. Mann und Frau sind in der Erziehung zu Herzenstugenden und Wissen anzuleiten. Die historische Forschung entdeckt eine wachsende Zahl von Frauen, die diesen Aufbruch mitgestalteten. Zu nennen ist zum Beispiel Emilie du Chatelet, Lebensgefährtin von Voltaire. Europaweit wird sie als Wissenschaftlerin bekannt. Ihre groß angelegten physikalischen Experimente in der Schloßhalle von Cirey in Lothringen erschrecken manchen Besucher (Edwards 1989). Oder Marie Lavoisier, die gemeinsam mit ihrem Mann bahnbrechende chemische Experimente zu Verbrennungsprozessen durchführte (Alic 1987, S. 111f.). Ihre gemeinsame Arbeit bewirkte einen „Paradigmenwechsel" des Verständnisses von Verbrennungsvorgängen (Kuhn 1979, S. 104). Ganz besondere Beachtung schließlich verdient das bekannte Erziehungsexperiment des großen deutschen Aufklärers Schlözer, Professor für Geschichte und Politik in Göttingen. In der Auseinandersetzung mit Basedow über bestimmte pädagogische Fragen, die sich jedoch nicht auf die Geschlechterfrage bezogen (Kern u. Kern 1988, S. 50f.), versuchte er, die Wirksamkeit seiner Pädagogik an seinem Kind zu demonstrieren.

3.1 Das Erziehungsexperiment des August Ludwig Schlözer

Basedow hatte mit den Veröffentlichungen seiner Rousseaus aufgreifenden pädagogischen Vorstellungen für großes Aufsehen gesorgt. Er gründete eine Reformschule, das Philanthropin in Dessau, in der Jungen und Mädchen getrennt mit unterschiedlichen Lehrplänen, erzogen wurden. Basedow orientierte sich dabei an Rousseaus dualistischem „Entwurf des Geschlechterverhältnisses" und dem „dazugehörigen Frauenbild":

> Das männliche Geschlecht ist von Natur geschickter, viel zu arbeiten, Erfahrungen aus der Ferne zu ziehen; Handwerke, Künste, Commerzien oder Wissenschaften zu erlernen ... Daraus folgert, daß die Erziehung einer Tochter die Ausübung all dieser Pflichten erleichtern müsse. Sie muß angewöhnt werden, ihre Person und ihren Umgang angenehm zu machen und zu erhalten; das männliche Geschlecht als das zum Vorzuge der Herrschaft bestimmte von Jugend auf anzusehen; sich dasselbe durch Sanftmut, Geduld und Nachgeben geneigt zu machen (zit. nach Kern u. Kern 1988, S. 51).

Schlözer stieß sich, wie schon erwähnt, in seiner Kontroverse mit Basedow nicht speziell an der Geschlechterfrage, es waren andere pädagogische Fragen, auf die hier nicht näher eingegangen werden kann. Aber als Schlözers erstes Kind, auf das er warten mußte, um sein Experiment beginnen zu können, ein Mädchen war, stellte dies für ihn keinerlei Barriere dar. In diesem Sinne handelte er in klarer aufklärerischer Einstellung. Er widmete sich liebevoll und sorgfältig seiner Tochter Dorothea. Sie wuchs, in allen Disziplinen gelehrt, zu einer allseits gebildeten jungen Frau heran, die mit 17 Jahren im Jahre 1787 in Göttingen als zweite Frau Deutschlands zur Magistra der Philosophie (auch mit naturwissenschaftlichen Themen) promoviert wurde.

3.2 Die folgenreiche Réplique des Dualismus durch Rousseau

An Dorothea Schlözers Beispiel kreuzen sich zwei Zeitströmungen. Die Blütezeit der Aufklärung, die auch der Frauenbildung gegenüber aufgeschlossen war, und die mit Rousseau einsetzende Rückentwicklung des Geschlechterverhältnisses zu dem bereits skizzierten Dualismus. Im „Émile" entwirft Rousseau das Bild der Sophie als einer „ungelehrten, aber herzens- und tugendkultivierten, auf's Haus beschränkten, sanften, hingebungsvollen und stützenden Frau." Sie übernimmt „die Funktion des Hilfs-Ichs für den erwachsenen Émile, nachdem der Erzieher seine Aufgabe getan hat." Bei Rousseau war die Frau auf das „Gefühl" reduziert, während der Mann „Rationalität" verkörperte und sich Gefühle nur im Privaten erlauben konnte (Kern u. Kern 1988, S. 109f.). Rousseaus Frauenbild wurde nicht nur von großen Teilen des männlichen Bürgertums begeistert aufgenommen, auch Teile des weiblichen Bürgertums akzeptierten diese Rolle gerne, sprach doch dieses Frauenbild bekannte kulturelle Traditionen an. Rousseau hatte, wie das Beispiel Basedows zeigt, auf die Reformpädagogik seiner Zeit einen nachhaltigen Einfluß. An vielen Orten wurden damals Erziehungseinrichtungen aufgebaut. Dort hielten seine Ideen Einzug und prägten viele Generationen. Dies erklärt den Widerstand, den die Ende des 19. Jahrhunderts gestellte Forderung nach Zulassung der Frauen zum Studium hervorrief.

Als Kirchhoff 1895 eine Umfrage zu seinem Gutachten „Die akademische Frau. Gutachten hervorragender Universitätsprofessoren, Frauenlehrer und Schriftsteller über die Befähigung der Frau zum wissenschaftlichen Studium und Beruf", durchführte, erhielt er unter 104 Antworten 45 Ja-, 32 Nein- und im übrigen unentschiedene Stimmen. Hausen (1986, S. 31f.) analysierte die Begründungen und erfaßte in ihnen gemeinsame Tendenzen der geschlechtsspezifischen Zuordnung. „Intuition, Liebestätigkeit, Mitleiden, Gemütsinteressen, Rezeptivität, Hingabe, Nachahmung, Ausübung" werden als typisch weibliche, während „geistige Kraft, Verstand, Logik, Selbständigkeit, Sicherheit, produktive Leistungsfähigkeit, die Fähigkeit, Zusammenhänge zu erfassen, Klarheit des Urteils, rasche Entschlüsse, energisches Handeln, Verantwortung, v. a. aber das Schöpferische: geistige Produktivität, schöpferische Ideen, Originalität und nicht zuletzt Autorität" dagegen als männliche Eigenschaften genannt werden. Aus dieser Studie wird häufig Planck zitiert, der eine generelle Zulassung von Frauen zum Studium mit der Begründung „Amazonen sind auch auf geistigem Gebiet naturwidrig" (Hausen 1986, S. 34) ablehnte, Ausnahmen aber zulassen wollte. Wer allerdings Meitners Schilderungen der lebenslangen, unerschütterlichen Freundschaft zu Planck und seiner Frau liest, lernt eine feinfühlige und zuverlässige, von gegenseitiger Achtung gezeichnete Freundschaft kennen. In der Zuordnung der Kirchhoff-Befragung erkennen wir sehr klar den Rousseauschen Dualismus von Frau = Gefühl und Mann = Verstand und Gefühl (letzteres allerdings erst an 2. Stelle). In diese Zeit fällt auch der Lebensweg eines Paares, dessen Schicksal sich als Ausdruck einer „Extrapolation in die Extreme" dieses Dualismus darstellt.

3.3 Fritz Haber und Clara Immerwahr, Verkörperung des Dualismus

Haber, Sohn eines jüdischen Kaufmanns, 1868 in Breslau geboren, trifft als habilitierter Physikochemiker 1901 seine Tanzstundenliebe, Immerwahr, auf einem wissenschaftlichen Kongreß wieder. Sie, 1870 in Schlesien geboren, hatte eine Promotion abgeschlossen und wissenschaftliche Veröffentlichungen sowie eine Patentanmeldung, ebenfalls auf dem Gebiet der physikalischen Chemie (Chmiel et al. 1986), aufzuweisen – eine zu dieser Zeit ganz ungewöhnliche Laufbahn. Nach anfänglichem Zögern willigt sie in sein Heiratsersuchen ein. „Es war stets meine Auffassung vom Leben, daß es nur dann Wert gewesen sei, geliebt worden zu sein, wenn man alle Fähigkeiten zur Höhe entwickelt und möglichst alles durchlebt hat, was ein Menschenleben an Erlebnissen bieten kann" und „daß sonst eine entscheidende Seite im Buch meines Lebens und eine Seite meiner Seele brachliegen bleiben würde". 1902 kommt nach schwerer Geburt ihr Sohn Hermann (das einzige Kind) zur Welt. Haber widmet sich ganz seiner Karriere. 1909 meldet er das Patent für die Ammoniaksynthese an, Grundlage der Düngemittelfabrikation aber auch der Sprengstoffherstellung des 1. Weltkrieges. 1912 übernimmt er die Leitung des „Institutes für physikalische Chemie und Elektrochemie" der „Kaiser-Wilhelm-Gesellschaft" in Berlin-Dahlem. Berlins Wissenschaftler, das „geistige Leibregiment des Hauses Hohenzollern" (Hermann 1984, S. 52), versammeln sich mit dem Kaiser zur feierlichen Eröffnung.

Die Eröffnungsrede Fischers, Nestor der organischen Chemie, ist interessant, weil er in ihr das Bild der Ehe des Wissenschaftlers mit dem Institut, also des Forschers mit der Naturwissenschaft (der zu erforschenden Natur), entwirft: „Das Haus hat sich heute festlich geschmückt, wie die Braut am Hochzeitstage. Gilt es doch, die Vermählung des Institutes mit der Wissenschaft zu feiern ... Das Horoskop für den Bund ist leicht zu stellen. Wir erwarten zuversichtlich, daß aus ihm eine ununterbrochene Schar von blühenden hoffnungsvollen Kindern in Gestalt von glänzenden Entdeckungen und nutzbaren Erfindungen hervorgeht." Haber forciert in diesem Institut die Entwicklung von Giftgasen, deren Einsatz er selbst nach Beginn des 1. Weltkrieges an der Front leitet.

Das von Fischer in seiner Rede entworfene Bild ist identisch mit dem, das bereits Bacon, bedeutender Wegbereiter der modernen Wissenschaft, an der Wende zum 17. Jahrhundert zeichnete (Whitney 1989). In dem gleichnishaften Bild der Bacon-Ehe des Wissenschaftlers mit der Natur meinten Horkheimer und Adorno im 20. Jahrhundert, Macht und Ausnutzung anderer durch die moderne Technik versinnbildlicht zu sehen, da diese „Ehe" patriarchal sei und Herrschaft in sich berge. Die von Bacon zur wissenschaftlichen Erkenntnis entwickelte Methode der Induktion und die mit ihr verbundene „instrumentelle Vernunft" sollte dies hervorgerufen haben; Erkenntnis sei mit Herrschaft synonym (1988, S. 10). Die postmoderne feministische Rationalitätskritik des späten 20. Jahrhunderts wird in ihrer Argumentation, Objektivierung von Erkenntnis mit patriarchaler Herrschaft gleichzusetzen, hier anknüpfen.

Clara Immerwahr, Habers Frau, die sich selbst eine „unglückselige Weichheit" attestiert, litt in der Ehe. Sie beschreibt

> Fritzens erdrückende Stellungnahme für seine Person im Haus und in der Ehe ... neben der einfach jede Natur, die sich nicht noch rücksichtsloser auf seine Kosten durchsetzt, zugrunde geht. Und das ist mit mir der Fall. Und ich frage mich, ob denn die überlegene Intelligenz genügt, den einen Menschen wertvoller als den anderen zu machen, und ob nicht vieles an mir, was zum Teufel geht, weil es nicht an den rechten Mann gekommen ist, mehr Wert ist, wie die bedeutendste Theorie der Elektronenlehre? ... Fritzens sämtliche menschliche Qualitäten, außer dieser einen (dem Forschen) sind nahe am Einschrumpfen, und er ist sozusagen vor der Zeit alt (Chmiel et al. 1986, S. 25 f.).

Haber beschäftigte zur gleichen Zeit anderes. Er entwickelte ein komplexes Rechtfertigungssystem auf sozialdarwinistischer Grundlage für die Anwendung der Giftgase im Kriegsfall:

> Das Maß soldatischer Erziehung aber, dessen es zur richtigen Pflege des persönlichen Gasschutzgerätes, zu seiner Handhabung und v. a. zur Fortführung der Kampftätigkeit unter der Maske bedarf, ist außerordentlich groß. Eine strenge Auslese scheidet die Mannschaft, die vermöge dieser Gasdisziplin standhält und ihre Kampfaufgabe erfüllt, von der soldatisch minderwertigen Masse.

„Der Kampf ums Dasein" wird nun mit Giftgas auf dem Schlachtfeld entschieden. Darwin selbst hatte nie von Vernichtung gesprochen, sondern vom Wettbewerb der Individuen und Arten. Die Kriegsereignisse waren derart grauenhaft, daß viele, so auch Hahn, vor einer Wiederholung zurückschreckten. Haber aber, im Frühjahr 1915 vom ersten persönlich geleiteten Einsatz in Ypern an der Westfront heimgekehrt, wollte bereits wieder zum nächsten Einsatz abreisen. Seine Frau, die Giftgase als „eine Perversion der Wissenschaft und ein Zeichen der Barbarei" ansah, stellte ihn vor ein Ultimatum: Sie drohte mit dem Freitod, wenn er das Unternehmen nicht abbreche. Als „deutscher Patriot" ging Haber seiner Pflicht nach, sie erschoß sich – noch am selben Abend.

4 „Natur" oder „Kultur"? – Die Diskussion der 20er Jahre

4.1 Die Überwindung des Dualismus

Haber und Immerwahr – ein herausforderndes Beispiel, aber wofür? Auf der einen Seite ist Haber, dem seine Biographie eine nur sehr einseitige Entwicklung gestattete und die Vertiefung der mitmenschlichen Fähigkeiten verwehrte. Und Immerwahr auf der anderen Seite, die bereits den Weg von Studium und Berufsbeginn gegangen war, nach ihrer Heirat im familiären Bereich aber keine

Erfüllung fand. Ist nun Haber ein Beispiel dafür, daß „Familie, Schule, Gefängnisse, Rechtswesen, Politik usw. auf dem männlichen Prinzip, d. h. dem Grundsatz der Gewalt, der Autorität, des Kampfes aller gegen alle, der Furcht des einen vor dem andern aufgebaut und eingestellt" sind, wie es 1917/1922 Heymann (1980, S. 65), Vertreterin des radikalen Flügels der bürgerlichen Frauenbewegung, formulierte? Und Immerwahr als Beispiel für „das weibliche aufbauende Prinzip der gegenseitigen Hilfe, der Güte, des Verstehens und Entgegenkommens", dem „männlichen zerstörenden Prinzip ... diametral entgegengesetzt" (Heymann 1980, S. 65), entsprungen der „natürlichen Verbindung zwischen Mutterschaft und Frieden"? Bereits in den 20er Jahren beschäftigte diese Diskussion viele Menschen, tief berührt und bewegt von den unglaublich schrecklichen Zerstörungen, dem unermeßlichen Leid des 1. Weltkrieges. Vaerting (1980, S. 71) verneinte schon 1921 eine biologische Determination, einen derart bestimmten Dualismus im Wesen von Mann und Frau, also auch die Vorstellung einer „pazifistischen Natur" der Frau. Ihrer sozialpsychologischen Analyse nach gab es in der Geschichte sowohl kriegerische Frauenstaaten, als auch friedliebende Männerstaaten. Auch der weitere Geschichtsverlauf zeigt in erschütternder Weise Beispiele, die ihr nur allzu Recht geben: Da sind die Bilder der jubelnden Frauen, die ihre an die Front aufbrechenden Männer verabschieden und die Prozesse gegen ehemalige KZ-Aufseherinnen, die deren seelische Verrohung offenkundig werden lassen.

Stöcker (1980, S. 103) ruft 1928 in ihren Schriften, z. B. unter dem Titel „Psychologische Umwandlung", die Menschheit, Mann und Frau, auf: „Der alte todbringende Haß ... darf nicht länger auf lebendige Menschen gerichtet (sein): auf die Unzulänglichkeit der Zustände, auf die Sinnlosigkeit der gegenseitigen Vernichtung muß er umgelenkt werden. Der Wille zu Neugestaltung der Welt: die Welt lebenswert für alle, in eine Stätte der Freude zu verwandeln ... Die Freude am Glück des anderen, die Mitempfindung seines Leides ... soll allein zur Geltung kommen." Stöcker formuliert eine ethische Einstellung, wie sie auch im „Prinzip Verantwortung" von Jonas oder der „Yamoussoukro-Deklaration" der UNESCO zum Tragen kommt. Sie griff mit ihren Gedanken die schon vorhandenen Erkenntnisse und Erfahrungen der psychologischen Forschung auf, die sich innerhalb kurzer Zeit bereits stark entwickelt hatte. Sie verließ sich nicht auf eine besondere, pazifistische, naturverbundene Determiniertheit bzw. „Natur" der Frau. Vielmehr sah sie die politischen Verhältnisse als Ausdruck einer im Inneren des Menschen verwurzelten, sich nur einer psychologischen Sichtweise erschließenden Einstellung zu Krieg und Zerstörung.

4.2 Die psychologische Sicht führt zur Auflösung des Vorurteils

Einen wissenschaftlichen Zugang zum Verständnis des Geschlechterverhältnisses und dessen umfassende psychologische Erklärung unter Einbeziehung kulturgeschichtlicher und anthropologischer Grundlagen – entwickelte in den ersten Jahrzehnten dieses Jahrhunderts Alfred Adler. Ausgehend von einer grundsätzlichen Gleichwertigkeit von Mann und Frau, untersuchte er die kulturgeschichtliche Entwicklung des Vorurteils von der Minderwertigkeit der Frau, das sich z. B. darin ausdrückt, daß „der Mann der erwerbende und bevorrechtete

Teil ist", und er beschreibt: „Es ist überaus schwer, dem Kind klarzumachen, daß die Mutter, die die häuslichen Leistungen vollzieht, ein dem Mann gleichberechtigter Partner sei" (1983, S. 118). Adler verweist in diesem Zusammenhang auf geistliche Konzilien, in denen die Frage, ob die Frau überhaupt eine Seele habe, lebhaft diskutiert wurde, und fährt fort: „Die jahrhundertelange Dauer des Hexenwahns mit seinen Hexenverbrennungen legen ein trauriges Zeugnis ab von den Irrtümern, von der gewaltigen Unsicherheit und Verwirrung jener Zeit in dieser Frage." Kinder, die in unserer Kultur aufwachsen, seien in vielen Situationen des Alltags mit der Vorrangstellung des Mannes konfrontiert und erlebten damit auch, „daß die Frau im allgemeinen schlechter abschneidet" (1983, S. 119).

Adler erachtete in der von ihm entwickelten individualpsychologischen Theorie die Ausbildung zwischenmenschlicher Beziehungsfähigkeit und des Gemeinschaftsgefühls als Voraussetzung für eine seelisch gesunde Entwicklung, während der Mangel daran zur Ausbildung eines überzogenen Geltungs- und sogar Machtstrebens führe. Wenn das Kind, Junge oder Mädchen, die Ungleichwertigkeit von Mann und Frau im alltäglichen Leben erlebe, verarbeite es diese Erfahrung und integriere sie in sein persönliches Weltbild. Adler nennt diese Ausrichtung auf die männliche Überlegenheit den „männlichen Protest". Der Knabe strebe danach, „männliche" Charakterzüge wie Stolz, Stärke, Mut, Überlegenheit zu entwickeln und „weibliche" Züge wie Anpassung, Gehorsam, Demut und Dienen abzulehnen (1983, S. 120). Auch „bei Mädchen finden wir häufig, daß sie als Leitlinie ein männliches Ideal in sich tragen, entweder als eine unerfüllbare Sehnsucht oder als Maßstab für die Beurteilung ihres Verhaltens, oder als eine Art und Weise aufzutreten und zu wirken" (1983, S. 121). Zu den Zuordnungen „männlich" und „weiblich" meint Adler: „Gewisse Charakterzüge gelten als „männlich", andere als „weiblich", ohne daß irgendwelche Grundtatsachen zu diesen Wertungen berechtigen." (1983, S. 119) Adler betont, daß kulturelle Wertungen Maßstab für die Beurteilung von „männlichen" oder „weiblichen" Eigenschaften sind. Erstaunlich, daß fast zu gleicher Zeit Freud noch bei biologisch begründeten Interpretationen der weiblichen Sexualität innerhalb seiner psychoanalytischen Triebtheorie verharrte, die Horney (zit. nach Rubins 1980, S. 140f.) zu einer umfassenden psychologischen Revision unter dem Aspekt der grundsätzlichen Gleichheit von Mann und Frau herausforderten.

In den 30er Jahren unterzog Rühle-Gerstel die Frauenfrage einer umfassenden individualpsychologischen Untersuchung. Die Einwirkung der Polarität oben-unten, mit Mann-Frau gleichgesetzt, erschütterte nicht nur die weibliche Hälfte der Menschheit, sondern auch die männliche. Schärfster Ehrgeiz, Rivalität, Angst vor Niederlagen, Verfall und damit Starrsinn und Wirklichkeitsferne kennzeichneten die fiktiven Leitbilder ihrer Zeit. In der seelischen Verarbeitung der Eindrücke „finden sich die Ziele der Weiblichkeit darum alle irgendwie auf der Linie der Männlichkeit. Das heißt nicht, daß jede einzelne Frau begehrt, ein Mann zu sein. Aber das Ziel jeder Frau befindet sich in der Gegend der Männerwelt, denn wo der Mann ist, ist oben" (1932, S. 75). Die Analyse dieser geschichtlichen Situation bilde die Voraussetzung, um den „Übergang von der alten zur neuen Weiblichkeit", auf der Grundlage der seelisch verarbeiteten Gleichwertigkeit der Geschlechter (1932, S. 409), zu vollziehen.

Rühle-Gerstel wies in ihren Ausführungen auf den uralten Irrtum hin, die Frau als Trägerin der weiblichen Geschlechtsfunktion, der Mutterschaft, in ihrem Charakter als biologisch bestimmt zu sehen. „Die Mutterschaft tritt also als Material der Charakterbewältigung in jedem weiblichen Charakter auf; aber sie bewirkt ihn nicht, sie formt ihn nicht, sie wird von ihm aufgenommen und eingeordnet" (1932, S. 77). Daß sich diese biologisch determinierte Anschauung des weiblichen Charakters so lange und hartnäckig halten konnte, sah sie in engem Zusammenhang mit den Funktionen des weiblichen Körpers, der weit mehr biologisches Anschauungsmaterial liefere als der männliche. Auch unter den modernen Wissenschaftlern sei es immer noch üblich, „die Weiblichkeit unter der Kategorie ‚Natur' zu sehen" (1932, S. 67). Sie schloß sich ganz entschieden Vaertings sozialpsychologischem Standpunkt und derem konsequenten Verzicht auf eine biologische Deutung an.

Die Frage, ob die Frau eine besondere, biologisch begründete Verbindung, intuitive Neigung zu Frieden und natürlichen Vorgängen habe, war also schon im 1. Drittel dieses Jahrhunderts verneinend beantwortet worden. Doch wie in so vielen anderen Fällen – die umfassende Weitergabe der Resultate damaliger Auseinandersetzungen und Diskussionen an spätere Generationen blieb aus.

5 Die Diskussion der 80er Jahre – Ökofeminismus und Rationalitätskritik

5.1 Der angeblich andere Naturbezug von Frau und Mann

In den 80er Jahren stieß Merchant mit ihrer in „The death of nature" entwickelten Zusammenführung der Wertvorstellungen von Frauen- und Ökologiebewegung auf starkes Echo; im deutschsprachigen Raum entstand der Ökofeminismus. „Seit jeher besteht ein Zusammenhang zwischen den Frauen und der Natur" (1987, S. 11), beginnt ihre Einleitung. „Durch die alte Gleichsetzung der Natur mit einer Nahrung spendenden Mutter berührt sich die Geschichte der Frauen mit der Geschichte der Umwelt und des ökologischen Wandels" (1987, S. 12). Nach Merchant hat die sich bildende Ökologiebewegung das Interesse an Werten geweckt, die historisch mit der „vormodernen organischen Welt" verknüpft sind und auf Vorstellungen wie die der „weiblichen Erde ... (als) Mittelpunkt jener organischen Kosmologie" zurückgreifen (1987, S. 12). Merchants beschwörende Darstellung der in sich ruhenden mittelalterlichen Welt erinnert im übrigen an die Auffassung der Romantiker. Daß aber gerade in dieser vormodernen Zeit Inquisition und Hexenverfolgungen Millionen von Frauen und Vordenkern der Moderne auf furchtbarste Weise umbrachten, wird von Merchant nicht erwähnt. Aus ihrer Sicht nimmt sie eine „neuartige Deutung der modernen Naturwissenschaft" vor und setzt bei „jenem kritischen Zeitpunkt ein, als man unseren Kosmos nicht länger als Organismus betrachtete, sondern aus ihm eine Maschine machte" (1987, S. 12).

In Konsequenz dessen will sie jene Wertvorstellungen prüfen, die im Zusammenhang mit der Entstehung der modernen Welt zu Beginn der Neuzeit mit dem Bild von Frau und Natur verbunden waren, als eine Weltanschauung und Wissenschaft entstand, die „die Wirklichkeit nicht mehr als lebendigen Organismus sondern als Maschine auffaßte und dadurch die Herrschaft über die Natur wie über die Frauen legitimierte" (1987, S. 13). Die „Gründer-,Väter'" der Neuzeit, wie Harvey, Descartes, Hobbes und Newton, werden von ihr kritisch hinterfragt. Als Folge der damaligen mechanistischen Philosophie sieht sie ein die Natur beherrschendes, mechanistisches Weltbild entstehen, in dem „die Maschine", als mit der Macht in Zusammenhang stehend, die Natur kontrolliert und beherrscht (1987, S. 220f.). Ohne selbst in Biologismen zu verfallen, formuliert sie jedoch eine vom Vitalismus herkommende „organische Naturauffassung" oder „organische Perspektive", einen „Holismus" und malt das Bild einer „lebendigen, beseelten Natur" aus (1987, S. 277f.), wobei sie in dieser Tradition stehende Vorstellungen von Conway und Leibniz bis hin zu Reich aufgreift. In diesem Sinne zitiert sie als Ziele der Ökologiebewegung, „im Einklang mit den Cyclen der Natur" zu leben und „Abschied zu nehmen von der ausbeuterischen, linearen Mentalität einer stur nach vorne blickenden Fortschrittsgläubigkeit" (1987, S. 13). Das Lebendige, Vitale, die „Natur", solle, wie der Buchtitel „Tod der Natur" sagt, durch lineares mechanistisches Denken und Handeln ausgelöscht worden sein. Merchant untersucht jedoch nicht die kulturellen Werte und Vorurteile, die in der „vormodernen Zeit", dem Mittelalter, bereits über Jahrhunderte und Jahrtausende hin aufgebaut wurden. Erst deren Aufarbeitung kann eine wirkliche und bleibende Annäherung von Mann und Frau und deren gleichwertige Kooperation ermöglichen.

Auch Mies greift auf das Bild einer friedlichen Natur als gütige, gebende Mutter zurück (1988), geht aber über philosophische Diskussionen hinaus und führt wieder das Bild einer „besseren" Natur der Frau ein. Da die Frau – wie die Natur – Leben und Nahrung für die eigenen Kinder erzeuge, „wirkt frau mit der Natur mit"; es gibt nach Mies also einen „unterschiedlichen weiblichen und männlichen Gegenstandsbezug zur Natur". Frauen, die einen produktiven Bezug haben, sind daher auch die Erfinderinnen der ersten produktiven Wirtschaft, des Ackerbaus, und auch der ersten sozialen Beziehung, nämlich der von Mutter und Kind. Männer dagegen haben, so Mies, einen destruktiven Naturbezug, der sich über Werkzeuge, Waffen, Technik vermittelt und zum „Industriesystem" führt, dessen „Paradigmenwechsel" angesagt sei. Die heutige geschlechtliche und internationale Arbeitsteilung, zwischen der Mies eine Analogie herstellt, wird von ihr als Folge einer Verknüpfung von Patriarchat und Kapitalismus interpretiert; sie formuliert eine Unterdrückungsanalogie von Natur, Frau und fremden Völkern. Ihr gesellschaftliches Ideal dagegen ist die ursprüngliche Subsistenzwirtschaft. Mies projiziert die schon bei Adler und Rühle-Gerstel erarbeitete psychologische Deutung und Erklärung des Geschlechterverhältnisses wieder ganz in die Biologie von Frau und Mann – ein alter-neuer Irrweg. Die Möglichkeit, über Erziehung und kulturelle Veränderungen auf der Grundlage von Gleichheit zwischen Mann und Frau Kooperation aufzubauen, wie es die eingangs zitierte „Yamoussoukro-Deklaration" fordert, wird von ihr nicht beachtet.

An dieser Stelle soll auf den heute auffällig inflationären Gebrauch des meist mißverstandenen Kuhn-Begriffs „Paradigmenwechsel" eingegangen werden. Kuhn (1979) demonstrierte am Beispiel der „Kopernikanischen Wende", wie das fast 2 Jahrtausende Bestand habende aristotelische Weltbild aufgrund seiner sichtbar gewordenen Umständlichkeiten eine umfassende neuzeitliche Umdeutung zum heliozentrischen Weltbild erfuhr. Auch das neue Weltbild baute auf den damals bekannten naturwissenschaftlichen Beobachtungen auf; Kopernikus' und Galileis Leistungen bestanden v. a. darin – aus dem naturwissenschaftlichen Verständnis der Moderne heraus – diese Beobachtungen schlüssiger, einfacher und einsichtiger zu interpretieren. Eine Bestätigung konnte erst in späteren Jahrhunderten erfolgen; die Verbesserung der Fernrohrtechnik ermöglichte, die Parallaxenverschiebung zu erfassen. Heute dagegen wird der Begriff „Paradigmenwechsel" häufig im Sinne eines nahezu beliebig anmutenden Interpretationswechsels gesellschaftlicher und sozialer Zustände eingesetzt und verwässert, denn diesen Interpretationen liegen keine echten, logisch gewonnenen Erkenntnisse zugrunde. Zur „Struktur wissenschaftlicher Revolutionen" gehört aber nach Kuhn die ausschließliche Verarbeitung von Material, das durch logische Erkenntnis der Natur gewonnen wurde. Heute werden jedoch gerade Vernunft und Rationalität als dem Patriarchat inhärente Denkstrukturen einer postmodernen feministischen Kritik unterzogen. Die Anwendung des Kuhn-Begriffs „Paradigmenwechsel" ist auf dieser Grundlage nicht möglich (vgl. auch Fox Keller 1986).

Einige Autorinnen des Ökofeminismus gehen in ihrer Kritik an Vernunft und Aufklärung sogar so weit, von der Notwendigkeit „irrationaler Erkenntnismöglichkeiten" zu sprechen, die in eine neu zu konstituierende „feministische Wissenschaft" zu integrieren seien. Diese „magischen" Fähigkeiten seien nur den Frauen eigen, anknüpfend an die Vorstellungen über die angebliche Magie der früheren Hexenkulte (vgl. Jansen 1989, S. 41).

Die heute wieder aufgegriffenen oder noch erhaltenen Biologismen werden sehr unterschiedlich beurteilt, je nachdem von wem und von welchem Standpunkt aus sie eingebracht werden: Einerseits dienen sie zur Legitimierung der „besseren Natur" der Frau, andererseits gelten sie als zu verwerfende, wenn aus männlicher Sicht formuliert! Dann werden sie beispielsweise charakterisiert als Ausdruck von „Geschlechtsstereotypen und ... Geschlechtsideologien". So schreiben 1985 Studentinnen aus Bremen in ihrer Kritik an einem Lehrbuchautor in einem Flugblatt:

> Knussmann (Knussmann R 1983: Vergleichende Biologie des Menschen; d.Verf.) geht davon aus, daß die somatischen Unterschiede auch psychische Unterschiede bewirkten. Dabei wird die Psyche von Mann und Frau polarisiert dargestellt, wobei der Frau u. a. bessere sprachliche Leistungen, eine stärkere Emotionalität, ein stärkeres Personeninteresse und eine eher passive, situationsbezogene Grundeinstellung zugewiesen wird. Der Mann hingegen sei analytischer, kritischer eingestellt, aktiv, aggressiv und leistungsbezogen. Dies seien Testergebnisse. Knussmann beruft sich aber unwidersprochen auf sie (zit. nach Maurer 1987, S. 38).

Interessant, wie der Dualismus Rousseaus, im Gutachten von Kirchhoff wieder auffindbar, bis in die zuletzt genannten Beispiele fortwirkt; die Abwehr der Studentinnen erscheint verständlich und berechtigt. Die Benutzung eben desselben Dualismus muß nun Erstaunen hervorrufen, wenn er, wie das folgende Beispiel zeigt, von einer Frau zur Legitimierung des „Unterschieds" zwischen Frau und Mann herangezogen wird. Zuordnungen im Bezugsrahmen des Dualismus scheinen also nicht schlechthin auf generelle Ablehnung zu stoßen, sondern die Akzeptanz solcher Zuordnungen korreliert erstaunlicherweise mit der Frage, wer diese vornimmt und was er damit legitimieren will.

So ist es nun eine Frau, die in Umkehr des Vorwurfs der Studentinnen gegenüber dem Lehrbuchautor, den vordergründigen Dualismus männlicher und weiblicher Eigenschaften auch als biologisch begründet ansieht: „Ich selbst bin allerdings der Auffassung, daß die biologischen, durch die Evolution des Menschen geprägten Unterschiede die sozialpsychologischen ergänzen und in vieler Hinsicht ihre tiefere Ursache bilden" (Erler 1985, S. 79). Zur Stützung dieser These zieht Erler den noch sehr jungen Zweig der Biopsychologie heran und führt die angeblich geringere Lateralisierung weiblicher Gehirne an (1985, S. 81). Bei rechtshändigen Männern sollen die sprachlichen Fähigkeiten streng der linken, die räumlich-visuellen Fähigkeiten der rechten Gehirnhälfte zuzuordnen sein, während die Gehirnhälften bei Frauen diffuser organisiert seien und auch einen Funktionsaustausch möglich machten. Die im Gegensatz zu den Knaben beobachtete

> Grundtatsache, daß weniger Mädchen einen spontanen Zugang zu diesen Bereichen (Technik, Mathematik; d.Verf.) haben, und zwar mit ungeheurer statistischer Wuchtigkeit und Festigkeit, kann ohne weiteres ihren Ursprung auch in der Hirnorganisation haben ... Umgekehrt ist es sehr wahrscheinlich, daß die ominöse weibliche Intuition in mancher Hinsicht nichts anderes ist, als etwas, über das Männer praktisch nicht verfügen: eine integrierte Wahrnehmung und schnelle Kombination von verbalen, emotionalen und visuellen Elementen ... Das Lesen eines Gesichts und von Körpersprache, die Fähigkeit, das Empfundene nicht nur zu fühlen, sondern auch auszudrücken, sind demnach weibliche Fähigkeiten, die den meisten Männern fehlen und ihnen deshalb so bedrohlich scheinen (1985, S. 84).

Thomas (1990a, S. 168) faßte die Widersprüche der Lateralisierungshypothese zusammen: Z. B. werde bei Stotterern und Kindern mit Lese-Rechtschreibe-Schwäche der geringere Lateralisierungsgrad des Gehirns als Ursache angesehen, die Mehrzahl der Kinder mit derartigen Störungen ist allerdings männlichen Geschlechts!

Wagner machte bereits auf die Gefahr der Fortsetzung des Dualismus männlich-weiblich, verknüpft mit all den bereits vorgestellten Wert- und Eigenschaftszuschreibungen, aufmerksam. „Ansätze wie jener des Ökofeminismus sind dieser Versuchung ein Stück weit erlegen" (1990, S.199).

5.2 Diskussion um „Strukturen" statt um Werte

Andere Ansätze ergaben sich aus der Fragestellung, ob das weitgehende Fehlen von Frauen in der Wissenschaft nicht auch Auswirkungen auf die Denk- und Erkenntnisstrukturen der Wissenschaften wie auch auf die Strukturen des Wissenschaftsbetriebes selbst habe. Tief erschüttert angesichts der Greueltaten, die während des Zusammenbruchs des faschistischen Deutschlands aufgedeckt wurden, entwickelten Horkheimer u. Adorno (1988) ihre „Dialektik der Aufklärung", deren philosophische Gedanken reichliche Ansätze bieten, dieser Fragestellung nachzugehen. Wie schon erwähnt, sehen sie in dem Naturverständnis von Bacon, dem englischen Staatsmann und Wissenschaftler, wie auch in dem Naturverständnis der Neuzeit überhaupt die Ursache für die gigantomanische Technikentwicklung der Moderne. Bacons in eigenen Schriften benutztes Bild von der „glücklichen

Ehe zwischen dem menschlichen Verstand und der Natur der Dinge ... zwischen Geist und Natur" (Horkheimer u. Adorno 1988, S.9) wird von Horkheimer u. Adorno als patriarchale Vorstellung charakterisiert. Hier soll auch an die von Fischer bei der Einweihung des Haber-Institutes benutzte kongruente Metapher erinnert werden.

Horkheimer u. Adorno betrachteten die durch Anwendung der wissenschaftlichen Methode hervorgerufene „Entzauberung der Welt" (Weber) als etwas Negatives, Zerstörerisches, da der Gebrauch der Vernunft bereits das Moment der Herrschaft über die Natur in sich trage. „Der Mythos geht in Aufklärung über und die Natur in bloße Objektivität" (Horkheimer u. Adorno 1988, S. 15); die „restlos Aufgeklärten" steuerten schließlich die Gesellschaft geschichtsnotwendig in die Barbarei (1988, S. 26). Bacons weit ausgemalte Metapher der Ehe und auch seine später verwendete Formulierung „wir müssen der Natur ihre Geheimnisse unter Foltern entwinden" (Merchant 1987, S. 177f.), machten ihn, der mit der Formulierung der induktiven Methode zum Begründer der Moderne (Whitney 1989) wurde, zur besonderen Zielscheibe von Kritikern, die in den Denkstrukturen und Forschungsmethoden der Wissenschaft selbst die Ursache für die heutigen Probleme, u. a. auch für die Umweltkrise, sehen wollen. Bacon als Kind seiner Zeit zu sehen, der, wie so häufig in der Geschichte zu beobachten, einerseits mutig und mit klarem Blick Neuland beschreitet, andererseits in manchem Vorurteil noch stecken bleibt, eröffnet eine andere Sicht: Die Aufarbeitung des (zu seiner Zeit) noch aktuellen Vorurteils von der Andersartigkeit und Minderwertigkeit der Frau stünde an.

Scheich interpretiert im Sinne von Horkheimer u. Adorno die „Dialektik der Aufklärung" hinsichtlich „struktureller Verdrängungen des naturwissenschaftlichen Denkens" (Scheich 1985, S. 72), beispielsweise der Verdrängung der Spontaneität. Das Erbe des Vitalismus sei durch die moderne Wissenschaft verfälscht, die mit männlicher Herrschaft verknüpfte mechanistische Anschauung führe, mit Merchant, zum „Tod der Natur" (Scheich 1985, S. 87f.). In Analogie dazu nimmt Rübsamen in den Naturwissenschaften eine Hierarchie wahr, in der die „lebenden Organismen wissenschaftlich-begrifflich den geschilderten anorganischen Gesetzmäßigkeiten untergeordnet werden", um „sie in wichtigen Bereichen und in verschiedener Hinsicht zu beherrschen" (Rübsamen 1983, S. 300). Sie zeichnet eine Hierarchie, in der Mathematik „oben" und über die immer angewandteren Bereiche der Physik bis zur Chemie, die Biologie schließlich „unten" angesiedelt sei.

Manche Autorinnen gehen so weit, die Trennung Subjekt-Objekt, Beobachter-Beobachtetes, „mit der immer wieder versucht wird, so etwas wie Objektivität herzustellen" (Reichwein 1989) oder „die Ideologie einer objektiven Naturwissenschaft" aufrechtzuerhalten (Jansen 1989, S.39), als von patriarchaler Herkunft abzuqualifizieren. Diese Trennung soll zur Erstarrung des Lebendigen mit dem „Seziermesser Wissenschaft" (Stopzyk 1988) führen. Die Entwicklung der Frauenbewegung zu einer „Betroffenen"-Bewegung schlägt sich in diesen Ansätzen nieder. Der Ansatz, die Trennung von Beobachter und Beobachtetem aufzulösen, ist auch immanenter Bestandteil der Begründung sog. „Aktionsforschung": „Für bewußtmachende Forschung brauche ich ‚Theorie', für Aktionen brauche ich ‚Wut'" (Komter u. Mossink zit. nach Mies 1984). Aus den gravierenden, zu beobachtenden

Umweltzerstörungen, Ungerechtigkeiten, Abhängigkeitsverhältnissen usw. wird die Denklogik „patriarchaler Strukturen" abgeleitet und die Forderung nach „struktureller Veränderung" erhoben. Die Möglichkeit zur Veränderung wird also v. a. in politischen Lösungen gesucht; dies auch, da in der sozialen Ungleichheit im gesellschaftlichen Bereich auch die Schuld für die persönlich empfundene Minderwertigkeit der Frau gesehen wird: „Sie kann diese Minderwertigkeit nur beseitigen, wenn sie die männliche Überlegenheit zerstört", sagte bereits de Beauvoir (1987, S. 669).

Diese Aussage bezieht sich vorrangig auf die „patriarchalen" Institutionen und gesellschaftlichen Strukturen, aber mit der von Foucault, Hauptvertreter des „Antihumanismus", propagierten „kulturellen Attacke" auch auf die Destruktion des „Subjekts", der Persönlichkeit eines Menschen (1987, S. 91f.). Nach Foucaults Auffassung konstituiert sich das Subjekt ausschließlich aus den bürgerlich-humanistischen Normen abendländischer Kultur. Seine Zerstörung als Befreiung von Normen sei revolutionär. Verschiedene Feministinnen schließen sich Deleuze an, der in Foucaultscher Tradition fordert, die Schranken des verhärteten, mit sich selbst identischen, destruktiven „männlichen" Subjekts niederzureißen. Er propagiert ein amorphes, „heterogenes" und „polyzentrisches" Selbstverständnis (vgl. Nagl-Docekal 1990, S. 22f.). Diese „dezentralisierte" Persönlichkeitsauffassung widerspricht allen seriösen tiefenpsychologischen Persönlichkeitstheorien, die in der therapeutischen Praxis beim Heilungsprozeß, z. B. der Heilung von Schizophrenien, gerade daran erfolgreich arbeiten, abgespaltene Persönlichkeitsanteile wieder zu integrieren (Sullivan 1983, S. 360). Nicht die psychologisch-pädagogische Aufarbeitung der emotional verankerten Oben-unten-Problematik in der Erziehung von Jungen und Mädchen wird als Weg eingeschlagen, sondern die bis in die individuelle Persönlichkeit konsequent fortgeführte Zerstörung der gesellschaftlichen „Herrschaft" des Mannes. Die im Geschlechterverhältnis liegende Problematik wird nicht bearbeitet, sondern weiter verschärft. Auch die Debatte um die „Koedukation" ist hier zu erwähnen. Abgeschirmt von dem männlichen Teil, soll Mädchen in der Schule Freiraum für ihre spezifische Bedürfnisse geschaffen werden; die Vorstellung, eine eigene Frauenkultur zu schaffen, fließt – meist unausgesprochen – in diese Forderung mit ein.

Fox Keller, selbst Naturwissenschaflerin, setzt sich mit den aktuellen Forderungen, Wissenschaft, weil sie androzentrisch sei, ganz abzulehnen oder durch eine vollkommen neue, andere zu ersetzen, äußerst kritisch auseinander. „Indem man die Objektivität als ein männliches Ideal ablehnt, leiht man seine Stimme einem Chor von Feinden und verurteilt die Frauen dazu, sich aus der Realpolitik der modernen Kultur herauszuhalten. Damit wird eben das Problem verschärft, das hierdurch gelöst werden sollte" (1986, S. 593). Und:

> Die Annahme, daß die Wissenschaft durch eine andere ersetzt werden könne, und zwar von grundauf, zeigt eine Auffassung von Wissenschaft als einem rein sozialen Produkt, das dem moralischen und politischen Druck von außen Folge zu leisten hat. Unter diesem extremen Relativismus löst sich die Wissenschaft in Ideologie auf; jede emanzipatorische Funktion der modernen Wissenschaft wird negiert, und die Entscheidungsgewalt über Wahr oder Falsch wird in den politischen Bereich verlegt (Fox Keller 1986, S. 190).

Es wäre sehr interessant, weiteren philosophischen Hintergründen postmoderner feministischer Wissenschaftskritik nachzugehen, dies würde jedoch den Rahmen dieses Beitrages sprengen.

6 Schlußfolgerungen

Es scheint einfacher, sich auf eine „pazifistische Natur" der Frau (Heymann 1980) oder auf ihren „besseren Naturbezug" (Mies 1988) für die Sicherung eines die Natur schonenden Umgangs verlassen zu können; aber ein echtes, tragfähiges Fundament, um „Frieden in den Beziehungen der Menschen untereinander sicher (zu)stellen und eine harmonische Partnerschaft der Menschheit (also Frau und Mann; die Verf.) mit der Natur entwickeln (zu) helfen", wie die „Yamoussoukro-Deklaration" fordert, kann nur die sorgfältige Analyse aller die Menschen trennenden Vorurteile bewirken, die im menschlichen Fühlen und Denken verankert sind! Erst vorurteilsfreies Verständnis füreinander, ob zwischen Frau und Mann oder zwischen verschiedenen Kulturen und Minderheiten, ermöglicht gewaltfreie Konfliktlösungen und damit kooperatives Verhalten. Eine Erziehung des Menschengeschlechtes auf der Grundlage der in der „Yamoussoukro-Deklaration" formulierten Werte bietet die Gewähr, ein solches Verhalten auszubilden und damit einen dauerhaften Wandel in Richtung auf eine Friedenskultur herbeizuführen.

Rühle-Gerstel, an Adler orientiert, wies auf die Bedeutung sozialpsychologischer Erkenntnisse für das Verstehen der Geschlechterfrage hin. Wie erwähnt, unterzog sie diese einer individualpsychologischen Deutung: Beide Geschlechter finden die Oben-unten-Hierarchie in der Gesellschaft und den Beziehungen der einzelnen Menschen vor. Das heranwachsende Kind verarbeitet diese Erfahrung in den eigenen Lebensentwurf, den Lebensplan. Dadurch bildet sich die Bereitschaft zu emotional verankerten Abhängigkeiten – Dominanz oder Unterordnung – die erzwungen oder scheinbar freiwillig eingegangen werden.

Um das Bewußtsein für die Werte einer Friedenskultur zu schaffen, bieten Familie, Kindergarten, Schule und Hochschule weiten Raum. Die Anleitung zu gewaltfreiem Umgang, zu einem friedlichen Miteinander, zur Achtung vor der Würde des anderen, zu Toleranz und Solidarität ist hier möglich. In den vielfältigen Situationen des Alltags kann der junge Mensch lernen, Verantwortung für sein Tun zu übernehmen: sowohl für seinen Umgang mit den Mitmenschen – beiderlei Geschlechts – als auch für seinen Umgang mit der Natur. Die Freude am Wohl des anderen ist mit dem eigenen Wohlergehen verbunden und kann auch künftige Generationen (Jonas 1979) einschließen. Die gemeinsame Erziehung der Geschlechter in der Koedukation eröffnet großartige Möglichkeiten, partnerschaftlichen Umgang einzuüben, unter Integration aller Menschen, ohne Ausschluß. Bereits 1927 nahm Adler in der Diskussion um die Einführung der Koedukation Stellung (Adler 1983, S. 137) und verwies auf die „Übung einer Vorbereitung auf die künftige Zusammenarbeit der Geschlechter an gemeinsamen Aufgaben", zeigte aber auch die Gefahr auf, daß der Pädagoge aus dieser Situation eine „Konkurrenz der Geschlechter um die Palme der größeren Tüchtigkeit" werden läßt. Die in der koedukativen Erziehung liegenden Chancen zur Kooperation der Geschlechter sind dann vertan. Die Wahrnehmung der feinsten Nuancen des alltäglichen Umgangs muß daher geschult werden, um diesen im Sinne eines kooperativen Miteinanders der Geschlechter zu verändern (Thomas 1990b).

Am Beispiel der Beziehung zwischen Mann und Frau wurde versucht, Vorurteile und Vorstellungen, die menschliches Handeln angeblich determinieren, zu analysieren. Dies schafft eine wesentliche Voraussetzung für eine Werteerziehung, wie sie die „Yamoussoukro-Deklaration" formuliert und fordert. Eine solche „Erziehung des Menschengeschlechts" (Lessing) ist der erfolgversprechende Weg, die Menschheit zu befähigen, sich ihrer Verantwortung bewußt zu werden und aus ihr heraus zu handeln – aus der Verantwortung für die Welt von heute wie auch für die Welt von morgen (Jonas 1979).

Literatur

Adler A (1983) Menschenkenntnis. (18. Auflage) Frankfurt/Main
Alic M (1987) Hypatias Töchter. Der verleugnete Teil der Frauen an der Naturwissenschaft. Zürich
Bachofner T (1986) Wissen, nicht glauben. In: Techn Rundsch 36:173
Bloch E (1954–59) Das Prinzip Hoffnung. Frankfurt/Main
Chmiel G, Hansmann U et al. (1986) „...in Frieden der Menschheit, im Kriege dem Vaterlande..." 75 Jahre Fritz-Haber-Institut der Max-Planck-Gesellschaft. Berlin
de Beauvoir S (1987) Das andere Geschlecht. Reinbek bei Hamburg
Edwards S (1989) Die göttliche Geliebte Voltaires. Das Leben der Emilie du Chatelet. Stuttgart
Erler GA (1985) Frauenzimmer. Für eine Politik des Unterschieds. Berlin
Fischer-Homberger E (1979) Krankheit Frau. Darmstadt
Foucault M (1987) Von der Subversion des Wissens. Frankfurt/Main
Fox Keller E (1986) Liebe, Macht und Erkenntnis. München
Hausen K (1986) Warum Männer Frauen zur Wissenschaft nicht zulassen wollten. In: Hausen K, Novotny H (Hrsg) Wie männlich ist die Wissenschaft. Frankfurt/Main
Hermann A (1984) Wie die Wissenschaft ihre Unschuld verlor. Macht und Mißbrauch der Forschung. Frankfurt/Main
Heymann LG (1980) Weiblicher Pazifismus. In: Brinkler-Gabler G (Hrsg) Frauen gegen den Krieg. Frankfurt/Main, S 65–70
Horkheimer M, Adorno TW (1988) Dialektik der Aufklärung. Philosophische Fragmente. Frankfurt/Main (Neuauflage)
Höss R (1979) Autobiographische Aufzeichnungen. In: Broszat M (Hrsg) Kommandant in Auschwitz. München
Jahn I, Löther R, Senglaub K (1985) Geschichte der Biologie. Jena
Jansen S (1989) Freiräume für feministische Forschung! In: Stadtmagazin TÜTE, Sonderheft Juli, S 39–41
Jonas H (1979) Prinzip Verantwortung. Frankfurt/Main
Kern B, Kern H (1988) Madame Doctorin Schlözer. Ein Frauenleben in den Widersprüchen der Aufklärung. München
Kien J (1989) Gibt es „weibliche" und „männliche" Naturwissenschaft? In: Stadtmagazin TÜTE, Sonderheft Juli, S 42–47
Knussmann R (1983) Vergleichende Biologie des Menschen. Stuttgart
Kuhn Th S (1979) Die Struktur wissenschaftlicher Revolutionen. (4. Auflage) Frankfurt/Main
Kühner H (1975) Gestalt und Wandel der katholischen Moraltheologie. Basel
Maurer M (1987) Naturwissenschaftlerinnen und Technikerinnen heute. Wien

Merchant C (1987) Der Tod der Natur. München
Mies M (1984) Die Debatte um die ‚methodischen Postulate' zur Frauenforschung. In: Zentraleinrichtung zur Förderung von Frauenstudien und Frauenforschung an der FU Berlin (Hrsg) Methoden in der Frauenforschung. Symposium an der FU Berlin 1983. Frankfurt/Main
Mies M (1988) Patriarchat und Kapitalismus. Berlin. Zit. nach einer Kritik von Wichterich C. In: „Tageszeitung" vom 4. 2. 89, Berlin
Nagl-Docekal H (1990) Was ist feministische Philosophie?. In: Nagl-Docekal H (Hrsg) Feministische Philosophie. Wien, S 7–39
Platon (1987) Sokrates im Gespräch. Frankfurt/Main (Neuauflage)
Reichwein R (1989) Interview in der „Tageszeitung" vom 28. 1. 1989, Berlin
Rubins JL (1980) Karen Horney. Sanfte Rebellin der Psychoanalyse. München
Rübsamen R (1983) Patriarchat – der (un)heimliche Inhalt der Naturwissenschaft und Technik. In: Pusch LF (Hrsg) Feminismus. Inspektion der Herrenkultur. Frankfurt/Main, S 290–307
Rühle-Gerstel A (1932) Das Frauenproblem der Gegenwart. Leipzig
Scheich E (1985) Denkverbote über Frau und Natur – Zu den strukturellen Verdrängungen des naturwissenschaftlichen Denkens. In: Kuhlke C (Hrsg) Rationalität und sinnliche Vernunft. Frauen in der patriarchalen Realität. Berlin, S 72–89
Stöcker H (1980) Psychologische Umwandlung. In: Brinkler-Gabler G (Hrsg) Frauen gegen den Krieg. Frankfurt/Main, S 103–114
Stopzyk A (1988) Welche Bewegung macht das Leben? In: „Tageszeitung" vom 30. 7. 1988, Berlin
Sullivan H St (1983) Die interpersonale Theorie der Psychiatrie. Frankfurt/Main
Thomas R (1990) Mädchen und Technik. In: Kammasch G (Hrsg) Frauen und Technik. 4. Jahresband technic-didact. Alsbach/Bergstraße, S 163–172
Thomas R (1990) Förderung der Chancengleichheit von Mädchen und Jungen in der Berliner Schule. Informationen für Lehrerinnen und Lehrer der Senatsverwaltung für Schule, Berufsbildung und Sport. Band 1. Berlin
Vaerting M (1980) Die Stellung der Männer und Frauen zu Krieg und Frieden. In: Brinkler-Gabler G (Hrsg) Frauen gegen den Krieg. Frankfurt/Main, S 71–78
von Rad G (1962) Theologie des alten Testaments. München
Wagner I (1990) Weibliches Denken. In: Kammasch G (Hrsg) Frauen und Technik. 4. Jahresband technic-didact. Alsbach/Bergstraße, S 195–202
Watt WM (1989) Der Einfluß des Islam auf das europäische Mittelalter. Berlin
Whitney C (1989) Francis Bacon. Frankfurt/Main
Zimmerli W Ch (1985) Jenseits der individuellen Verantwortung. Rüstung und Ethik im technologischen Zeitalter. In: Bähren H, Tatz J (Hrsg) Wissenschaft und Rüstung. Braunschweig, S 299–318

UNESCO-Dokumente

Gewalt ist kein Naturgesetz
– Die Erklärung von Sevilla zur Gewalt (1986) –

Im November 1989 beschloß die 25. Generalkonferenz der UNESCO mit Resolution 25 C/Res. 7.1, die am 16. Mai 1986 in Sevilla/Spanien von 20 Wissenschaftlern als Beitrag zum „Internationalen Friedensjahr 1986" formulierte Erklärung zur Gewaltfrage anzuerkennen, weltweit zu verbreiten und als Grundlage wissenschaftlicher Tagungen und Kongresse zu verwenden. Das „Sevilla Statement on Violence" spricht sich ausdrücklich gegen das fatalistische Festhalten an der Meinung aus, Gewalt und Aggression sei ein „Naturgesetz".

Die Erklärung unterzeichneten mittlerweile mehr als 100 nationale und internationale wissenschaftliche Verbände und Vereinigungen, z. B. der Internationale Rat für Psychologie (International Council of Psychologists) und die US-amerikanischen Fachverbände für Psychologie, Sozialpsychologie und Anthropologie (American Psychological Association; Society for the Psychological Study of Social Issues; American Anthropological Association).

Erklärung von Sevilla

Wir halten es für unsere Pflicht, uns aus der Sicht verschiedener wissenschaftlicher Disziplinen mit den gefährlichsten und vernichtendsten Aktivitäten der Menschheit zu befassen: mit Krieg und Gewalt.

Wir wissen, daß die Wissenschaft ein Produkt des Menschen ist, sie deshalb weder endgültig noch allumfassend sein kann.

Wir danken der Stadt Sevilla sowie den Vertretern der Spanischen UNESCO-Kommission für die Unterstützung unseres Treffens. In Sevilla trafen sich Wissenschaftler aus der ganzen Welt, die sich mit dem Thema Krieg und Gewalt beschäftigen. Unsere wissenschaftlichen Befunde haben wir in der folgenden „Erklärung zur Gewalt" dargelegt. In dieser wenden wir uns gegen den Mißbrauch biologischer Forschungsergebnisse, die – auch von einigen Vertretern unserer Fachbereiche – zur Rechtfertigung von Krieg und Gewalt herangezogen wurden. Einige dieser Erkenntnisse, die wir als solche nicht bestreiten, haben das Aufkommen einer pessimistischen Grundstimmung in der Öffentlichkeit mitverursacht. Wir sind der Auffassung, daß die öffentliche und gut begründete

Zurückweisung falscher Interpretationen von Forschungsergebnissen einen wirksamen Beitrag zum „Internationalen Jahr des Friedens" (1986) und zu künftigen Friedensbemühungen leisten kann.

Der Mißbrauch wissenschaftlicher Theorien und Forschungsergebnisse zur Rechtfertigung von Krieg und Gewalt ist nichts Neues; er hat die gesamte Geschichte der modernen Wissenschaften begleitet. So wurde beispielsweise Krieg, Völkermord, Kolonialismus und die Unterdrückung von Schwächeren mit der Evolutionstheorie gerechtfertigt.

Wir stellen unsere Positionen in Form von 5 Aussagen dar, sind uns dabei aber bewußt, daß es vom Standpunkt unserer Fachbereiche aus noch zahlreiche weitere Fragen zu Krieg und Gewalt gibt. Wir wollen uns auf 5 Kernaussagen, die wir für einen ersten wichtigen Schritt zur Erarbeitung einer umfassenden wissenschaftlichen Position halten, beschränken.

Verhaltensforschung (Ethologie)

Die wissenschaftliche Aussage, der Mensch hätte eine Neigung zu kriegerischen Handlungen von seinen Vorfahren aus dem Tierreich geerbt, ist falsch.

Zwar kommen Kämpfe innerhalb des ganzen Tierreichs vor, doch gibt es nur wenige Berichte über Kämpfe zwischen organisierten Gruppen von Tieren, und bei keinem dieser Kämpfe wurden – als Waffen gedachte – Werkzeuge eingesetzt. Die normalen Verhaltensweisen von Raubtieren können nicht mit Gewalt innerhalb derselben Spezies gleichgesetzt werden. Kriegsführung ist ein spezifisch menschliches Phänomen, das bei Tieren nicht vorkommt.

Die Tatsache, daß sich das Führen von Kriegen im Laufe der Geschichte so radikal verändert hat, zeigt: Krieg ist ein Produkt der kulturellen Entwicklung. Biologisch gesehen hat Krieg mit Sprache zu tun, die es ermöglicht, Gruppen zu koordinieren, Technologien zu vermitteln und Werkzeuge zu gebrauchen. Aus der Sicht der Verhaltensforschung und Biologie sind Kriege möglich, jedoch nicht unvermeidbar, wie ihre unterschiedlichen Ausprägungen in verschiedenen Epochen und Regionen zeigen. Es gibt Kulturen, in denen über Jahrhunderte und andere, in denen nur zeitweise oder gar nicht Kriege geführt wurden.

Biogenetik (biologische Vererbungsforschung)

Die wissenschaftliche Aussage, Krieg oder anderes gewalttätiges Verhalten sei in der menschlichen Wesensart genetisch vorprogrammiert, ist falsch.

Gene sind an den Funktionen des Nervensystems in allen Bereichen beteiligt; sie stellen ein Entwicklungspotential dar, das nur in Verbindung mit seinem ökologischen und sozialen Umfeld wirksam werden kann. Individuen haben sehr verschiedene genetische Vorgaben, die ihre persönlichen Erfahrungen beeinflussen; ihre Persönlichkeit bilden Menschen jedoch im Zusammenspiel ihrer genetischen Ausstattung mit den Bedingungen ihrer Erziehung. Mit Ausnahme einiger seltener pathologischer Fälle gibt es keine zwanghafte genetische Prädisposition für Gewalt; für das Gegenteil, die Gewaltlosigkeit, gilt dasselbe. Obwohl Gene an der Entwicklung menschlicher Verhaltensmuster und Verhaltensmöglichkeiten beteiligt sind, bestimmen sie alleine noch nicht deren Ergebnis.

Evolutionsforschung

Die wissenschaftliche Aussage, im Laufe der menschlichen Evolution habe sich aggressives Verhalten gegenüber anderen Verhaltensweisen durchgesetzt, ist falsch.

Bei allen eingehend untersuchten Gattungen wird der Status innerhalb einer Gruppe durch die Fähigkeit zur Kooperation sowie die Fähigkeit, bedeutende soziale Aufgaben für die Gruppe zu übernehmen, erworben. „Dominanz" setzt soziale Bindungen und Vereinbarungen voraus; auch wo sie sich auf aggressives Verhalten stützt, ist sie nicht einfach gebunden an den Besitz und die Anwendung überlegener physischer Kraft. Immer dann, wenn bei Tieren künstlich die Selektion aggressiven Verhaltens gefördert wird, führt dies schnell zu hyperaggressiven Verhaltensweisen dieser Individuen.

Dies ist ein Beleg dafür, daß eine ausschließliche Selektion der Aggression unter normalen Bedingungen nicht vorkommt. Wenn solche experimentell gezüchteten hyperaggressiven Tiere in eine soziale Gruppe eingeführt werden, stören sie entweder deren soziale Struktur oder sie werden vertrieben. Gewalt ist weder Teil unseres evolutionären Erbes noch in unseren Genen festgelegt.

Neurophysiologie

Die wissenschaftliche Aussage, das menschliche Hirn sei „gewalttätig", ist falsch.

Zwar verfügen Menschen über einen Nervenapparat, mit dem gewalttätige Handlungen ausgeführt werden können; diese werden jedoch nicht automatisch durch interne oder externe Stimuli aktiviert. Ähnlich wie bei höheren Primaten – im Gegensatz zu anderen Tieren – werden beim Menschen alle Stimuli durch übergeordnete Nervenprozesse gefiltert, ehe sie Handlungen auslösen. Unser Verhalten ist durch die Erfahrungen in unserer Umwelt und den Verlauf unseres Sozialisationsprozesses geprägt. Nichts in der Neurophysiologie des Menschen zwingt zu gewalttätigem Handeln.

Psychologie

Die wissenschaftliche Aussage, daß Krieg durch einen „Trieb", einen „Instinkt" oder ein anderes einzelnes Motiv verursacht sei, ist falsch.

Die Geschichte der modernen Kriegführung ist sowohl durch den Vorrang emotionaler Faktoren – die mitunter „Triebe" oder „Instinkte" genannt werden – als auch den Vorrang kognitiver Faktoren gekennzeichnet.

Krieg basiert auf einer Vielzahl von Faktoren: der systematischen Nutzung individueller Ausprägungen wie Gehorsam, Suggestion und Idealismus, sozialer Fähigkeiten wie der Sprache sowie rationaler Überlegungen wie Kosten-Nutzen-

Rechnung, Planung und Informationsverarbeitung. Die Technologie der modernen Kriegsführung legt besonderes Gewicht auf die Förderung „gewalttätiger" Persönlichkeitsmerkmale sowohl bei der Ausbildung der Kampftruppen wie auch bei der Werbung um Unterstützung der Bevölkerung. So kommt es, daß solche Verhaltensmerkmale häufig fälschlicherweise als Ursachen und nicht als Folgen des gesamten Prozesses angesehen werden.

Schlußfolgerungen

Wir ziehen aus allen diesen wissenschaftlichen fachspezifischen Feststellungen den Schluß: Biologisch gesehen ist die Menschheit nicht zum Krieg verdammt; sie kann von falsch verstandenem biologischen Pessimismus befreit und in die Lage versetzt werden, mit Selbstvertrauen im „Internationalen Jahr des Friedens" (1986) und in den kommenden Jahren die notwendigen Veränderungen der herkömmlichen Sichtweise einzuleiten. Obwohl diese Aufgaben hauptsächlich institutioneller und gemeinschaftlicher Art sind, liegen sie doch im Bewußtsein jedes einzelnen begründet, das entweder von Pessimismus oder von Optimismus getragen sein kann. Ebenso wie „Kriege im Geist der Menschen entstehen", beginnt auch der Friede in unserem Denken. Dieselbe Spezies, die den Krieg erfunden hat, kann auch den Frieden erfinden. Jeder von uns ist dafür mitverantwortlich.

Erstunterzeichner der Erklärung von Sevilla

David Adams, Psychologe, Wesleyan University, Middletown (CT), USA; S.A. Barnett, Ethologe, Australian National University, Canberra, Australien; N.P. Bechtereva, Neurophysiologin, Institut für Experimentalmedizin der Akademie für medizinische Wissenschaften der UdSSR, Leningrad, UdSSR; Bonnie Frank Carter, Psychologe, Albert Einstein Medical Center, Philadelphia (PA), USA; José M. Rodriguez Delgado, Neurophysiologe, Centro de Estudios Neurobiologicos, Madrid, Spanien; José Luis Diaz, Ethologe, Instituto Mexicano de Psiquiatria, Mexico D.F., Mexiko; Andrzej Eliasz, Differentialpsychologe, Polnische Akademie der Wissenschaften, Warschau, Polen; Santiago Genoves, Biologe und Anthropologe, Instituto de Estudios Antropologicos, Mexico D.F., Mexiko; Benson E. Ginsburg, Verhaltensgenetiker, University of Connecticut, Storrs (CT), USA; Jo Groebel, Sozialpsychologe, Erziehungswissenschaftliche Hochschule Landau, Landau, Deutschland; Samir-Kumar Ghosh, Soziologe, Indian Institute of Human Sciences, Calcutta, Indien; Robert Hinde, Tierverhaltensforscher, Cambridge University, Cambridge, Großbritannien; Richard E. Leakey, Verhaltensanthropologe, National Museum of Kenya, Nairobi, Kenia; Taha H. Malasi, Psychiater, Kuwait University, Kuwait City, Kuwait; J. Martin Ramirez, Psychobiologe, Universidad de Sevilla, Sevilla, Spanien; Federico Mayor Zaragoza, Biochemiker, Universidad Autonoma, Madrid, Spanien; Diana L. Mendoza, Ethologin, Universidad de Sevilla, Sevilla, Spanien; Ashis Nandy, Politologe und Psychologe, Center for the Study of Developing Societies, Delhi, Indien; John Paul Scott, Tierverhaltensforscher, Bowling Green State University, Bowling Green (OH), USA; Riitta Wahlström, Psychologin, Universität Jyväskylä, Jyväskylä, Finnland

Der innere Frieden des Menschen
– Die Deklaration von Yamoussoukro (1989) –

Die 24. Generalkonferenz der UNESCO beschloß im November 1987 die Annahme der Resolution 24 C/Res. 23: „Promotion of contacts and co-operation among specialists in education, science and culture in order to contribute to the attainment of UNESCO's objectives". Auf dieser Grundlage wurde vom 26. Juni bis 01. Juli 1989 der „International Congress on Peace in the Minds of Men" in Yamoussoukro/Elfenbeinküste durchgeführt.

An dem Kongreß nahmen 54 Experten aus 41 Staaten, 6 Vertreter von Sonderorganisationen der Vereinten Nationen, 7 Vertreter internationaler zwischenstaatlicher Organisationen und 20 Vertreter internationaler nichtstaatlicher Organisatonen teil.

Im ersten Abschnitt der Deklaration werden die verschiedenen Aspekte eines positiven Friedens erörtert, der nach der Definition der Kongreßteilnehmer mehr ist als die Abwesenheit von Krieg. Der zweite Teil umfaßt ein weitreichendes Friedensprogramm sowie detaillierte Empfehlungen zu dessen Durchführung.

Im Anschluß an die Liste der an den Beratungen beteiligten Experten wird die Ansprache des Generaldirektors der UNESCO, Federico Mayor, zum Abschluß des Kongresses in Yamoussoukro wiedergegeben.

Die Yamoussoukro-Deklaration zum „Inneren Frieden des Menschen"

Friede ist Hochachtung vor dem Leben!

Friede ist der wertvollste Besitz der Menschheit!

Friede ist mehr als das Ende eines bewaffneten Konflikts!

Friede ist eine Verhaltensweise!

Friede ist eine tiefwurzelnde Verpflichtung zu den Prinzipien von Freiheit, Gerechtigkeit, Gleichheit und Solidarität für alle Menschen!

Friede ist auch die harmonische Partnerschaft der Menschheit mit der Umwelt!

Heute am Vorabend des 21. Jahrhunderts ist der Friede erreichbar!

Der Internationale Kongreß zu „Peace in the minds of men", abgehalten auf Initiative der UNESCO vom 26. Juni bis 01. Juli 1989 in Yamoussoukro (Elfenbeinküste) im Herzen Afrikas – der Wiege der Menschheit und dennoch ein Kontinent ungleicher Entwicklung –, brachte Menschen aus 5 Kontinenten zusammen, die sich der Sache des Friedens widmeten.

Die wachsende Verflechtung der Nationen und das zunehmende Bewußtsein gemeinsamer Sicherheit sind Zeichen der Hoffnung. Abrüstungsmaßnahmen, die zur Lösung von Spannungen beitragen, sind angekündigt und von einigen Ländern bereits in Angriff genommen worden. Fortschritte wurden erzielt, internationale Streitigkeiten friedlich beizulegen. Das internationale Instrument zur Wahrung der Menschenrechte wird weitestgehend anerkannt.

Der Kongreß stellte aber auch fest, daß derzeit noch zahlreiche bewaffnete Konflikte in der Welt ausgetragen werden. Ebenso bestehen andere Konfliktsituationen: Apartheid in Südafrika, Nichtbeachtung nationaler Integritäten, Rassismus, Intoleranz und Vorurteile, besonders gegen Frauen und in besonderem Maße Wirtschaftsdruck in allen seinen Formen.

Darüber hinaus stellt der Kongreß die Entwicklung neuer, nichtmilitärischer Friedensbedrohungen fest. Diese neuen Bedrohungen sind:

- Arbeitslosigkeit,
- Drogen,
- Unterentwicklung,
- die Verschuldung der Dritten Welt, die vor allem vom Ungleichgewicht zwischen den Entwicklungsländern und den Industrieländern herrührt; Dritte-Welt-Länder können ihre Ressourcen nicht entsprechend ihres Wertes in Rechnung stellen,
- und letztlich die vom Menschen verursachten Umweltbelastungen, wie z. B. Übernutzung der natürlichen Ressourcen, Klimaänderungen, Wüstenbildung, die Zerstörung der Ozonschicht und die Umweltverschmutzung, die alle Formen des Lebens auf der Erde bedrohen.

Der Kongreß hat sich vorgenommen, das Bewußtsein für diese Probleme zu wecken.

Menschen können nicht für eine Zukunft eintreten, die sie sich nicht vorstellen können. Der Kongreß hat sich deshalb die Aufgabe gestellt, Zielvorstellungen zu entwickeln, denen alle Menschen vertrauen und zustimmen können.

Die Menschheit kann ihre Zukunft nur durch eine Form der Zusammenarbeit sichern, die:

- die gültigen Gesetze respektiert,
- den Pluralismus anerkennt,
- eine größere Gerechtigkeit im internationalen Handel garantiert
- und auf der Teilnahme aller bürgerlichen Gesellschaften an der Gestaltung des Friedens gründet.

Der Kongreß bestätigt das Recht des Einzelnen und der Gesellschaften auf Umweltqualität als einen fundamentalen Faktor des Friedens.

Hinzu kommt, daß der Menschheit neue Technologien zur Verfügung stehen, deren effiziente Nutzung entscheidend vom Frieden abhängt. Einerseits sollten diese Technologien nur für friedliche Zwecke eingesetzt werden. Andererseits ist aber auch eine friedvolle Welt notwendig, um darin deren nutzbringende Wirkungen zu maximieren.

Schließlich erkennt der Kongreß an, daß die Anwendung von Gewalt nicht biologisch begründet und der Mensch nicht zu gewalttätigem Verhalten genetisch vorprogrammiert ist.

Das Streben nach Frieden ist eine herrliche Aufgabe. Der Kongreß schlägt deshalb ein neues Programm zur Schaffung praktischer und effektiver Grundlagen für neue

Ziele und Wege zur Kooperation, Erziehung, Wissenschaft, Kultur und Kommunikation – unter Berücksichtigung der kulturellen Traditionen – in den verschiedenen Teilen der Welt vor. Diese Maßnahmen sollen in Zusammenarbeit mit internationalen Organisationen und Institutionen durchgeführt werden wie z. B. der „United Nations University" in Tokio, der „University for Peace" in Costa Rica und der „Foundation Internationale Houphouet Boigny" für Friedensforschung in Yamoussoukro (Elfenbeinküste).

Die UNESCO setzt sich von ihrer Verfassung her für den Frieden ein. Deshalb erschallt aus Yamoussoukro der Ruf nach Frieden. Der Kongreß ist eine Bestätigung der menschlichen Hoffnung.

Programm für den Frieden

Der Kongreß lädt Staaten, zwischenstaatliche und nichtstaatliche Organisationen, die wissenschaftlichen, lehrenden und kulturellen Einrichtungen der Welt und alle Menschen dazu ein,

- mitzuhelfen bei der Formulierung neuer Zielvorstellungen für den Frieden durch die Entwicklung einer Friedenskultur, die auf den universellen Werten wie Achtung vor dem Leben, Freiheit, Gerechtigkeit, Solidarität, Toleranz, Menschenrechte und Gleichheit zwischen Mann und Frau beruht;
- das Bewußtsein für das gemeinsame Ziel der Menschheit dadurch zu stärken, daß gemeinsame Richtlinien entwickelt und eingeführt werden, die den Frieden in den Beziehungen der Menschen untereinander sicherstellen und eine harmonische Partnerschaft der Menschheit mit der Natur entwickeln helfen;
- Elemente des Friedens und der Menschenrechte dauerhaft in alle Erziehungsprogramme einzuführen;
- konzentrierte Aktionen auf internationaler Ebene zur Bewahrung und Pflege der Umwelt anzuregen; sicherzustellen, daß Aktivitäten, die unter der Vollmacht oder der Hoheit eines einzelnen Staates stehen, nicht die Qualität der Umwelt eines anderen Staates oder die Biosphäre als Ganzes beeinträchtigen.

Der Kongreß empfiehlt, die UNESCO solle den bestmöglichen Beitrag zu allen Friedensprogrammen leisten und die folgenden Vorschläge prüfen:

1. Die Unterstützung der „Sevilla-Erklärung zur Gewalt" (1986) – ein erster Schritt eines wichtigen Bewußtwerdungsprozesses zur Ablehnung des Mythos, daß menschliche Gewaltanwendung biologisch determiniert sei. Dieses Dokument sollte in möglichst vielen Sprachen verbreitet werden, unterstützt durch entsprechendes Aufklärungsmaterial. Dieser Bewußtwerdungsprozeß ist dadurch zu fördern, daß interdisziplinäre Seminare zum Studium des kulturellen und sozialen Ursprungs der Gewaltanwendung abgehalten werden.
2. Die Förderung der Erziehung und Forschung zum Frieden. Diese Aktivität sollte auf einem interdisziplinären Ansatz gründen und die Zusammenhänge zwischen Frieden, Menschenrechten, Abrüstung, Entwicklung und Umwelt untersuchen.

3. In Zusammenarbeit mit den Mitgliedsstaaten den weiteren Ausbau des „International Environmental Education Programme" von UNESCO-UNEP, insbesondere die Ausführung der „International Strategy for Action in the Field of Environmental Education and Training" für die 90er Jahre. Diese sollte die neuen Zielvorstellungen für den Frieden mit einschließen.
4. Die Einrichtung eines Institutes für Friedens- und Menschenrechtserziehung und die Ausbildung zukünftiger Mitarbeiter der Verwaltungen durch ein Austausch-, Lehr- und Praktikumssystem an der „United Nations University" in Tokio.
5. Das Zusammentragen von Texten aller Kulturen, die den Wert gemeinsamer Ansichten über Frieden, Toleranz und Menschlichkeit herausstellen.
6. Die Entwicklung von Maßnahmen, die zur vermehrten Anwendung existierender und potentieller internationaler Instrumente führen, über die die Vereinten Nationen – und hier insbesondere die UNESCO – im Bezug auf Menschenrechte, Frieden, Umwelt und Entwicklung verfügt, und solchen Maßnahmen, die dazu geeignet sind, Unstimmigkeiten auf friedlichem Wege durch Gerichtsbarkeiten, Verhandlungen und Vermittlungen beizulegen.

Teilnehmer an den Beratungen

David Adams, Psychologe, Seville Statement on Violence, Bradford (CT), USA; M. Aram, Friedenswissenschaftler, Shanti Ashram, Coimbatore, Indien; Nii Boi Ayibotele, Sekretär des UNESCO-Nationalkomitees für das Internationale Hydrologische Programm Ghanas, Council for Scientific and Industrial Research, Accra, Ghana; Tierno Mouctar BAH, Historiker, Université de Yaoundé, Yaoundé, Kamerun; Alexandre Baitcharov, Politische Philosophie, Universität von Minsk, Minsk, Weißrußland; Bashir Bakri, Präsident, Founds international de la promotion de la culture, Khartum, Sudan; Moncef Benouniche, Jurist, Ligue algérienne des droits de l'home, Algier, Algerien; Elise Boulding, Generalsekretärin der International Peace Research Association, Boulder, USA; Lothar Brock, Friedensforscher, Friedensforschungsinstitut an der Universität Frankfurt, Frankfurt, Deutschland; Jan Cerovsky, Member of the State Institute for Protection of Monuments and Nature Conservation, Prag, Tschechoslowakei; M.A. Chaudhri, Director of the Pakistan Institute of International Affairs, Karachi, Pakistan; Kevin Clements, Soziologe, Department of Sociology, University of Canterbury, Christchurch, Neuseeland; Jacques Danon, Direktor, Observatoire national du Brésil, Rio de Janeiro, Brasilien; Daby Diagne, Generalsekretär, Fédération mondiale des cités unies, Dakar, Senegal; Rachid Driss, Präsident, Association des études internationales, Tunis, Tunesien; Pal Dunay, Jurist, Eötvös Loränd University, Budapest, Ungarn; Kodjo Lonlon Dzedikou, Président Coordinnateur national, Fédération togolaise des Associations et Clubs UNESCO, Lomé, Togo; Yoichi Fukushima, Committee Member of Science Council of Japan, Research Centre for the Environment, Tokio, Japan; Santiago Genoves, Anthropologe, University of Mexico, Mexiko, Mexiko; Samir K. Ghosh, Director of the Indian Institute of Human Sciences, Konnagar, Indien; Nicholas Gillett, Chairman of the Quaker Peace and Service United Nations Committee, London, Großbritannien; Norman Gilroy, President of the Institute for the Human Environment, San Francisco, USA; Björn Hettne, Director of the Peace Research Institute, Universität in Göteborg, Göteborg, Schweden; Henri Hogbe-Nlend, Président de l'Association africaine pour l'avancement des sciences et des techniques (AAAST), Bordeaux, Frankreich; Mikael Imru, Retired former diplomat, Addis Abeba, Äthiopien; Joseph Itotoh,

Président de la Confédération mondiale des organisations de la profession enseignante (CMOPE), Morges, Schweiz; Georges Jabbour, Conseiller du Premier Ministre, Bureau du Premier Ministre, Damaskus, Syrien; Georgi Kalushev, Professor in Management, Sofia, Bulgarien; Lamine Kamara, Generalsekretär der UNESCO-Kommission Guineas, Conakry, Guinea; Ho-Jeh Lhee, Friedensforscher, Director of the Institute for Peace Science (IPSHU) Korea University, Seoul, Südkorea; Helmut Lieth, Biologe, Professor am Biologischen Institut der Universität Osnabrück, Osnabrück, Deutschland; Felipe E. Macgregor, Président, Asociacion Peruana de Investigacion de la Paz, Lima, Peru; Levy Makany, Generalsekretär, Union panafricaine de la science et de la technologie, Brazzaville, Kongo; Michel Maldague, Professor, Université Laval, Quebec, Kanada; W. Malu, Conseiller principal, Présidence de la République, Kinshasa, Zaire; Slim Mohsen, Jurist, Lique libanaise des droits de l'homme Paris, Frankreich; Yuji Mori, Director of the Institute for Peace Sciences (IPSHU), Hiroshima, Japan; Solomon M. Nkiwane, Professor, University of Zimbabwe, Harare, Zimbabwe; Peter B. Okoh, Executive Director of the African Peace Research Institute, Lagos, Nigeria; Hugo Palma Valderrama, Botschafter, Ambassade du Pérou, Brasilia, Brasilien; Albert Pognon, Président Afrique, Mouvement international des juristes catholiques, Cotonou, Benin; Georges Poussin, Chargé de mission auprés du Secrétaire général, Commission de la République francaise pour l'education, la science et la culture, Paris, Frankreich; Michel Prieur, Dekan, Président du Centre international de droit comparé de l'environment, Faculté de droit et des sciences économiques, Limoges, Frankreich; Jacques Richardson, Conseil de gestion, Communication, Paris, Frankreich; Alain Ruellan, Professeur des Sciences du Sol, Université de Paris, Paris, Frankreich; Gerd Seidel, Jurist, Professor für Internationales Recht, Humboldt-Universität Berlin, Berlin, Deutschland; Yori Shemshuchenko, Director of the Institute of State and Law; Academy of Sciences of the Ukrainian SSR, Kiew, Ukraine; Danilo de Souza Diaz, Professeur au Programme Interdisciplinaire d'énergie, Université fédérale de Rio de Janeiro, Rio de Janeiro, Brasilien; Keith Suter, Director of the Trinity Peace Research Institute, Perth, Australien; Danilo Turk, Professor of Public International Law, University of Ljubljana Pravna Fakulteta, Laibach, Jugoslawien; Maria Elena Valenzuela, Reseacher, Women's Institute, Santiago de Chile, Chile; Tapio Varis, Professor, University of Tampere, Tampere, Finnland; Karel Vasak, Conceiller juridique, Organisation mondiale du tourisme, Madrid, Spanien; Riitta Wahlström, Psychologin, University of Jyväskylä, Jyväskylä, Finnland

Ansprache zum Abschluß des internationalen Kongresses zum „Inneren Frieden des Menschen"
In Yamoussoukro/Elfenbeinküste am 01. Juli 1989
Federico Mayor (Paris)

Heute, am 1. Juli 1989, zum Abschluß der Arbeiten Ihres Kongresses, bereiten Sie die Annahme der Yamoussoukro-Deklaration zum „Inneren Frieden des Menschen" vor. Mit diesem Akt bringen Sie die Hoffnung auf Humanität, den Glauben an die Zukunft und Ihre Entschlossenheit zu handeln zum Ausdruck. Die Empfehlungen, die Sie formulierten, enthalten umsichtige Annahmen, und meine Pflicht wird es sein, dafür Sorge zu tragen, daß alle künftigen Bestrebungen der UNESCO mit ihnen im Einklang stehen.

Welche Ziele hat die Yamoussoukro-Deklaration? Wie lautet ihre Botschaft am Vorabend des 21. Jahrhunderts?

Es muß zunächst mit Nachdruck festgehalten werden, daß Frieden eine Geisteshaltung ist, die dem Verstand entspringt, ohne damit verneinen zu wollen, daß Frieden ebenfalls eine Handlungsweise ist, die das Herz gebietet. Frieden ist deshalb ein Prozeß, an dem alle teilnehmen müssen – Männer und Frauen, Erwachsene und Kinder.

Darüber hinaus ist es unabdingbar, das harmonische Band zu betonen, das zwischen Gesellschaft und Umwelt bestehen muß, damit Frieden unter den Menschen entstehen kann. Es ist heute mehr denn je unumgänglich, daß ein Gleichgewicht zwischen der Menschheit und ihrer Umwelt, von der sie hervorgebracht wurde und auf der alles Leben beruht, geschaffen wird.

Schließlich ist es notwendig, Wissenschaft und Technologie mit Ethik auszusöhnen. Die Kluft, die sich zwischen diesen Bereichen öffnete, war für die Gesellschaft als Ganzes verhängnisvoll. Männer und Frauen wollen sich nicht mehr länger in einem Strudel wiederfinden, der die Kluft offensichtlich immer mehr auseinandertreiben läßt. In letzter Konsequenz muß Ethik den Leitfaden für die Gesellschaft im nächsten Jahrtausend bilden.

Dies ist der Grund, warum das symbolische und geistige Universum der Menschen, das sich in der Verschiedenheit ihrer Kulturen widerspiegelt, mit ihrem materiellen Universum, namentlich der Welt der Arbeit und der Produktion, auszusöhnen ist.

Die Vereinten Nationen, insbesondere die UNESCO, gehen die umfassende Aufgabe an, ja zu sagen zum Frieden, nein zur Gewalt, ja zu sagen zu Freiheit und Gleichheit und nein zu allen Formen der Ungleichbehandlung, ja zu sagen zu Gerechtigkeit und nein zu Erniedrigung, Armut und ungleicher Entwicklung.

Gewalt und Zwang sind nicht Bestandteile der menschlichen Natur; Gewalt ist nicht angeboren; sie ist nicht unvermeidbar. Unglücklicherweise hat die Gesellschaft diese durch den Willen einzelner Gruppen, andere zu dominieren und zu unterdrücken, hervorgebracht. Doch da Gewalt ein gesellschaftliches Produkt ist, kann sie aus dem gesellschaftlichen Leben auch wieder verbannt werden. Es ist deshalb von lebenswichtiger Bedeutung, jeden Schritt zu tun, um zu gewährleisten, daß Gewalt nicht zu einer Lebenseinstellung wird, sich nicht im Verhalten widerspiegelt und nicht in Haltungen verkörpert. Gewalt muß beseitigt werden, wo immer sie auftritt – sei es in zwischenmenschlichen, interkulturellen oder internationalen Beziehungen.

Dies ist der Grund, warum der Frieden, nach dem wir uns sehnen, auf einer absoluten Respektierung der Menschenrechte beruhen muß: eine Respektierung, auf die kontinuierlich hinzuweisen ist; Menschenrechte, die fortwährend zu betonen sind. Diese Menschenrechte dürfen nicht beschränkt sein auf den einen oder anderen Aspekt, sondern müssen – entsprechend der „Allgemeinen Menschenrechtserklärung" – in ihren Möglichkeiten voll und ganz realisiert werden und auch solche Bereiche beinhalten, die heute nicht zu ignorieren sind:

1. Achtung des Lebens, nicht nur des Überlebens. Millionen Menschen, die vor Hunger bzw. an Unterernährung sterben, fordern, daß ihr Recht auf Leben respektiert wird. Leben stellt einen absoluten Wert dar, den niemand verneinen kann, ohne die eigene Humanität zu verneinen.
2. Respektierung des Rechts auf Frieden und Selbstbestimmung. Kein Volk, keine Gruppe, kein Individuum darf versklavt werden. Es gibt keinen Preis, den Menschen nicht bereit waren für ihre Freiheit zu zahlen, auch auf Kosten ihres Lebens. Dieses Recht auf Freiheit ist ebenso ein Recht auf Kultur und auf vollständige Verwirklichung der kreativen Fähigkeiten eines jeden Individuums. Da sich Freiheit in Kulturhandlungen ausdrückt, stellen kulturelle Vielfalt und die Anerkennung der kulturellen Identität die Ausübung des Rechts auf Freiheit dar; Vielfalt an Sprachen garantiert die Freiheit.
3. Die zwingende Notwendigkeit, eine hohe Umweltqualität zu sichern. In der gesamten Welt fordern Menschen ein Mitspracherecht hinsichtlich der aktuellen Umweltfragen. Zum erstenmal in der Geschichte der Menschheit kann die Zerstörung der Umwelt zu einem nicht reversiblen Zustand führen. Es ist deshalb unsere Pflicht, Umwelt und Natur zu schützen. Künftige Generationen werden einen Anspruch haben, von uns Rechenschaft über unseren Umgang mit dem allgemeinen Erbe der Menschheit zu fordern. Es ist die Verantwortung, die wir auf uns nehmen müssen, da die Umwelt das Leben selbst in all seinen Formen in Gefahr bringen kann – nicht nur das Leben des Menschengeschlechts auf dem Planeten, sondern auch das Leben aller Spezies in ihrer Vielfalt, zu deren fortschreitender Vernichtung auch wir Menschen beitragen.

Das Schmieden einer Friedenskultur schließt die verschiedenen Facetten des Lebens in einer Gesellschaft, des Lebens in einer gesunden Umwelt und des Lebens beruhend auf Verstand und Vernunft, das heißt die Beziehung zwischen Mensch und Erkenntnis, mit ein.

Vor 50 Jahren begann der „große und schreckliche Krieg", seine Schatten zu werfen. Er drohte, die Welt zu verschlingen und zu verwüsten. Dieser Krieg, der das Recht auf Leben verneinte, trat die Freiheit mit Füßen und unterjochte die Kultur. Das Gespenst des Krieges darf sich nie wieder über die Welt erheben. Sie haben mit der Yamoussoukro-Deklaration erklärt, sich der Sache des Friedens zu verpflichten. Um den Weg zum Frieden zu bereiten, stimmten Sie zu, der Erwartung der Welt zu entsprechen: die Erwartung auf überdauernden Frieden, was eine unaufhörlich erneuerte Überzeugung und eine Eroberung erfordert, die täglich neu in Angriff genommen werden muß; die Erwartung eines überdauernden Friedens, der weder auf Dominierung der Kleinen durch die Großen, noch auf Unterdrückung der Armen durch die Reichen, sondern auf Solidarität gegründet ist. Wenn Gerechtigkeit unsere Augen öffnet, ist Solidarität der Standpunkt, mit dem wir unsere eigenen Grenzen überschreiten und über unsere Generation hinausgehen.

Ihre Deklaration ist eine neue Sicht der Welt, aber ebenso eine Verpflichtung zu handeln; sie ist ein Gemälde der Kultur. Dieses Programm fordert einen Preis, der gezahlt werden muß. Wir kennen die Kosten des Krieges für die Menschheit, begrifflich gefaßt in Blut und Trauer, Waffen und Zerstörung. Auch Frieden hat einen Preis, den wir bereit sein müssen zu zahlen – den Preis der Erziehung, der wissenschaftlichen Forschung und der kulturellen Entwicklung. Das Kapital der kreativen Kapazität der Menschheit kann Früchte tragen, wenn wir bereit sind, den Preis für den Frieden zu zahlen. Dies ist der Grund, weshalb Ihre Deklaration Entscheidungsträger erreichen und davon überzeugen muß, ihr Vertrauen in den Frieden zu setzen und in den Frieden zu investieren.

MIX
Papier aus verantwortungsvollen Quellen
Paper from responsible sources
FSC® C105338

If you have any concerns about our products,
you can contact us on
ProductSafety@springernature.com

In case Publisher is established outside the EU,
the EU authorized representative is:
**Springer Nature Customer Service Center GmbH
Europaplatz 3, 69115 Heidelberg, Germany**

Printed by Libri Plureos GmbH
in Hamburg, Germany